Vorwort.

Die vorliegende vierte Auflage des Kommentars zu der Verordnung über den Verkehr mit Arzneimitteln ausserhalb der Apotheken (vom 22. Oktober 1901) hat eine völlige Umarbeitung erfahren. Die neue Einteilung des Materials sowie die Erweiterung, welche der Kommentar durch die Aufnahme sämtlicher inzwischen ergangenen Entscheidungen der Gerichts- und Verwaltungsbehörden erfahren hat, wird nach Ansicht des Verfassers seine Brauchbarkeit wesentlich erhöhen. Gegenüber den zahlreichen von Medizinalbeamten und Drogisten herausgegebenen Erläuterungen zu der Verordnung über den Verkehr mit Arzneimitteln ausserhalb der Apotheken ist der vorliegende Kommentar der einzige, der aus pharmaceutischer Feder stammt und daher der Aufmerksamkeit der Apotheker in erster Linie zu empfehlen sein dürfte.

Dem Buche ist, wie bereits in der vorigen Auflage, die Verordnung über den Handel mit Giften, ausserdem, da die neue Verordnung über den Verkehr mit Arzneimitteln darauf Bezug nimmt, die Verordnung betreffend die Abgabe starkwirkender Arzneimittel in den Apotheken in einem Anhange beigefügt worden.

Bei Ausarbeitung des Kommentars bin ich von einem jüngeren Kollegen, Herrn Redakteur E. Urban, in wertvoller Weise unterstützt worden, wofür ich demselben auch an dieser Stelle meinen Dank ausspreche.

Berlin, Mai 1902.

Dr. Böttger.

Die reichsgesetzlichen Bestimmungen

über den

Verkehr mit Arzneimitteln

ausserhalb der Apotheken

(Kaiserliche Verordnung vom 22. Oktober 1901).

Nebst einem Anhange, enthaltend die
Vorschriften über den Handel mit Giften und über die
Abgabe starkwirkender Arzneimittel in den Apotheken.

Unter

Benutzung der Entscheidungen der deutschen Gerichtshöfe erläutert

von

Dr. H. Böttger,

Redakteur der Pharmaceutischen Zeitung.

Vierte vermehrte Auflage.

Berlin.
Verlag von Julius Springer.
1902.

ISBN-13:978-3-642-93738-5   e-ISBN-13:978-3-642-94138-2
DOI: 10.1007/978-3-642-94138-2

Softcover reprint of the hardcover 4th edition 1902

Inhalt.

Seite

Verordnung betreffend den Verkehr mit Arzneimitteln vom 22. Oktober 1901 (Wortlaut) 1

I. Verordnung vom 22. Oktober 1901. . . . 14

Eingangsworte 14
    Geltungsbereich und Zweck der Verordnung . . 14
§ 1 Absatz 1 14
    Zubereitungen 15
    Heilmittel 15
    Krankheiten 22
    Tierheilmittel 27
    Ausserhalb der Apotheken 28
    Feilhalten 28
§ 1 Absatz 2 31
    Kosmetische, Desinfektions- und Hühneraugenmittel 31
    Künstliche Mineralwässer 36
§ 1 Absatz 3 38
    Verbandstoffe 38
    Zubereitungen zur Herstellung von Bädern . . 39
    Seifen 42
§ 2 43
    Die Stoffe des Verzeichnisses B 43
    Zubereitungen des Verzeichnisses B 45
§ 3 50
    Grosshandel 50
    Verkauf an Apotheken 55
§ 4 56
§ 5 56
Verzeichnis A 57
    Inhalt des Verzeichnisses 57
    Verhältnis der Verordnung zum Arzneibuch . . 60

	Seite
Mischungen freigegebener Mittel	63
Abgabe verbotener Zubereitungen in Einzelbestandteilen	64
Abgabe verbotener Zubereitungen in erlaubten Formen	65
Die Zubereitungen des Verzeichnisses A	67
1. Abkochungen und Aufgüsse	67
2. Ätzstifte	67
3. Auszüge in fester oder flüssiger Form	68
4. Trockene Gemenge	72
5. Flüssige Gemische und Lösungen	78
6. Gefüllte Kapseln	87
7. Latwergen	88
8. Linimente	88
9. Pastillen, Tabletten, Pillen und Körner	89
10. Pflaster und Salben	93
11. Suppositorien und Wundstäbchen	100
Zubereitungen, welche als Heilmittel ausserhalb der Apotheken nicht feilgehalten oder verkauft werden dürfen	101
Verzeichnis B	107
Inhalt des Verzeichnisses	107
Derivate und Salze, welche ausserhalb der Apotheken nicht feilgehalten oder verkauft werden dürfen	110
Verhältnis der Verordnung zu anderen Gesetzen	114

II. Strafbestimmungen. 120

1. Verkehr mit Arzneimitteln (§ 367³ Str.Ges.B.)	120
a. Begriff der Arznei	120
b. Zubereiten von Arzneien	121
Anfertigung von Rezepten in Drogenhandlungen	123
c. Feilhalten und Verkaufen	125
Vertrieb von Arzneien durch Agenten	126
Verkauf von Arzneien durch Zwischenhändler	127
Haftbarkeit für Übertretungen	128
d. Überlassen an Andere	132
Dispensierrecht der Ärzte	132
Dispensierrecht der Krankenkassen und Vereine	142
2. Mittäterschaft, Anstiftung, Beihilfe (§ 47, 48, 49 Str.Ges.B.)	158

Inhalt.

Seite

3. Betrug, unlauterer Wettbewerb (§ 263 Str.Ges.B.,
   § 4 Gesetz vom 27. Mai 1896) 161

III. Die Ankündigung von Arzneimitteln. . . 164

1. Das geltende Recht 164
   a. Preussen 164
   b. Bundesstaaten 173
2. Die Rechtsprechung 178
   a. Ankündigung der Arzneimittel 179
   b. Verkauf von Geheimmitteln 182
   c. Begriff des Geheimmittels 183

IV. Das Drogistengewerbe. 191

1. Zulassung zum Gewerbebetriebe 191
2. Ankündigung des Gewerbebetriebes 192
   a. Führung des Apothekertitels 192
   b. Andere Firmenschilder 200
3. Ausübung des Gewerbebetriebes 203
   a. Stehender Gewerbebetrieb 203
   b. Gewerbebetrieb im Umherziehen 206
4. Überwachung des Gewerbebetriebes . . . 209
   a. Revision der Drogenhandlungen 209
   b. Einziehung und Beschlagnahme verbotener
      Waren 214
5. Untersagung des Gewerbebetriebes 217

Anhang.
1. Vorschriften über den Handel mit Giften 222
2. Verordnung, betreffend die Abgabe starkwirkender
   Arzneimittel in den Apotheken 229
3. Nachträge 233
Sachregister 234

Abkürzungen.

Ap.B.O. = Preussische Apothekenbetriebsordnung.
A.G. = Urteil des Amtsgerichts.
St.K. b. A.G. = Urteil der Strafkammer beim Amtsgericht.
L.G. = Urteil des Landgerichts.
O.L.G. = Urteil des Oberlandesgerichts.
O.Tr. = Urteil des vormaligen preussischen Obertribunals.
K.G. = Urteil des Kammergerichts.
O.V.G. = Urteil des preussischen Oberverwaltungsgerichts.
R.G. = Urteil des Reichsgerichts.
Gew.O. = Gewerbeordnung für das deutsche Reich.
Str.Ges.B. = Strafgesetzbuch für das deutsche Reich.
Str.P.O. = Strafprozessordnung für das deutsche Reich.
K.V. = Kaiserliche Verordnung über den Verkehr mit Arzneimitteln vom 22. Oktober 1901.
R.Ges.Bl. = Reichsgesetzblatt.

Verordnung,
betreffend den Verkehr mit Arzneimitteln
vom 22. Oktober 1901.

(R.-Ges.-Bl. S. 380.)

Wir Wilhelm, von Gottes Gnaden Deutscher Kaiser, König von Preussen etc., verordnen im Namen des Reichs auf Grund der Bestimmungen im § 6 Abs. 2 der Gewerbeordnung (Reichs-Gesetzbl. 1900, S. 871) was folgt*):

§ 1. Die in dem angeschlossenen Verzeichnisse A aufgeführten Zubereitungen dürfen, ohne Unterschied, ob sie heilkräftige Stoffe enthalten oder nicht, als Heilmittel *(Mittel zur Beseitigung oder Linderung von Krankheiten bei Menschen oder Thieren) ausserhalb* der Apotheken *nicht* feilgehalten oder verkauft werden.

Dieser Bestimmung unterliegen von den bezeichneten Zubereitungen, soweit sie als Heilmittel feilgehalten oder verkauft werden,

a) *kosmetische Mittel (Mittel zur Reinigung, Pflege oder Färbung der Haut, des Haares oder der Mundhöhle), Desinfektionsmittel und Hühneraugenmittel nur dann, wenn sie Stoffe enthalten, welche in den Apotheken ohne Anweisung eines Arztes, Zahnarztes oder Thierarztes nicht abgegeben werden dürfen, kosmetische Mittel ausserdem auch dann, wenn sie Kreosot, Phenylsalicylat oder Resorcin enthalten;*

b) künstliche Mineralwässer nur dann, wenn sie in ihrer Zusammensetzung natürlichen Mineralwässern nicht entsprechen und zugleich Antimon, Arsen,

---

*) Die Änderungen der Verordnung vom 22. Oktober 1901 gegenüber der früheren Verordnung sind durch Kursivdruck kenntlich gemacht.

Baryum, Chrom, Kupfer, freie Salpetersäure, freie Salzsäure oder freie Schwefelsäure enthalten.

Auf Verbandstoffe (Binden, Gazen, Watten und dergl.), auf Zubereitungen zur Herstellung von Bädern sowie auf Seifen *zum äusserlichen Gebrauche* findet die Bestimmung im Abs. 1 nicht Anwendung.

§ 2. Die in dem angeschlossenen Verzeichnisse B aufgeführten *Stoffe* dürfen *ausserhalb* der Apotheken *nicht* feilgehalten oder verkauft werden.

§ 3. Der Grosshandel unterliegt den vorstehenden Bestimmungen nicht. Gleiches gilt für den Verkauf der im Verzeichnisse B aufgeführten Stoffe an Apotheken oder an solche *öffentliche Anstalten*, welche Untersuchungs- oder Lehrzwecken dienen und nicht gleichzeitig Heilanstalten sind.

§ 4. *Der Reichskanzler ist ermächtigt, weitere, im Einzelnen bestimmt zu bezeichnende Zubereitungen, Stoffe und Gegenstände von dem Feilhalten und Verkaufen ausserhalb der Apotheken auszuschliessen.*

§ 5. Die gegenwärtige Verordnung tritt mit dem 1. April 1902 in Kraft. Mit demselben Zeitpunkte treten die Verordnungen, betreffend den Verkehr mit Arzneimitteln, vom 27. Januar 1890, 31. Dezember 1894, 25. November 1895 und 19. August 1897 ausser Kraft.

Urkundlich unter Unserer Höchsteigenhändigen Unterschrift und beigedrucktem kaiserlichen Insiegel.

Gegeben Neues Palais, Potsdam, den 22. Oktober 1901.

(L. S.) Wilhelm.

Graf von Posadowsky.

Verzeichniss A.

1. Abkochungen und Aufgüsse (decocta et infusa);
2. Aetzstifte (styli caustici);
3. Auszüge in fester oder flüssiger Form (extracta et tincturae), ausgenommen:
    Arnikatinktur,
    Baldriantinktur, *auch ätherische*,

Benediktineressenz,
Benzoëtinktur,
Bischofessenz,
Eichelkaffeeextrakt,
Fichtennadelextrakt,
Fleischextrakt,
Himbeeressig,
Kaffeeextrakt,
Lakritzen (Süssholzsaft), auch mit Anis,
Malzextrakt, auch mit Eisen, Leberthran oder Kalk,
Myrrhentinktur,
Nelkentinktur,
Theeextrakt von Blättern der Theestrauchs,
Vanillentinktur,
Wachholderextrakt;

4. Gemenge, trockne, von Salzen oder zerkleinerten Substanzen, oder von beiden untereinander, *auch wenn die zur Vermengung bestimmten einzelnen Bestandtheile gesondert verpackt sind* (pulveres, salia et species mixta), *sowie Verreibungen jeder Art (triturationes),* ausgenommen:

   Brausepulver *aus Natriumbikarbonat und Weinsäure,* auch mit Zucker *oder* ätherischen Oelen gemischt,
   Eichelkakao, auch mit Malz,
   Hafermehlkakao,
   Riechsalz,
   Salicylstreupulver,
   Salze, welche aus natürlichen Mineralwässern bereitet oder den solchergestalt bereiteten Salzen nachgebildet sind,
   Schneeberger Schnupftabak mit einem Gehalte von höchstens 3 Gewichtstheilen Nieswurzel in 100 Theilen des Schnupftabaks:

5. Gemische, flüssige, und Lösungen (mixturae et solutiones) einschliesslich gemischte Balsame, Honigpräparate und Sirupe, ausgenommen:

   Aetherweingeist (Hoffmannstropfen),

Ameisenspiritus,
Aromatischer Essig,
Bleiwasser mit einem Gehalte von höchstens 2 Gewichtstheilen Bleiessig in 100 Theilen der Mischung,
Eukalyptuswasser,
Fenchelhonig,
Fichtennadelspiritus (Waldwollextrakt),
Franzbranntwein mit Kochsalz,
Kalkwasser, auch mit Leinöl,
Kampherspiritus,
Karmelitergeist,
Leberthran *mit ätherischen Oelen,*
Mischungen von Aetherweingeist, Kampherspiritus, Seifenspiritus, *Salmiakgeist und Spanischpfeffertinktur, oder von einzelnen dieser fünf Flüssigkeiten* untereinander zum Gebrauche für Thiere, sofern die einzelnen Bestandtheile der Mischungen auf den Gefässen, in denen die Abgabe erfolgt, angegeben werden,
Obstsäfte mit Zucker, Essig oder Fruchtsäuren eingekocht,
Pepsinwein,
Rosenhonig, *auch mit Borax,*
Seifenspiritus,
weisser Sirup;
6. Kapseln, gefüllte, von Leim (Gelatine) oder Stärkemehl (capsulae gelatinosae et amylaceae repletae), ausgenommen solche Kapseln, welche Brausepulver der unter No. 4 angegebenen Art,
Copaïvabalsam,
Leberthran,
Natriumbikarbonat,
Ricinusöl oder
Weinsäure
enthalten;
7. Latwergen (electuaria);

8. Linimente (linimenta), ausgenommen flüchtiges Liniment;
9. Pastillen (auch Plätzchen und Zeltchen), *Tabletten*, Pillen und Körner (pastilli — rotulae et trochisci —, *tabulettae*, pilulae et granula), ausgenommen:
   aus natürlichen Mineralwässern oder aus künstlichen Mineralquellsalzen bereitete Pastillen,
   einfache Molkenpastillen,
   Pfefferminzplätzchen,
   Salmiakpastillen, *auch mit Lakritzen und Geschmackzusätzen, welche nicht zu den Stoffen des Verzeichnisses B gehören*,
   Tabletten aus Saccharin, Natriumbikarbonat oder Brausepulver, auch mit Geschmackzusätzen, welche nicht zu den Stoffen des Verzeichnisses B gehören;
10. Pflaster und Salben (emplastra et unguenta), ausgenommen:
    Bleisalbe zum Gebrauche für Thiere,
    Borsalbe zum Gebrauche für Thiere,
    Cold-Cream, *auch mit Glycerin, Lanolin oder Vaselin*,
    Pechpflaster, *dessen Masse lediglich aus Pech, Wachs, Terpentin, und Fett oder einzelnen dieser Stoffe besteht*,
    englisches Pflaster,
    Heftpflaster,
    Hufkitt,
    Lippenpomade,
    Pappelpomade,
    Salicyltalg,
    Senfleinen,
    Senfpapier,
    Terpentinsalbe zum Gebrauche für Thiere,
    Zinksalbe zum Gebrauche für Thiere;
11. Suppositorien (suppositoria) in jeder Form (Kugeln, Stäbchen, Zäpfchen oder dergleichen) sowie Wundstäbchen (cereoli).

Verzeichniss B.

*Bei den mit * versehenen Stoffen sind auch die Abkömmlinge der betreffenden Stoffe sowie die Salze der Stoffe und ihrer Abkömmlinge inbegriffen.*

*Acetanilidum.	*Antifebrin.
Acida chloracetica.	Die Chloressigsäuren.
Acidum benzoïcum e resina sublimatum.	Aus dem Harze sublimirte Benzoësäure.
— camphoricum.	Kamphersäure.
— cathartinicum.	Kathartinsäure.
— *cinnamylicum.*	*Zimmtsäure.*
— chrysophanicum.	Chrysophansäure.
— hydrobromicum.	Bromwasserstoffsäure.
— hydrocyanicum.	Cyanwasserstoffsäure (Blausäure).
*— lacticum.	*Milchsäure.
*— osmicum.	*Osmiumsäure.
— sclerotinicum.	Sklerotinsäure.
*— *sozojodolicum.*	*Sozojodolsäure.*
— succinicum.	Bernsteinsäure.
*— sulfocarbolicum.	*Sulfophenolsäure.
*— valerianicum.	*Baldriansäure.
*Aconitinum.	*Akonitin.
Actolum.	*Aktol.*
Adonidinum.	Adonidin.
Aether bromatus.	Aethylbromid.
— *chloratus.*	*Aethylchlorid.*
— jodatus.	Aethyljodid.
Aethyleni praeparata.	Die Aethylenpräparate.
Aethylidenum bichloratum.	Zweifachchloräthyliden.
Agaricinum.	Agaricin.
Airolum.	*Airol.*
Aluminium acetico-tartaricum.	Essigweinsaures Aluminium.
Ammonium chloratum ferratum.	Eisensalmiak.
Amylenum hydratum.	Amylenhydrat.
Amylium nitrosum.	Amylnitrit.

Anthrarobinum.	Anthrarobin.
*Apomorphinum.	*Apomorphin.
Aqua Amygdalarum amararum.	Bittermandelwasser.
— Lauro-cerasi.	Kirschlorbeerwasser.
— Opii.	Opiumwasser.
— *vulneraria spirituosa.*	*Weisse Arquebusade.*
Arecolinum.	*Arekolin.*
Argentaminum.	*Argentamin.*
Argentolum.	*Argentol.*
Argoninum.	*Argonin.*
Aristolum.	*Aristol.*
Arsenium jodatum.	Jodarsen.
*Atropinum.	*Atropin.
Betolum.	Betol.
Bismutum bromatum.	Wismutbromid.
— oxyjodatum.	Wismutoxyjodid.
— *subgallicum (Dermatolum).*	Basisches Wismutgallat (Dermatol).
— subsalicylicum.	Basisches Wismutsalicylat.
— tannicum.	Wismuttannat.
Blatta orientalis.	Orientalische Schabe.
Bromalum hydratum.	Bromalhydrat.
Bromoformium.	*Bromoform.*
*Brucinum.	*Brucin.
Bulbus Scillae siccatus.	Getrocknete Meerzwiebel.
Butylchloralum hydratum.	Butylchloralhydrat.
Camphora monobromata.	Einfach-Bromkampher.
Cannabinonum.	Kannabinon.
Cannabinum tannicum.	Kannabintannat.
Cantharides.	Spanische Fliegen.
Cantharidinum.	Kantharidin.
Cardolum.	Kardol.
Castoreum canadense.	Kanadisches Bibergeil.
— sibiricum.	Sibirisches Bibergeil.
Cerium oxalicum.	*Ceriumoxalat.*
*Chinidinum.	*Chinidin.
*Chininum.	*Chinin.
Chinoïdinum.	Chinoïdin.

Chloralum formamidatum.	Chloralformamid.
— hydratum.	Chloralhydrat.
Chloroformium.	Chloroform.
Chrysarobinum.	Chrysarobin.
*Cinchonidinum.	*Cinchonidin.
Cinchoninum.	Cinchonin.
*Cocaïnum.	*Cocaïn.
*Coffeïnum.	*Koffeïn.
Colchicinum.	Kolchicin.
*Coniinum.	*Koniin.
Convallamarinum.	Konvallamarin.
Convallarinum.	Konvallarin.
Cortex Chinae.	Chinarinde.
— *Condurango.*	*Condurangorinde.*
— Granati.	Granatrinde.
— Mezereï.	Seildelbastrinde.
Cotoinum.	Kotoin.
Cubebae.	Kubeben.
Cuprum aluminatum.	Kupferalaun.
— salicylicum.	Kupfersalicylat.
Curare.	Kurare.
*Curarinum.	*Kurarin.
Delphininum.	Delphinin.
*Digitalinum.	*Digitalin.
Digitoxinum.	*Digitoxin.*
*Duboisinum.	*Duboisin.
*Emetinum.	*Emetin.
Eucaïnum.	*Eukaïn.*
Euphorbium.	Euphorbium.
Europhenum.	*Europhen.*
Fel tauri depuratum siccum.	Gereinigte trockene Ochsengalle.
Ferratinum.	*Ferratin.*
Ferrum arsenicicum.	Arsensaures Eisen.
— arsenicosum.	Arsenigsaures Eisen.
— carbonicum saccharatum.	Zuckerhaltiges Ferrokarbonat.
— citricum ammoniatum.	Ferri-Ammoniumcitrat.

Ferrum jodatum saccharatum.	Zuckerhaltiges Eisenjodür.
— oxydatum dialysatum.	Dialysirtes Eisenoxyd.
— oxydatum saccharatum.	Eisenzucker.
— *peptonatum.*	*Eisenpeptonat.*
— reductum.	Reduzirtes Eisen.
— sulfuricum oxydatum ammoniatum.	Ferri-Ammoniumsulfat.
— sulfuricum siccum.	Getrocknetes Ferrosulfat
Flores Cinae.	Zitwersamen.
— Koso.	Kosoblüthen.
Folia Belladonnae.	Belladonnablätter.
— Bucco.	Buccoblätter.
— Cocae.	Cocablätter.
— Digitalis.	Fingerhutblätter.
— Jaborandi.	Jaborandiblätter.
— Rhois toxicodendri.	Giftsumachblätter.
— Stramonii.	Stechapfelblätter.
Fructus Papaveris immaturi.	Unreife Mohnköpfe.
Fungus Laricis.	Lärchenschwamm.
Galbanum.	Galbanum.
*Guajacolum.	*Guajakol.
Hamamelis virginica.	*Hamamelis.*
Haemalbuminum.	*Hämalbumin.*
Herba Aconiti.	Akonitkraut.
— Adonidis.	Adoniskraut.
— Cannabis indicae.	Indischer Hanf.
— Cicutae virosae.	Wasserschierling.
— Conii.	Schierling.
— Gratiolae.	Gottesgnadenkraut.
— Hyoscyami.	Bilsenkraut.
— Lobeliae.	Lobelienkraut.
*Homatropinum.	*Homatropin.
Hydrargyrum aceticum.	Quecksilberacetat.
— bijodatum.	Quecksilberjodid.
— bromatum.	Quecksilberbromür.
— chloratum.	Quecksilberchlorür (Kalomel).

Hydrargyrum cyanatum.	Quecksilbercyanid.
— formamidatum.	Quecksilberformamid.
— jodatum.	Quecksilberjodür.
— oleïnicum.	Oelsaures Quecksilber.
— oxydatum via humida paratum.	Gelbes Quecksilberoxyd.
— peptonatum.	Quecksilberpeptonat.
— praecipitatum album.	Weisser Quecksilberpräcipitat.
— salicylicum.	Quecksilbersalicylat.
— tannicum oxydulatum.	Quecksilbertannat.
*Hydrastininum.	*Hydrastinin.
*Hyoscyaminum.	*Hyoscyamin.
Itrolum.	Itrol.
Jodoformium.	Jodoform.
Jodolum.	Jodol.
Kaïrinum.	Kaïrin.
Kaïrolinum.	Kaïrolin.
Kalium jodatum.	Kaliumjodid.
Kamala.	Kamala.
Kosinum.	Kosin.
Kreosotum (e ligno paratum).	Holzkreosot.
Lactopheninum.	Laktophenin.
Lactucarium.	Giftlattichsaft.
Larginum.	Largin.
Lithium benzoïcum.	Lithiumbenzoat.
— salicylicum.	Lithiumsalicylat.
Losophanum.	Losophan.
Magnesium citricum effervescens.	Brausemagnesia
— salicylicum.	Magnesiumsalicylat.
Manna.	Manna.
Methylenum bichloratum.	Methylenbichlorid.
Methylsulfonalum (Trionalum).	Methylsulfonal (Trional).
Muscarinum.	Muskarin.
Natrium aethylatum.	Natriumäthylat.
— benzoïcum.	Natriumbenzoat.

Natrium jodatum.
— pyrophosphoricum ferratum.
— salicylicum.
— santoninicum.
— tannicum.
*Nosophenum.
Oleum Chamomillae aethereum.
— Crotonis.
— Cubebarum.
— Matico.
— Sabinae.
— Santali.
— Sinapis.
— Valerianae.
Opium, *ejus alcaloida eorumque salia et derivata eorumque salia.* (Codeïnum, Heroïnum, Morphinum, Narceïnum, Narcotinum, Peroninum, Thebaïnum *et alia.)*
*Orexinum.
*Orthoformium.
Paracotoïnum.
Paraldehydum.
Pasta Guarana.
*Pelletierinum.
*Phenacetinum.
*Phenocollum.
*Phenylum salicylicum (Salolum).
*Physostigminum (Eserinum).
Picrotoxinum.
*Pilocarpinum.
*Piperazinum.

Natriumjodid.
Natrium-Ferripyrophosphat.
Natriumsalicylat.
Santoninsaures Natrium.
Natriumtannat.
*Nosophen.
Aetherisches Kamillenöl.

Krotonöl.
Kubebenöl.
Matikoöl.
Sadebaumöl.
Sandelöl.
Senföl.
Baldrianöl.
Opium, *dessen Alkaloide, deren Salze und Abkömmlinge, sowie deren Salze.* (Kodeïn, Heroïn, Morphin, Narceïn, Narkotin, Peronin, Thebaïn *und andere.)*

*Orexin.
*Orthoform.
Parakotoïn.
Paraldehyd.
Guarana.
*Pelletierin.
*Phenacetin.
*Phenokoll.
*Phenylsalicylat (Salol).

*Physostigmin (Eserin),

Pikrotoxin.
*Pilokarpin.
*Piperazin.

Plumbum jodatum.	Bleijodid.
— tannicum.	Bleitannat.
Podophyllinum.	Podophyllin.
Praeparata organotherapeutica.	*Therapeutische Organpräparate.*
Propylaminum.	Propylamin.
Protargolum.	*Protargol.*
*Pyrazolonum phenyldimethylicum (Antipyrinum).	*Phenyldimethylpyrazolon (Antipyrin).
Radix Belladonnae.	Belladonnawurzel.
— Colombo.	Colombowurzel.
— Gelsemii.	Gelsemiumwurzel.
— Ipecacuanhae.	Brechwurzel.
— Rheï.	Rhabarber.
— Sarsaparillae.	Sarsaparille.
— Senegae.	Senegawurzel.
Resina Jalapae.	Jalapenharz.
— Scammoniae.	Scammoniaharz.
Resorcinum purum.	Reines Resorcin.
Rhizoma Filicis.	Farnwurzel.
— *Hydrastis.*	*Hydrastisrhizom.*
— Veratri.	Weisse Nieswurzel.
Salia glycerophosphorica.	*Glycerinphosphorsaure Salze.*
Salophenum.	*Salophen.*
Santoninum.	Santonin.
*Scopolaminum.	*Skopolamin.
Secale cornutum.	Mutterkorn.
Semen Calabar.	Kalabarbohne.
— Colchici.	Zeitlosensamen.
— Hyoscyami.	Bilsenkrautsamen.
— St. Ignatii.	St. Ignatiusbohne.
— Stramonii.	Stechapfelsamen.
— Strophanthi.	Strophanthussamen.
— Strychni.	Brechnuss.
Sera therapeutica, liquida et sicca, et eorum praeparata ad usum humanum.	*Flüssige und trockene Heilsera, sowie deren Präparate zum Gebrauche f. Menschen.*

Verzeichnis B.

*Sparteïnum.	*Sparteïn.
Stipites Dulcamarae.	Bittersüssstengel.
*Strychninum.	*Strychnin.
*Sulfonalum.	*Sulfonal.
Sulfur jodatum.	Jodschwefel.
Summitates Sabinae.	Sadebaumspitzen.
Tannalbinum.	*Tannalbin.*
Tannigenum.	*Tannigen.*
Tannoformium.	*Tannoform.*
Tartarus stibiatus.	Brechweinstein.
Terpinum hydratum.	Terpinhydrat.
Tetronalum.	*Tetronal.*
*Thallinum.	*Thallin.
Theobrominum.	*Theobromin.*
Thioformium.	*Thioform.*
Tropacocaïnum.	*Tropacocaïn.*
Tubera Aconiti.	Akonitknollen.
— Jalapae.	Jalapenwurzel.
Tuberculinum.	*Tuberkulin.*
Tuberculocidinum.	*Tuberkulocidin.*
*Urethanum.	*Urethan.
Urotropinum.	*Urotropin.*
Vasogenum et ejus praeparata.	*Vasogen uud dessen Präparate.*
*Veratrinum.	*Veratrin.
Xeroformium.	*Xeroform.*
Yohimbinum.	*Yohimbin.*
Zincum aceticum.	Zinkacetat.
— chloratum purum.	Reines Zinkchlorid.
— cyanatum.	Zinkcyanid.
— permanganicum.	Zinkpermanganat.
— salicylicum.	Zinksalicylat.
— sulfoichthyolicum.	Ichthyolsulfosaures Zink.
— sulfuricum purum.	Reines Zinksulfat.

I. Verordnung vom 22. Oktober 1901.

Wir Wilhelm, von Gottes Gnaden Deutscher Kaiser, König von Preussen u. s. w. verordnen im Namen des Reichs auf Grund der Bestimmungen im § 6 Abs. 2 der Gewerbeordnung (Reichs-Gesetzbl. 1900 S. 871), was folgt:

Geltungsbereich und Zweck der Verordnung.

Die Verordnung betreffend den Verkehr mit Arzneimitteln vom 22. Oktober 1901 ist wie ihre Vorgängerinnen auf Grund der Bestimmungen im § 6, Abs. 2 der Gewerbe-Ordnung erlassen, lautend: „Durch kaiserliche Verordnung wird bestimmt, welche Apothekerwaren dem freien Verkehr zu überlassen sind." Die Gewerbe-Ordnung hat im ganzen deutschen Reiche mit Einschluss von Elsass-Lothringen Geltung und den gleichen Geltungsbereich hat somit auch die Verordnung. Die Artikel 32, 33 und 36 des Gesetzes vom 21. Januar d. J. XI, welche früher in Elsass-Lothringen den Arzneihandel regelten, haben dadurch eine Abänderung erfahren.

Die Verordnung hat nicht den Zweck, den Handverkauf in den Apotheken zu regeln — hierüber ist auf Grund eines Bundesratbeschlusses vom 13. Mai 1896 in jedem Bundesstaate eine besondere (unter sich gleichlautende) Verordnung erlassen — sondern ihre Aufgabe ist, im Anschlusse an § 6 Abs. 2 der Gewerbe-Ordnung, die Grenzen des pharmaceutischen Arzneimonopols gegenüber der allgemeinen Handelsfreiheit zu ziehen. Sie richtet sich daher, indem sie bestimmt, welche pharmaceutischen Zubereitungen und Arzneimittel als Heilmittel ausschliesslich in den Apotheken verkauft werden dürfen, gegen den unbefugten Arzneihandel der Geheimmittelfabrikanten, Kaufleute und Drogisten und trifft diesen wirksam, indem sie den Verkauf fast sämtlicher pharmaceutischer Zubereitungsformen, in die Arzneien gebracht werden können, sowie einer Anzahl bestimmter Arzneimittel ausschliesslich in die Apotheken verlegt.

§ 1 Abs. 1. Die in dem angeschlossenen Verzeichnisse A aufgeführten Zubereitungen dürfen, ohne Unterschied, ob sie heilkräftige Stoffe enthalten oder nicht, als Heilmittel (Mittel zur Beseitigung oder Linderung von Krankheiten bei Menschen oder Thieren) ausserhalb der Apotheken nicht feilgehalten oder verkauft werden.

Zubereitungen.

Die Verordnung unterscheidet zwischen Zubereitungen und Stoffen und behandelt in § 1 die ersteren. Unter Zubereitungen sind sowohl die sogenannten galenischen Präparate als alle übrigen zusammengesetzten Arzneimittel, die in der Apotheke teils auf Vorrat teils für den augenblicklichen Gebrauch hergestellt werden, im Gegensatz zu den von der Industrie fertig gelieferten chemischen Produkten zu verstehen. Ausgeschlossen hierbei ist nicht, dass bei der Anfertigung der Zubereitungen auch chemische Vorgänge mitwirken, oder dass solche Zubereitungen ebenfalls fertig von Fabriken bezogen werden können. Sobald ein Präparat seinem Wesen nach sich als eine der im Verzeichnis A genannten Zubereitungsformen darstellt, fällt es unter § 1 der Verordnung, mag seine Darstellung lediglich auf mechanischem Wege oder durch chemische Einwirkung erfolgt sein, oder mag es vom Verkäufer selbst bereitet oder im Fabrikbetriebe hergestellt sein.

Die Worte „ohne Unterschied, ob sie heilkräftige Stoffe enthalten oder nicht" sollen besagen, dass nicht nur die von der Wissenschaft anerkannten Heilmittel, sondern auch alle sonst als Heilmittel verwendeten oder als solche angepriesenen Zubereitungen in einer der im Verzeichnis A angegebenen Zubereitungsformen, also Geheimmittel, Reklame- oder Schwindelmittel, homöopathische Arzneimittel usw. den Bestimmungen der Verordnung unterworfen sind. Da auch solche Stoffe, welche keine heilkräftige Wirkung haben, in eine pharmaceutische Form gebracht, letzterer den Charakter einer arzneilichen Zubereitung zu geben imstande sein sollen, so folgt daraus von selbst, dass dies bezüglich der Stoffe, welche zwar arzneilich wirksam, aber dem freien Verkehr überlassen sind, gleicherweise der Fall ist.

K.G. 13. Januar 1887.

Nach Inhalt des § 1 kommt es wesentlich darauf an, ob das qu. Mittel ohne Rücksicht auf seine Bestandteile und arzneiliche Wirkung in einer derjenigen Erscheinungsformen, welche in dem Verzeichnis A aufgeführt sind, zu Heilzwecken bestimmt und als Heilmittel angeboten wird.

Heilmittel.

Der Nachdruck im § 1 liegt auf den Worten „als Heilmittel". Nur wenn die betreffenden Zubereitungen als Heilmittel feilgehalten oder verkauft werden, fallen sie unter die Verordnung.

Während keine der früheren Verordnungen den Begriff des Heilmittels näher präzisierte, hat die Verordnung vom 22. Oktober 1901 zum ersten Male eine Definition dieses Begriffs gegeben, und zwar dahin, dass als Heilmittel im Sinne der Verordnung nur anzusehen sind: „Mittel zur Beseitigung oder Linderung von Krankheiten bei Menschen oder Tieren."

In den früheren Verordnungen hatte der § 1 folgenden Wortlaut:

Verordnung vom 25. März 1872.

Das Feilhalten und der Verkauf der in dem anliegenden Verzeichnis A aufgeführten Zubereitungen zu Heilzwecken ist ausschliesslich in Apotheken gestattet.

Verordnung vom 4. Januar 1875.

Das Feilhalten und der Verkauf der in dem anliegenden Verzeichnis A aufgeführten Zubereitungen als Heilmittel ist nur in Apotheken gestattet, ohne Unterschied, ob diese Zubereitungen aus arzneilich wirksamen oder aus solchen Stoffen bestehen, welche an und für sich zum medizinischen Gebrauch nicht geeignet sind.

Verordnung vom 27. Januar 1890.

Die in dem anliegenden Verzeichnis A aufgeführten Zubereitungen dürfen, ohne Unterschied, ob sie heilkräftige Stoffe enthalten oder nicht, als Heilmittel nur in Apotheken feilgehalten oder verkauft werden.

Die Frage, wie weit nach diesen Bestimmungen der Begriff „Heilmittel" zu begrenzen sei, besonders ob auch Stärkungs-, Vorbeugungs- und Verhütungsmittel unter denselben fallen, hatte die Gerichte oft beschäftigt. Die wichtigsten Entscheidungen lauteten:

1. Auch zur Stärkung der Gesundheit dienende Mittel sind als Heilmittel anzusehen. (K.G. 7. Juni 1894.)
2. Heilmittel ist nach dem Sprachgebrauche, sowie nach Sinn und Tendenz der kaiserlichen Verordnung auch das zur Erhaltung und Stärkung der Gesundheit zur Vorbeugung von Krankheiten Förderliche. (O.L.G. Colmar, 3. März 1896.)
3. Mittel, welche durch vorbeugende Wirkung, durch Verhütung von Krankheiten auf Beförderung der Gesundheit abzielen, sind ebenfalls Heilmittel. (O.L.G. Naumburg, 7. September 1896.)
4. Der Begriff Heilmittel umfasst nicht bloss jene Mittel, welche bestimmt sind, bestehende Krankheiten zu heilen, sondern auch jene, welche dazu dienen sollen, in vorbeugender Weise Krankheiten entgegenzuwirken. Den Gegensatz hiervon bildet das Genussmittel. (O.L.G. München, 30. Mai 1895.)

Diesen für den Apotheker günstigen Entscheidungen standen folgende O.L.G.-Urteile entgegen:

5. Heilmittel sind nur solche Mittel, welche bestehende krankhafte Zustände zu beseitigen bestimmt sind, nicht aber solche,

welche nur bestimmt sind, etwaige noch nicht vorhandene Krankheiten zu verhüten, also solchen vorzubeugen und die Gesundheit zu erhalten. (K.G. 15. März 1896.)
6. Heilmittel sind nur Mittel zur Heilung, nicht aber zur Verhütung von Krankheiten. (O.L.G. Köln, 20. Dezember 1895.)

Zur Herbeiführung einer einheitlichen Rechtsprechung machte der Vorstand des D. Ap.-V. in einer Eingabe vom Sommer 1897 den wenig glücklichen Vorschlag, in der künftigen Verordnung statt Heilmittel zu sagen: „Mittel, die zur Beseitigung oder Verhütung von krankhaften Zuständen am menschlichen und (oder?) tierischen Körper dienen sollen." Die zur Beratung des Entwurfs berufene Sachverständigenkommission hatte sich in ihren Sitzungen vom 8. und 9. September 1898 ebenfalls für die Ausdehnung des Heilmittelbegriffs auf Verhütungsmittel ausgesprochen. Der Ende 1899 bekannt gewordene Entwurf der Verordnung berücksichtigte jedoch nur die Mittel zur Beseitigung von Krankheiten und zwar auf Grund eines ausführlichen Gutachtens des Kaiserlichen Gesundheits-Amtes. Dasselbe lautete bezüglich dieses Punktes wie folgt:

„In diesem Entwurfe sind in § 1 Abs. 1 die Mittel zur Verhütung von Krankheiten — entgegen dem in den Beratungen vom 8. und 9. September 1898 von der Mehrheit geäusserten Wunsche — zu den Heilmitteln nicht gerechnet und ist daher das Apothekerprivileg darauf nicht ausgedehnt worden. Diesseits muss dieser Ansicht beigetreten werden.

Als Mittel zur Verhütung von Krankheiten können die harmlosesten Dinge angesehen werden; der Kreis der Gegenstände, welche diesem Zwecke dienen können, ist ein so grosser, dass sich gar nicht absehen lässt, welche Fesseln durch ihre Verweisung in die Apotheken dem Verkehr auferlegt werden würden; erschien es doch notwendig, für den Fall der Aufnahme der „Vorbeugungsmittel" so umfassende Begriffe wie die Nahrungs- und Genussmittel ausdrücklich auszunehmen, weil dieselben, auf die Wage des Strafrichters gelegt, als zur Verhütung von Krankheiten dienend angesehen werden können. Auch die diätetischen Mittel sollten ausgenommen werden; dafür aber, was unter diesen Sammelbegriff fällt, kann ein allseitig gebilligter, gleichmässige Rechtsprechung verbürgender Ausdruck nicht gefunden werden. Diesem Umstande gegenüber fällt nicht ins Gewicht, dass einzelne Oberlandesgerichte Verhütungsmittel als zu den Heilmitteln (im Sinne des § 1 der kaiserl. Verordnung vom 27. Januar 1890) gehörig gerechnet haben. Ebensowenig kann eine Analogie daraus abgeleitet werden, dass die landesrechtlichen Verbote, betreffend Anpreisung von Geheimmitteln, meist auch die Verhütungsmittel ausdrücklich umfassen; denn in diesem Falle liegt das zu bekämpfende Übel darin, dass die Leichtgläubigkeit des Publikums durch Geheimhaltung der Bestandteile der Ware ausgenutzt werden soll; der Schutz des Publikums kann hier füglich ausgedehnt werden, und zwar sowohl den Apotheken als den Drogerien gegenüber."

In Übereinstimmung mit diesem Gutachten und dem genannten Urteile des K.G. vom 15. März 1896 definierte der Entwurf als Heilmittel „Mittel zur Beseitigung von Krankheiten bei Menschen oder Tieren".

Wohl hauptsächlich infolge der schweren und begründeten Bedenken, welche in einem Teile der Fachpresse gegen diese viel zu enge Fassung des Heilmittelbegriffs erhoben wurden, wurde später in dem Texte der Verordnung die Definition in „Mittel zur Beseitigung oder Linderung von Krankheiten bei Menschen oder Tieren" geändert. Diese leider auch noch zu enge Begriffsbestimmung ist für den Richter jetzt bindend. Eine Erweiterung derselben in einer ihrer Entwicklung sowie dem Sinne der Verordnung widersprechenden Weise ist nicht wahrscheinlich. Sie bedarf aber in verschiedenen Punkten der Erläuterung.

Nicht darauf kommt es an, ob ein Mittel objektiv geeignet ist, Krankheiten zu lindern oder zu beseitigen — diesen Zweck würden Zubereitungen ohne heilkräftige Stoffe, die nach § 1 ebenfalls unter die Verordnung fallen, überhaupt nicht erfüllen können — sondern nur darauf, ob der Bestimmungszweck eines Mittels auf Beseitigung oder Linderung einer Krankheit gerichtet ist, oder ob ein auch anderen Zwecken dienendes Mittel doch gleichzeitig zu den genannten Heilzwecken feilgehalten resp. verkauft wird. Lediglich die Vermeidung der Erwähnung des Heilzwecks genügt keineswegs, um einen Konflikt mit der Verordnung zu umgehen, sofern es sich um ein Mittel handelt, das seiner Form nach unter Verzeichnis A fällt. Nur wenn der Verkäufer ausdrücklich festgestellt hat, dass das Mittel zu anderen als Heilzwecken verwendet werden soll, darf er es abgeben.

K.G. 18. Mai 1899.

Es genügt, wenn ein Mittel seiner Zweckbestimmung nach zur Heilung von Krankheiten dienen soll, ohne dass dies ausdrücklich hervorgehoben zu werden braucht.

O.L.G. München 30. Mai 1895.

Die Feststellung, dass die Angeklagte den Alpenkräutertee nicht ausdrücklich als Heilmittel verkauft habe, deutet auf nichts anderes, als dass sie denselben den Käufern nicht wörtlich als Heilmittel bezeichnet hat. Der Mangel dieser Bezeichnung schliesst jedoch den tatsächlichen Verkauf als Heilmittel nicht aus.

O.L.G. Dresden 19. März 1881.

Für die Anwendbarkeit der Verordnung vom 4. Januar 1875 ist die tatsächliche Bezeichnung einer Zubereitung als Heilmittel entscheidend und kann die formelle Vermeidung des Ausdrucks „Heilmittel" nicht straflos machen, da bei anderer Auslegung des § 1 der Verordnung Sinn und

Zweck (cfr. Reichstagsverhandlungen von 1872/73, Band III, S. 132) derselben negiert und vereitelt würden.

O.L.G. Köln 20. Dezember 1895.

Zu einem Feilhalten als Heilmittel ist nicht erforderlich, dass die Ware von dem Fabrikanten oder Verkäufer als solches bezeichnet wird; es genügt vielmehr, wenn aus den Umständen hervorgeht, dass das feilgehaltene Gemenge als Heilmittel angepriesen werden soll, wenn im Publikum der Glaube erweckt wird, es handle sich um ein solches.

O.L.G. Posen 26. Juli 1889 und O.L.G. Frankfurt a. M. 4. Juni 1890.

Ein Verkauf als Heilmittel ist auch dann anzunehmen, wenn der Verkäufer einer regelmässig zu anderen als Heilzwecken verwendeten Zubereitung sich der Möglichkeit der Verwendung zu Heilzwecken bewusst gewesen ist und daher diese Verwendung als möglich gleichfalls gewollt hat.

R.G. 3. November 1891 und O.L.G. Celle 17. November 1894.

Ein Verkauf als „Heilmittel" liegt vor: 1. wenn der Verkäufer den Verbrauch einer Arzneizubereitung als Heilmittel als selbstverständlich voraussetzen darf, oder aber 2. wenn der Verkäufer bei Anwendung der schuldigen Sorgfalt hat annehmen müssen, der Käufer wolle die geforderte Arzneizubereitung als Heilmittel gebrauchen. Unter „schuldiger Sorgfalt" ist aber selbstredend zu verstehen, dass der Verkäufer sich nach dem Gebrauchszweck der geforderten Arzneimischung erkundigt.

O.L.G. Posen 28. November 1888.

Nicht der Verkauf der in der Anlage A aufgeführten Arzneizubereitungen an sich, sondern nur deren Verkauf zu Heilzwecken ist strafbar.

Dieses letztgenannte Urteil fasst indessen die Grenzen etwas zu eng und dürfte zudem durch das oben mitgeteilte spätere Erkenntnis desselben Gerichtes vom 26. Juli 1889 gegenstandslos geworden sein. Bei allen denjenigen Zubereitungen, die zu anderen als Heilzwecken gar nicht in Frage kommen können, genügt zweifellos das blosse Feilhalten oder Verkaufen, um alle Bedingungen einer Übertretung der Verordnung zu erfüllen.

Andererseits ist es die logische Konsequenz dieser Rechtsanschauung, dass die unter das Verzeichnis A fallenden Zubereitungen, wenn sie tatsächlich zu anderen Zwecken als zur Beseitigung oder Linderung von Krankheiten dienen sollen und dementsprechend verlangt und bezeichnet werden, also zu einem wissenschaftlichen, künstlerischen oder technischen Zweck, als freigegeben anzusehen sind. Auch die Abgabe zusammengesetzter Arzneimittel an Polizeiagenten, welche lediglich die Aufgabe haben, den Drogisten einer Übertretung der Verordnung zu überführen, hat das K.G. zweimal am 27. April 1899 und 19. Oktober

1899 als **keine** Abgabe zu Heilzwecken im Sinne der Verordnung angesehen.

In diesem Falle kommt es jedoch darauf an, dass dem Verkäufer die betreffende Person als Polizeiagent genau bekannt war und dass er die wahre Zweckbestimmung der Zubereitung, in den Händen des Käufers nur als Beweismittel zu dienen, ebenso genau kannte. Andernfalls ist er natürlich nicht vor Strafe geschützt, wie folgendes Urteil beweist:

K.G. 10. Oktober 1901.

Zutreffend hat die Strafkammer auf Grund der Tatsache, dass der Zeuge H. über Reissen und Stiche in den Seiten geklagt, um ärztliche Behandlung gebeten und darauf von dem praktischen Arzt Dr. Ha. im Auftrage des Angeklagten eine Schachtel Magnesiumsuperoxyd mit Brausepulver und eine Flasche Dr. O.'s Mentholkampher erhalten hat, den Schluss gezogen, dass Angeklagter diese Waren als Heilmittel **verkauft** hat. Ob diese Mittel vom Zeugen H. als Heilmittel oder aber zu anderen Zwecken, etwa zur Herbeiführung eines Strafprozesses gegen den Angeklagten, **gekauft** sind, und ob sie als Heilmittel oder aber nur als Verhütungs- oder Anregungsmittel zu dienen geeignet sind, ist unerheblich.

Indessen ist auch dann, wenn ein **Verkaufen zu Heilzwecken** nicht nachweisbar ist, nicht zu vergessen, dass bereits das **Feilhalten** zu diesen Zwecken unter das Verbot der Verordnung fällt.

Nach der Heilmitteldefinition der Verordnung unterliegt es ferner keinem Bedenken, dass wirkliche Vorbeugungsmittel, welche noch nicht vorhandene und auch nicht durch Symptome sich bereits andeutende Krankheiten verhüten und die Gesundheit ganz allgemein kräftigen und erhalten wollen, nicht unter den Begriff Heilmittel zu rechnen sind. Wohl aber würde die Bezeichnung offenbarer Heilmittel als Vorbeugungsmittel gemäss der Reichsgerichtsentscheidung vom 3. November 1891 sich als strafbare Umgehung der Verordnung darstellen und die Freigabe der so bezeichneten Mittel keineswegs zur Folge haben.

Einer genauen Umschreibung bedarf in der Heilmitteldefinition noch der Ausdruck ***Krankheiten.*** Das K.G. definiert in einem Urteile vom 8. August 1901 Krankheit

„als eine solche Abweichung des Körpers oder einzelner Teile von der Norm, welche die Erhaltung des Organismus und seiner vollkommenen Leistungsfähigkeit zu gefährden droht bezw. wesentliche Störungen des normalen Zustandes oder der Gewebszellen und deren Wechselwirkung untereinander herbeiführt."

Es macht jedoch in dieser sowie in anderen Entscheidungen einen Unterschied zwischen Krankheiten, Körperschäden und sonstigen Störungen des Wohlbefindens und es entsteht die Frage in welchem Umfange der Begriff in der Verordnung gemeint ist. Die Antwort gibt die Verordnung selbst, indem sie von der Bestimmung des § 1 in Absatz 2 desselben Paragraphen Hühneraugenmittel ausnimmt. Das K.G. hat bereits zweimal übereinstimmend entschieden, dass Hühneraugen keine Krankheit sind.

K.G. 4. Januar 1891 und 7. Februar 1898.

Die Annahme, dass Hühneraugen als durch Druck erzeugte und nach Aufhebung des Druckes von selbst verschwindende hornartige Verdickungen der Oberhaut an einzelnen fest umschriebenen Stellen des Fusses nicht zu den Krankheiten, d. h. zu den Abweichungen einzelner, oder aller Organe des Körpers von derjenigen Beschaffenheit oder demjenigen Verhalten, wie es zur Erhaltung des Organismus und seiner vollkommenen Leistungsfähigkeit erforderlich ist, bezw. zu den wesentlichen Störungen des normalen Zustandes der Gewebszellen und deren Wechselwirkung untereinander zu rechnen sind, ist nicht rechtsirrtümlich: an sich sind Hühneraugen keine Krankheiten.

Wohl aber bilden Hühneraugen einen Körperschaden, wie dies das K.G. in den Urteilen vom 25. April 1892 und 8. August 1901 näher ausgeführt hat. Wenn nun die Verordnung von den Mitteln gegen Krankheiten Hühneraugenmittel, also Mittel gegen einen Körperschaden, ausdrücklich und zwar nur in gewissem Umfange ausnimmt, so muss der Begriff der Krankheit in weiterem Sinne gemeint sein, und vor allem auch die Körperschäden und die sonstigen Störungen des Wohlbefindens mit umfassen.

Eine gewisse Analogie hierzu bietet die frühere Verordnung, welche nicht sämtliche Hühneraugenmittel, sondern nur die Hühneraugenringe freigab. Dazu sagte das K.G. in dem bereits erwähnten Erkenntnis vom 8. August 1901.

„Mit Recht betont der Vorderrichter, dass die ausdrückliche Erwähnung von Hühneraugenringen unter No. 10 des Verzeichnisses der gedachten kaiserlichen Verordnung der vom Vorderrichter vertretenen Auffassung entspricht; denn wenn Mittel zur Beseitigung von Hühneraugen an sich nach der Ansicht des Gesetzgebers kein Heilmittel darstellen, würde die Freigabe von Hühneraugenringen zum Feilhalten und Verkaufen ausserhalb der Apotheken nicht erforderlich gewesen sein."

Wie damals das K.G. aus der Anführung der Hühneraugenringe mit Recht schloss, dass unter Heilmitteln auch Mittel gegen Körperschäden gemeint sein müssten, so muss auch jetzt aus der teilweisen Ausnahme der Hühneraugenmittel gefolgert werden, dass die Verordnung unter Krankheiten auch Körperschäden und andere Übel gemeint hat. Ganz dasselbe geht daraus hervor, dass die Verordnung im Verzeichnis A als Ausnahme englisches Pflaster und Heftpflaster freigibt, die doch überhaupt nur als Mittel zur Beseitigung von Körperschäden in Frage kommen können.

Demgemäss würde in Übereinstimmung mit einem K.G.- Urteil eine erschöpfende Definition des Begriffs Heilmittel folgendermassen lauten:

K.G. 10. April 1899.

Der Begriff des „Heilmittels" ist nicht beschränkt auf Mittel gegen Krankheiten, er umfasst vielmehr alle Substanzen, die als Mittel zur Beseitigung (oder Linderung) von menschlichen oder tierischen Übeln, seien dies Krankheiten, Körperschäden oder sonstige Störungen des Wohlbefindens oder der normalen Funktion körperlicher Organe, angepriesen, feilgehalten oder verkauft werden.

Ganz analog hatte das K.G. schon früher am 4. Januar 1891 ein Geheimmittel als ein „Arznei- oder Heilmittel gegen Krankheiten, Körperschäden oder Leiden jeder Art, etc." definiert.

Dass auch in anderer Beziehung der Begriff der Krankheit im weitesten Sinne aufgefasst wird, beweist folgende Entscheidung.

Sächs. Minist. d. Innern 16. Januar 1901.

Für den Begriff der Krankheit im Sinne des Krankenversicherungsgesetzes und der hiernach errichteten Statuten fehlt es an einer gesetzlichen Erklärung. Allein darüber herrscht allseitiges Einverständnis, dass „Krankheit" im Sinne des Krankenversicherungsgesetzes einen anormalen Zustand, d. h. einen solchen Zustand voraussetzt, welcher nicht durch die natürliche Entwicklung des Menschen bedingt wird, sondern sich als eine Störung in der normalen Körperbeschaffenheit und in deren natürlichem Entwicklungsgange darstellt.

Krankheiten.

Über den Krankheitscharakter verschiedener Zustände liegen gerichtliche Entscheidungen vor, die z. T. auch für die Zukunft massgebend sein dürften.

Flechten und *Hautunreinigkeiten* sind krankhafte Erscheinungen.

K.G. 20. Februar 1902.

Ein Balsam, der als Mittel gegen Gesichtspickel, Pusteln, Finnen, Flechten empfohlen wird, stellt sich als Heilmittel gegen Krankheiten dar, da Flechten als äussere Erscheinungsformen krankhafter Störungen im menschlichen Organismus anzusehen sind.

Trunksucht ist eine Krankheit.

K.G. 17. Oktober 1901.

In der Revisionsinstanz wurde geltend gemacht, Trunksucht sei keine Krankheit, sondern nur ein Laster; durch Trunksucht entständen erst Krankheiten. Der Oberstaatsanwalt beantragte aber die Zurückweisung der Revision, da die heftige Begierde nach Spirituosen als eine Krankheit anzusehen sei. Der Strafsenat des Kammergerichts wies auch die Revision als unbegründet zurück und machte geltend, es erscheine nicht rechtsirrtümlich, wenn der Vorderrichter annehme, dass Haematin, welches nach der kaiserl. Verordnung vom 27. Januar 1890 nur in Apotheken verkauft werden dürfe, gegen eine Krankheit als Heilmittel angepriesen sei, möge man auch gewöhnlich Trunksucht als Laster ansehen.

L.G. Köln 16. Februar 1891.

Die Trunksucht ist eine krankhafte gewohnheitsmässige Neigung zum übermässigen Genuss alkoholischer Getränke, welche unvermeidlich zum chronischen Alkoholismus, zur Alkoholvergiftung mit allen ihren traurigen, sowohl für die leibliche, wie die geistige Gesundheit verderblichen Folgen führt. Dieselbe wird deshalb auch von der medizinischen Wissenschaft als eine schwere, nur durch ein energisches und konsequentes Heilverfahren zu bekämpfende Krankheit angesehen und behandelt.

Schweissfuss ist eine Krankheit.

K.G. 15. Mai 1893.

Ohne Rechtsirrtum ist ferner dieses anormale auf unregelmässiger Hauttätigkeit oder sonst krankhafter Anlage beruhende Schwitzen und insbesondere der Schweissfuss als ein krankhafter Zustand d. h. als Krankheit angesehen werden.

Befallensein von Ungeziefer ist eine Krankheit.

R.G. 3. November 1891.

Es ist ferner im Urteil aus rechtlich nicht anfechtbaren Gründen dargelegt, dass das Behaftetsein des Menschen mit solchen Läusen als eine Krankheit anzusehen sei und dass Merkurialsalbe zur Beseitigung oder Milderung dieser Krankheit diene.

L.G. Göttingen 26. September 1894, bestätigt vom O.L.G. Celle 17. November 1894.

Dem Sachverständigen muss dahin beigetreten werden, dass die von dem Angeklagten feilgebotene Salbe als ein Heilmittel für Menschen unter das Verbot der Verordnung fällt. Es kann diese Annahme keinem begründeten Bedenken unterliegen, wenn man die Verwendung der Salbe näher in Betracht nimmt. Es dringen die erwähnten Läuse in und unter die Haut des Menschen ein und verursachen ein nicht selten bis zum Schmerze gesteigertes körperliches Unbehagen, welches durch intensives Einwirken mit jener die Läuse vernichtenden Salbe gehoben wird. Angeklagter ist auch keineswegs in der Lage, eine Verurteilung durch Bezugnahme auf das Erkenntnis des Reichsgerichts vom 3. November 1891 abzuwenden. Dieses Urteil stellt nämlich ganz im Einklange mit der diesseitigen Auffassung fest, dass das Behaftetsein des Menschen mit derartigen Läusen als eine Krankheit anzusehen sei und dass die Merkurialsalbe zur Beseitigung oder doch Milderung der Krankheit diene, also insoweit als Heilmittel zu betrachten sei.

Diesen Entscheidungen stehen einige entgegengesetzte gegenüber:

O.L.G. Breslau 24. März 1887.

Das Behaftetsein mit Läusen ist als eine Krankheit unbedenklich nicht aufzufassen, da Läuse allein durch Übertragung also in rein mechanischer Weise auf den Tieren sich einfinden, letztere daher auch durch sorgfältige Reinigung und fleissiges Putzen allein von dem Ungeziefer befreit werden können. (Med. Kolleg. v. Schlesien).

Str.K. b. A.G. Wetzlar 15. November 1899.

Eine längere Belästigung durch Ungeziefer mag immerhin den menschlichen oder tierischen Körper schädlich beeinflussen, allein das blosse Vorhandensein von Ungeziefer kann doch nicht als Krankheit aufgefasst werden.

Str.K. b. A.G. Itzehoe 27. März 1895.

Läuse sind keineswegs eine Krankheit, da sie einerseits auf mechanischem Wege durch Übertragung sich einfinden, andererseits auch auf mechanische Weise wieder beseitigt werden resp. beseitigt werden können.

Die zuerst genannten Urteile sind zweifellos überzeugender. Das Vorhandensein von derartigem parasitären Ungeziefer, zu dem nicht nur Filzläuse, sondern auch Krätzmilben, Finnen, Band- und Eingeweidewürmer gehören, verursacht ein solches Unbehagen, dass man unbedenklich darin eine krankhafte Störung des Wohlbefindens erkennen wird. Die von den anders urteilenden Gerichten als Gegengrund angeführte Möglichkeit der mechanischen Entfernung muss hinfällig erscheinen, weil, wie schon Husemann s. Z. in der Pharm. Ztg. anführte, viele Cholerabazillen und andere Krankheitserreger, Gift usw. auch mechanisch verbreitet und wenigstens innerhalb einer gewissen Zeit wieder mechanisch entfernbar sind und weil es sich ja nicht um mechanische Entfernung, sondern um Anwendung eines Arzneimittels handelt, das auf chemischem Wege die Epizoën tödtet.

Natürlich kann ein Ungeziefermittel immer nur dann als Heilmittel dienen, wenn es bestimmt ist, vorhandenes Ungeziefer zu beseitigen. Dagegen können Mittel, deren Aufgabe es ist, durch ihren penetranten Geruch oder sonstige Eigenschaften Ungeziefer oder Insekten abzuhalten und die Ansammlung desselben zu verhüten, nicht als Heilmittel in Betracht kommen. So hat auch das A.G. Schmiedeberg i. S. am 21. Februar 1901 ein Präparat (Oleum Lini sulfuratum), als Schutzmittel gegen Insektenstiche angewendet, als freigegeben erklärt. Ganz dasselbe trifft für Mückenstifte und Mückenessenzen zu, wenn diese lediglich zur Fernhaltung der Insekten dienen sollen.

Fressmangel bei Tieren ist ein krankhafter Zustand. Fresspulver, welche bestimmt sind, diesen körperlichen Mangel zu beseitigen und die unter das normale, herabgesunkene Fresslust der Tiere wieder auf den Normalzustand zu heben sind demnach Heilmittel. Davon wohl zu unterscheiden sind jedoch die sog. Mastpulver, welche im Gegensatz zu ersteren nicht bei krankem, sondern gerade bei völlig gesundem Vieh angewendet werden sollen, um durch Herbeiführung einer über das Normale gesteigerten Nahrungsaufnahme der Tiere eine wirtschaftlich vorteilhaftere Ausnutzung derselben zu ermöglichen. Derartige Präparate sind keine Heilmittel. Lediglich nach diesen Gesichtspunkten sind Fress- und Mastpulver für Tiere zu beurteilen, ohne dass es dabei auf den Namen oder die Bezeichnung des Pulvers ankäme. Wird ein solches Mittel ausschliesslich oder gleichzeitig mit anderen Verwendungszwecken zu dem erstgenannten Zweck angekündigt oder verkauft, so ist es dem freien Verkehr entzogen.

O.L.G. Hamm 27. Juni 1896.

In dem Berufungsurteil ist ausgeführt, dass das Fress- und Mastpulver vornehmlich dazu bestimmt sei, die infolge von körperlichen Störungen unter das Normale herabgesunkene Fresslust der Tiere durch Beseitigung der Störungen wieder auf den Normalzustand zu heben, und dass es somit als Heilmittel diene. Der Berufungsrichter hält hiernach die erstrichterliche Feststellung in Bezug auf das Fress- und Mastpulver für zutreffend, und er macht insoweit die Gründe des ersten Richters auch zu den seinigen. Im ersten Urteil aber ist ausgeführt, dass das Publikum das Fresspulver als Heilmittel kauft, und dass insbesondere bei Pferden Fresspulver nicht sowohl den Zweck haben kann, dieselben zu mästen, als vielmehr den nicht normalen Appetit zu heben. Dieses sei dem Angeklagten bekannt gewesen. Hierauf wird die Feststellung gestützt, dass der Angeklagte das Pulver tatsächlich als „Heilmittel" feilgehalten hat. Diese auf tatsächlichen Erwägungen beruhenden Feststellungen sind ohne Rechtsirrtum getroffen. Sie enthalten aber die von dem Angeklagten vermisste Feststellung, dass er das Fresspulver auch tatsächlich als „Heilmittel" feilgehalten habe.

O.L.G. Naumburg 7. September 1896.

Da der Vorderrichter festgestellt hat, dass das feilgebotene Fresspulver unter die im Verzeichnis A aufgeführten Zubereitungen fällt, so handelt es sich nur noch um die Frage, ob der Angeklagte dasselbe als Heilmittel feilgeboten hat. Dies ist in der Berufungsinstanz rechtsirrtümlich verneint worden. Deutet schon die Aufschrift „Schweinefresspulver aus der Fabrik pharmaceutischer Präparate" auf die Absicht, das Pulver nicht etwa als Genussmittel, sondern als eine zu Heilzwecken bestimmte Zubereitung anzupreisen, so tritt diese Absicht noch entschiedener darin hervor, dass in der gedruckten Anweisung bestimmte Wirkungen hervorgehoben werden, welche das Pulver auf den Gesundheitszustand der Tiere durch Steigerung der Fresslust, Beförderung der Verdauung und Herbeiführung einer Reinigung des Blutes ausübe. Von Bedeutung ist insbesondere der letztgedachte Hinweis insofern, als die bezweckte Reinigung eine bestehende Unreinheit des Blutes, also einen krankhaften Zustand voraussetzt.

Ganz ähnlich lautet ein Urteil des L.G. Nordhausen vom 21. Oktober 1899:

K.G. 10. April 1899.

Die auf der Verpackung des Schweine- bezw. Viehfuttergewürzes befindliche Aufschrift „gegen Fressmangel der Schweine, Kühe usw., gegen blaue Milch usw." lässt die Strafkammer überzeugt sein, dass das hier fragliche Gewürz nicht nur, wie z. B. ein Mastpulver, den normalen Appetit der Tiere ausserordentlich steigern, sondern einem hervorgetretenen körperlichen Übel, als welches der Fressmangel beim Vieh anzusehen ist, abhelfen soll. Hierdurch charakterisiert es sich äusserlich als Heilmittel. Dass das Publikum das Gewürz als Heilmittel gekauft hat, ist gleichfalls anzunehmen. Die gegen diese Entscheidung vom Angeklagten eingelegte Revision wurde vom Kammergericht aus den Gründen der Vorentscheidung abgewiesen.

O.L.G. Breslau 1. Februar 1898.

Zucht- und Mastviehpulver, welches lediglich als Futterzusatz zur Anregung der Fresslust und Beförderung von Verdauung und Knochenbildung empfohlen wird, ist kein Heilmittel.

L.G. Halle 30. Juli 1895.

Kraftpulver, welches nicht zu Heilzwecken, sondern zur Beförderung der Ernährung verkauft wird, ist kein Heilmittel.

L.G. Flensburg 18. August 1893.

Schon aus diesem Grunde würde eine Bestrafung des Angeklagten ausgeschlossen sein; ein zweiter Grund ist der, dass die fraglichen Pulver überhaupt nicht „als Heilmittel" verkauft sind. Sie sind nicht in den Verkehr gebracht, um zur Heilung eines Gesundheitsdefektes Verwendung zu finden, sie sollen gebraucht werden, um die Ernährung an sich gesunden Viehs zum Zwecke der Mast, bezw. Milchgewinnung zu fördern.

Ganz dieselben Grundsätze, wie sie hier für Fresspulver für Tiere übereinstimmend von den Gerichten festgestellt worden sind, gelten auch für die **Verdauungs- und Nahrungsmittel bei Menschen.**

Auch diese können, wenn sie kein vorhandenes körperliches Übel beseitigen sollen, nicht als Heilmittel gelten.

K.G. 11. Februar 1897.

Die Empfehlung eines Weines nicht als Mittel gegen einen verstimmten Magen, sondern als ein die vorhandene, ordnungsmässige Verdauung zu erhöhter Tätigkeit anregendes Mittel, fällt nicht unter den Begriff des Heilmittels.

Da es aber beim gesunden Menschen keinen Zweck hat, die Verdauung und Nahrungsaufnahme über das Normale zu steigern, werden diese Mittel in der Regel wohl zur Beseitigung krankhafter Störungen dienen und demnach Heilmittel sein.
Schwangerschaft ist keine Krankheit.

K.G. 12. Januar 1899.

Mittel gegen Konzeption sind keine Heilmittel, da Schwangerschaft selbst wohl eine Veränderung des weiblichen Körpers, aber keine Krankheit darstellt.

Zu diesen Entscheidungen gesellen sich eine Anzahl weiterer Urteile, die jedoch inzwischen gegenstandslos geworden sind, da die Mittel zur Beseitigung dieser Krankheiten meist als kosmetische Mittel, angesehen werden dürften, und diese, auch wenn sie gleichzeitig Heilzwecken dienen sollen, durch die Verordnung vom 22. Oktober 1901 freigegeben sind (siehe weiter unten). Es wurden als Krankheit erklärt: Schinnenbildung und Kopfschuppen (K.G. 1. Februar 1894, 16. Dezember 1901, O.L.G. Breslau 27. Juni 1899, L.G. Münster 24. Oktober 1900). Fäulnis und Stocken der Zähne (K.G. 23. Oktober 1893). Nicht als Krankheit angesehen wurden: Kahlköpfigkeit (K.G. 12. Januar 1899, unter Umständen krankhaft K.G. 10. März 1902), Sommersprossen (L.G. Hamburg 25. November 1898), Haarausfall und Schuppenbildung (L.G. Glatz 20. April 1896). Diese Entscheidungen ebenso wie die schon oben angeführten Erkenntnisse des K.G. über Hühneraugen sind jetzt, wie gesagt, obsolet geworden, da der Verkehr mit kosmetischen, Desinfektions- und Hühneraugenmitteln in der Verordnung vom 22. Oktober 1901 eine besondere Regelung erfahren hat.

Tierheilmittel.

Die Verordnung sagt „Krankheiten bei Menschen oder Tieren" und kodifiziert damit eine Rechtsanschauung, die seit geraumer Zeit als allgemein gültig anerkannt war, wenn auch früher sich um dieselbe z. T. ein lebhafter Streit entsponnen hatte. Dass Tierheilmittel zu den Heilmitteln im Sinne der Verordnung gehören, wurde bereits durch die Zusatzverordnung vom 25. November 1895, welche einzelne Präparate nur zum Gebrauch für Tiere freigab, klar zum Ausdruck gebracht.

Die Mehrzahl der deutschen Gerichtshöfe hatte sich jedoch schon vorher auf diesen Standpunkt gestellt und wie folgt entschieden:

Im Deutschen Reiche werden unter der Bezeichnung „Arznei" in der Sprache des Gesetzgebers die Heilmittel für Menschen und für Tiere zusammengefasst. Die Begriffe „Arznei" in § 367, 3 des Strafgesetzbuches und „Zubereitung" in § 1 der kaiserl. Verordnung vom 27. Januar 1890 sind demnach nicht auf Heilmittel für Menschen beschränkt, sondern auch für Tiere anwendbar. (K.-G. 24. März 1892,' 20. Februar 1893, 26. Oktober 1893, 7. Juni 1894 und 12. Juli 1894, O.L.G. München 15. Oktober 1892, O.L.G. Jena 1892, O.L.G. Dresden 27. Oktober 1890, O.L.G. Stuttgart 29. März 1893.)

Anders lauteten die folgenden Urteile:

Unter Arzneimitteln im Sinne der kaiserl. Verordnung sind nur solche Mittel gemeint, welche für Menschen bestimmt sind. (R.G. 12. Juli 1880, O.L.G. Breslau 7. August 1889, 22. November 1889, 27. April 1891, L.G. Beuthen 2. Dezember 1892, L.G. Lissa 15. Februar 1892.)

Durch den Wortlaut der Verordnung von 1901 ist ein Zweifel darüber, ob Tierheilmittel unter die kaiserliche Verordnung fallen oder nicht, ausgeschlossen.

„Ausserhalb der Apotheken."

Die frühere Verordnung sagte positiv „die ... Zubereitungen dürfen ... nur in Apotheken feilgehalten werden". Die jetzige negative Fassung ist deshalb vielleicht richtiger, weil sich die Verordnung nicht an die Apotheken sondern an die Arzneiverkaufsstätten ausserhalb der Apotheken wendet und deren Grenzen regelt. Das Recht zum Arzneihandel im Sinne der Verordnung wird nicht durch die blosse Approbation erworben, sondern ruht auf der öffentlichen Apotheke, deren jeweiliger Inhaber es ausübt. Verboten ist demnach der Arzneiverkauf in allen anderen Handlungen, auch wenn deren Inhaber approbierter Apotheker oder gar gleichzeitig Besitzer einer Apotheke ist.

Feilhalten.

Die Verordnung untersagt nur das „Feilhalten" und den „Verkauf", ist aber durch den dazu gehörigen § 367, 3. des St.G.B. zu ergänzen, welcher bestraft: „Wer ... Arzneien ... zubereitet, feilhält, verkauft oder sonst an andere überlässt".

Näheres darüber ist in dem Abschnitte „Strafbestimmungen" nachzulesen. Das blosse Vorhandensein von Arzneimitteln, welche dem freien Verkehr entzogen sind, in Drogenhandlungen genügt ohne weiteres nicht zur Erfüllung einer strafbaren Handlung. Es muss Feilhalten oder Verkauf zu Heilzwecken und im Kleinhandel nachgewiesen werden (L.G. Görlitz 9. Mai 1899, L.G. Neuwied 27. Juni 1892, L.G. Hirschberg 23. Februar 1897).

Der Begriff des Feilhaltens ist wiederholt von den höchsten Gerichtshöfen praecisiert worden. Die wichtigsten Entscheidungen sind folgende:

R.G. 4. Juni 1881.

Zum Feilhalten gehört auf Seite des Feilhaltenden notwendig das Merkmal der Absicht des Verkaufes als subjectives Moment; das äusserlich erkennbare Zugänglichmachen zum Verkauf bildet für den Begriff des Feilhaltens zwar ein ebenfalls erforderliches objektives Moment, welches regelmässig zugleich ein Indizium für jene Absicht sein wird, jedoch diese im konkreten Falle aus anderen Beweisgründen widerlegte oder wenigstens ungewiss gemachte Absicht nicht zu ersetzen vermag. Die Absicht des Verkaufs kann aber eine beschränkte, von Voraussetzungen oder Bedingungen abhängig gemachte sein; fehlt es dann an diesen Voraussetzungen oder Bedingungen, so fehlt auch die Absicht und ebenfalls der subjektive Tatbestand des Feilhaltens.

R.G. 1. November 1881.

Das Zerstückeln des Vorderviertels in kleinere Gewichtsteile und das Zurhandstellen unmittelbar am Laden ist ein Versuch des Feilhaltens, da das Feilhalten selbst darin besteht, dass der Gegenstand dem Publikum zum Ankauf zugänglich gemacht ist, ein Anfang seiner Ausführung daher schon darin liegen kann, dass der feilzubietende Gegenstand in diejenige Form und Lage gebracht ist, die ihn unmittelbar zu jenem Absatz geeignet macht.

R.G. 15. Februar 1882.

Die Vollendung des Feilhaltens ist eingetreten, wenn die vollständige Bereitschaft der Ware zum Verkaufe an das Publikum herbeigeführt worden ist; die Offerte zum Verkauf liegt schon in dieser Bereitschaft, vorausgesetzt, dass sie in irgend einer Weise nach aussen hin sich manifestiert und hierzu genügt es, wenn die Bereitschaft in einem dem Publikum zugänglichen Verkaufslokale stattfindet.

R.G. 11. Mai 1886.

Feilhalten ist ein Anerbieten und Zugänglichmachen zum Zwecke des Verkaufes, ein durch Erklärung oder durch konkludente Handlungen erkennbar gewordenes Bereithalten zum Verkaufe an das Publikum, also an jeden Erwerbslustigen.

R.G. 9. April 1894.

Nach herrschender Rechtsansicht wird unter Feilhalten das Bereithalten zum Verkauf an einer dem Publikum zugänglichen, zum Verkauf bestimmten Stelle verstanden.

Ein offensichtliches Umgehen dieses so definierten Feilhaltens ist jedoch nicht straflos.

L.G. Stolp 31. Oktober 1894, bestätigt vom O.L.G. Stettin 14. Dezember 1894.

Das Vorrätighalten von Arzneiwaren in einem auf dem Hausflur stehenden Speiseschrank ist verschleiertes Feilhalten.

Ein Feilhalten liegt nicht nur dann vor, wenn eine Ware öffentlich zum Verkauf ausgelegt und angeboten wird, sondern kann schon darin erblickt werden, wenn die Ware derartig aufbewahrt wird, dass sie ohne Schwierigkeiten in dem Geschäftsbetriebe auf Verlangen an die Käufer abgegeben werden kann. (Vergl. auch Entscheidung des Reichsgerichts in Strafsachen Bd. IV, S. 275). Die genannte Verordnung beschränkt den Verkauf bestimmter Arzneien auf die Apotheken. Es ist nun notorisch, dass die Drogisten in vielen Fällen versuchen, gleichfalls dieselben feilzuhalten und zu verkaufen. Es war daher ganz erklärlich, wenn der Angeklagte, der eine Revision fürchten musste, diese Arzneien nicht in seinem Verkaufslokal zum Verkauf bereit stellte, sondern in einem abgesonderten, auf dem Hausflur aufgestellten, anscheinend wie die darin aufgestellten Esswaren beweisen sollten, nicht zu gewerblichen Zwecken dienenden Schranke aufbewahrte; er hielt dieselben aber dort so zur Hand, dass er sie einem Käufer auf Verlangen sofort verabfolgen konnte. Wollte man in dieser Art der Aufbewahrung ein Feilhalten nicht erblicken, so wäre der schrankenlosen Übertretung der gedachten Verordnung Tor und Tür geöffnet.

O.L.G. Darmstadt 27. Juli 1898.

Verbreitung von Prospekten ist gleichbedeutend mit Feilhalten.

Unter Feilhalten im Sinne des Gesetzes ist nur das Bereithalten zum Verkaufe an das Publikum zu verstehen. Es wird erfordert: 1. Besitz der Ware, 2. der Besitzer muss die Absicht haben, die Ware zu verkaufen, und zwar muss der Verkauf an unbestimmt welche Personen beabsichtigt sein — Besitz, verbunden mit Verkaufsabsicht, ist die „Bereitschaft". Diese Bereitschaft erfordert die tatsächliche Möglichkeit, die Absicht, die Ware zu verkaufen, jederzeit mit der Schnelligkeit auszuführen, welche die Sitte des bezüglichen Handels erheischt. Ferner muss — nach Entscheidung des Reichsgerichts — 3. Besitz und Verkaufsabsicht für das Publikum erkennbar geworden sein. Aus der Tatsache, dass die Bereitschaft in einem dem Publikum zugänglichen Verkaufslokale stattfindet, kann gefolgert werden und bezw. ist zu folgern, dass die Bereitschaft hinreichend erkennbar gemacht ist. Dies ist aber nicht die einzige Art, durch welche die Bereitschaft erkennbar gemacht werden kann, dies kann auch in anderer Weise geschehen, insbesondere durch ausdrückliche Erklärung. Denn dadurch wird die Ware dem Publikum zum Ankaufe zugänglich gemacht.

O.L.G. Karlsruhe 28. Juni 1882.

Unter Feilhalten muss jedes Ausbieten zum Erwerbe für Dritte verstanden werden, ohne Rücksicht darauf, ob der Ausbietende im Besitze der Ware oder gar Eigentümer derselben ist.

St.K. b. A.G. Wollstein 22 Mai 1894.

Aufbewahrung im Lagerraum ist kein Feilhalten.

Ein Feilhalten im gesetzlichen Sinne liegt nur da vor, wo die betreffenden Gegenstände dem kauflustigen Publikum als solchem direkt zugänglich gemacht sind. Dies ist aber bei einer Aufbewahrung im Lagerraum nicht der Fall.

Dagegen ist das „Feilbieten" (öffentliche Ankündigung) von Arzneimitteln auf Grund der Verordnung vom 22. Oktober 1901 bezw. des St.G.B. § 367, 3. nicht strafbar.

Sächs. Justizministerium 1872.

Wenn das Feilbieten von Arzneien in der Regel auch einen ziemlich sicheren Schluss auf das in § 367 des St.G.B. vorgesehene „Feilhalten" derselben zulässt, so ist doch das blosse Feilbieten in der gedachten Gesetzesstelle zweifellos nicht verboten, so dass letzteres allein und ohne das gleichzeitige Feilhalten der Arznei jedenfalls nicht als Übertretung im Sinne des St.G.B. anzusehen und zu behandeln ist.

Das Feilbieten von Arznei- und Geheimmitteln ist indes vielfach durch besondere Polizei-Verordnungen geordnet bezw. verboten. (Siehe Kapitel III.)

---

§ 1 Abs. 2. Dieser Bestimmung unterliegen von den bezeichneten Zubereitungen, soweit sie als Heilmittel feilgehalten oder verkauft werden,

a) kosmetische Mittel (Mittel zur Reinigung, Pflege oder Färbung der Haut, des Haares oder der Mundhöhle), Desinfektionsmittel und Hühneraugenmittel nur dann, wenn sie Stoffe enthalten, welche in den Apotheken ohne Anweisung eines Arztes, Zahnarztes oder Thierarztes nicht abgegeben werden dürfen, kosmetische Mittel ausserdem auch dann, wenn sie Kreosot, Phenylsalicylat oder Resorcin erhalten;

b) künstliche Mineralwässer nur dann, wenn sie in ihrer Zusammensetzung natürlichen Mineralwässern nicht entsprechen und zugleich Antimon, Arsen, Baryum, Chrom, Kupfer, freie Salpetersäure, freie Salzsäure oder freie Schwefelsäure enthalten.

Kosmetische, Desinfektions- und Hühneraugenmittel können also, wenn sie keine dem Apothekenhandverkauf entzogenen Stoffe enthalten, und die kosmetischen Mittel nicht gleichzeitig Kreosot, Phenylsalicylat oder Resorcin enthalten, auch als Heilmittel ausserhalb der Apotheken feilgehalten und verkauft werden. Welche Stoffe in den Apotheken ohne Anweisung eines Arztes, Zahnarztes oder Tierarztes nicht abgegeben werden dürfen, bestimmen die in allen Bundesstaaten auf Grund eines Beschlusses des Bundesrats vom 13. Mai 1896 einheitlich erlassenen Vorschriften, betreffend die Abgabe stark wirkender Arzneimittel etc. in den Apotheken.

Ein absolutes Verbot, wie es nach dem Wortlaut der Verordnung vom 22. Oktober 1901 scheinen möchte, enthalten diese Vorschriften jedoch nicht, sondern der § 1 derselben bestimmt nur:

Die in dem beiliegenden Verzeichnis aufgeführten Drogen und Präparate, sowie die solche Drogen oder Präparate enthaltenden Zubereitungen dürfen nur auf schriftliche, mit Datum und Unterschrift versehene Anweisung (Recept) eines Arztes, Zahnarztes oder Tierarztes — in letzterem Falle jedoch nur zum Gebrauch in der Tierheilkunde — als **Heilmittel** an das Publikum abgegeben werden."

Richtiger hätte es demnach in der Verordnung vom 22. Oktober heissen müssen: „Wenn sie Stoffe enthalten, welche in den Apotheken ohne Anweisung eines Arztes, Zahnarztes oder Tierarztes als **Heilmittel** nicht abgegeben werden dürfen." Das betreffende Verzeichnis mit den Zusätzen, die es im Laufe der Zeit erhalten hat, ist im Anhang abgedruckt.

Die in Frage kommenden drei Gruppen der kosmetischen, Desinfektions- und Hühneraugenmittel, sind insofern mit einander nicht verwandt, als die zuletzt genannten Mittel sich wohl in allen Fällen als Zubereitungen und als Heilmittel darstellen, während dies bei kosmetischen und Desinfektionsmitteln nicht immer der Fall ist. Da sich der § 1 der Verordnung aber überhaupt nur auf Zubereitungen und zwar auf solche, die als Heilmittel feilgehalten oder verkauft werden, erstreckt, kann die bedingte Freigabe der betreffenden Mittel sich, wie auch im Text gesagt ist, nur auf solche Kosmetika, Desinfektions- und Hühneraugenmittel beziehen, welche 1. Zubereitungen im Sinne des § 1 sind und 2. gleichzeitig als Heilmittel dienen sollen. Chemische Präparate zu kosmetischen und Desinfektionszwecken sowie reine Kosmetika und Desinfektionsmittel, die nicht gleichzeitig Heilmittel sind, fallen nicht unter § 1 und sind daher freigegeben, soweit dem nicht das Verzeichnis B entgegensteht.

Jedoch auch bei der Verwendung zu Heilzwecken wird die Beschränkung dieser Mittel keine grosse sein, da die Mehrzahl der für sie in Frage kommenden Stoffe, deren Abgabe im Handverkauf der Apotheken untersagt ist, doch zu äusserlichen Zwecken freigegeben ist.

Kosmetische Mittel. Die (nicht ganz korrekte) Definition der kosmetischen Mittel ist aus dem Gesetz betreffend die Verwendung gesundheitsschädlicher Farben bei der Herstellung von Nahrungsmitteln, Genussmitteln und Gebrauchsgegenständen vom

5. Juli 1887 übernommen. Dies Gesetz enthält in § 3 folgende Bestimmung:

„Zur Herstellung von kosmetischen Mitteln (Mittel zur Reinigung, Pflege oder Färbung der Haut, des Haares oder der Mundhöhle), welche zum Verkauf bestimmt sind, dürfen die im § 1 Abs. 2 bezeichneten Stoffe (d. s. Antimon, Arsen, Baryum, Blei, Cadmium, Chrom, Kupfer, Quecksilber, Uran, Zink, Zinn, Gummigutti, Korallin, Pikrinsäure) nicht verwendet werden. Auf schwefelsauren Baryt (Schwerspath blanc fixe), Schwefelcadmium, Chromoxyd, Zinnober, Zinkoxyd, Schwefelzink, sowie auf Kupfer, Zinn, Zink und deren Legierungen in Form von Puder, findet diese Bestimmung nicht Anwendung."

Die Gültigkeit dieser Bestimmung wird natürlich durch die kaiserliche Verordnung vom 22. Oktober 1901 in keiner Weise berührt.

Die gegebene Definition der kosmetischen Mittel muss zum richtigen Verständnis folgendermassen zergliedert werden. Kosmetische Mittel sind: Mittel zur Reinigung oder Pflege der Haut oder der Mundhöhle, sowie zur Reinigung, Pflege oder Färbung des Haares. Dazu gehören in erster Reihe: Crêmes, Waschwässer, Puder, Schminken, Zahnpulver, Zahnpasten, Mundwässer, Mundpillen, Bandolinen, Bartwichsen, Brillantinen, Haar- und Kopfwässer, Haaröle, Pomaden und Haarfärbemittel. Seifen, die auch hierher gehören würden, sind durch eine spätere Bestimmung gänzlich ausgenommen und freigegeben.

Nur Mittel, welche tatsächlich zur Reinigung, Pflege oder Färbung dienen, dürfen gleichzeitig als Heilmittel fungieren, ohne dadurch dem freien Verkehr entzogen zu werden. Ein Kopfwaschwasser darf gleichzeitig gegen Schuppen, ein Mundwasser gegen Fäulnis der Zähne, ein Hautcrême gegen spröde oder rissige Haut empfohlen werden. Keinesfalls aber wird ein Mittel, welches lediglich zu Heilzwecken bestimmt ist, durch die Bezeichnung als Kosmetikum zu einer freigegebenen Zubereitung, sofern es sich seinem Wesen nach nicht als kosmetisches Mittel darstellt. Das Hauptmerkmal ist dabei ausser dem Verwendungszweck als Mittel zur Reinigung, Pflege oder Färbung in der Möglichkeit der Anwendung am gesunden Menschen zu suchen. Dies geht schon aus dem Worte Kosmetikum (von κοσμέω, ich schmücke) hervor.

Die Verordnung vom 22. Oktober 1901 bezieht sich mit ihrer Bestimmung in § 1 Abs. 2 nur auf wirkliche Kosmetika, die gleichzeitig Heilzwecken dienen, nicht aber auf Heilmittel, die vielleicht als Kosmetika bezeichnet werden, mit diesen aber nur die äussere Form oder die Anwendungsweise gemein haben.

L.G. Ostrowo 17. Januar 1894.

Wollte man aber auch dem Angeklagten folgen und annehmen, dass in der Tat Zinksalbe zu technischen und kosmetischen Zwecken ebenfalls gebraucht wird, so ist doch diese Art jedenfalls eine so seltene, dass sie nur als Ausnahme erscheint und deshalb die Vermutung dagegen spricht. Der Verkauf der Salbe wird nur dann zulässig erscheinen, wenn der Drogist durch Befragen des Käufers oder auf sonstige Weise festgestellt hat, dass die Salbe nicht als Heilmittel dienen soll.

Die Verordnung selbst sieht derartige Heilsalben nicht als Kosmetika an, denn sie hat im Verzeichnis A Borsalbe und Zinksalbe nur zum Gebrauch für Tiere freigegeben.

Kosmetische Mittel sind vom freien Verkehr nicht nur dann ausgeschlossen, wenn sie dem Apothekenhandverkauf entzogene Stoffe, sondern auch, wenn sie Kreosot, Phenylsalicylat (Salol) oder Resorcin enthalten. Auch diese Beschränkung kann nur für solche kosmetischen Zubereitungen in Frage kommen, die gleichzeitig Heilmittel darstellen. Ist mit ihrer Anwendung kein Heilzweck verbunden, so dürfen die genannten drei Stoffe in ihnen enthalten sein, ohne dass die Mittel dem Debit der Apotheken vorbehalten sind. Deshalb dürfte auch das Mundwasser Odol als freigegeben anzusehen sein, trotzdem einige Analytiker in ihm Salol nachgewiesen haben. Nach der Erklärung des Verfertigers enthält es zudem Salol nicht.

Desinfektionsmittel. Eine Definition dieses Begriffs hat die Verordnung nicht gegeben. Nach der allgemein angenommenen Anschauung sind Desinfektionsmittel (von inficere, anstecken, vergiften) Mittel zur Vernichtung krankheiterregender Bakterien. Nur auf Zubereitungen zu diesem Zwecke bezieht sich die Bestimmung der Verordnung. Mittel gegen Ungeziefer (Filzläuse, Krätzmilben etc.), oder Mittel gegen Krankheitserreger anorganischer Natur kommen nicht in Betracht. Mit dem gestatteten gleichzeitigen Verwendungszweck als Heilmittel ist in der Hauptsache die Desinfektion und Reinhaltung von Wunden gemeint. Demgemäss sind also freigegeben: Karbolwasser, Kresolseifenlösung, Kreolin, Lysol, Formaldehydlösung und dergl. Zubereitungen von Sublimat kommen nicht in Betracht, da letzteres dem Apothekenhandverkauf entzogen ist. Bedingung der Freigabe ist aber auch hier, dass die betreffenden Zubereitungen wirkliche spezifische Desinfektionsmittel sind, die nebenbei einen Heilzweck verfolgen. Heilmittel, die nebenbei vielleicht eine desinfizierende Wirkung ausüben sollen, wie z. B. Wundheilsalben mit Zusatz von Borsäure, Salicylsäure, Höllenstein, Jodoform oder Injektionen gegen Gonorrhoe, die auch oft einen desinfizierenden Stoff enthalten, sind keine Des-

Desinfektions- und Hühneraugenmittel. 35

infektionsmittel im Sinne der Verordnung und fallen nicht unter § 1 Abs. 2, sondern unter Abs. 1 resp. das Verzeichnis A.

Dass die Verordnung den Begriff Desinfektionsmittel entsprechend der Auffassung des täglichen Lebens nur auf solche Zubereitungen angewendet wissen will, welche in erster Reihe zu wirklichen Desinfektionszwecken, nicht zu Heilzwecken gebraucht werden, und dass sie nur deren gleichzeitige Anwendung als Heilmittel gestattet, geht aus dem Verzeichnis A mit voller Deutlichkeit hervor. Hier war in der früheren Verordnung unter Ziffer 5 als Ausnahme Kresolseifenlösung freigegeben. Dieselbe ist an dieser Stelle jetzt nicht mehr genannt, da sie als typisches Desinfektionsmittel nunmehr durch § 1 Abs. 2 frei ist. Stehengeblieben ist jedoch als Ausnahme Seifenspiritus und hinzugekommen Kalkwasser, beides in erster Reihe Heilmittel, die aber nebenbei auch desinfizierende Eigenschaften besitzen. Seifenspiritus wird sogar in der Chirurgie in sehr ausgedehntem Maße als Händedesinfiziens benutzt. Ihre besondere Ausnahme beweist, dass die Verordnung solche Mittel nicht als Desinfektionsmittel ansieht. Anderenfalls wäre Seifenspiritus ebenso wie Kresolseifenlösung gestrichen und Kalkwasser nicht den Ausnahmen hinzugesetzt worden. Aus diesem Grunde können auch Präparate wie Liquor Aluminii acetici und Liquor Ferri sesquichlorati trotz der desinfizierenden Eigenschaften, die sie besitzen, logischerweise nicht als freigegebene Desinfektionsmittel angesehen werden. Sie sind Zubereitungen, die lediglich nach § 1 Abs. 1 und dem Verzeichnis A zu beurteilen sind.

Im übrigen unterliegen auch die Desinfektionsmittel der beschränkten Freigabe nur dann, wenn sie Zubereitungen darstellen und zugleich als Mittel zur Beseitigung oder Linderung von Krankheiten dienen sollen. Als chemische Präparate sowie zum Desinfizieren von Wohnungen, Sachen und anderen Gegenständen werden sie hinsichtlich der Abgabe lediglich durch das Verzeichnis B resp. das Giftgesetz beeinflusst. Deshalb können der preuß. Ministerialerlass vom 29. August 1898, sowie die Bekanntmachung des Polizeipräsidenten in Berlin vom 12. September 1898, welche beide besagen, dass Sublimatpastillen auch zu Desinfektionszwecken nur in Apotheken auf ärztliche Verordnung abgegeben werden dürfen, nicht mehr als gültig angesehen werden.

Hühneraugenmittel. Nur Mittel gegen wirkliche Hühneraugen, nicht gegen ähnliche Körperschäden sind gemeint. Ein Hühnerauge charakterisiert sich als ein übermässiges Wachstum der Epidermis, welches in der Regel infolge eines Druckes des Schuhzeuges auf exponierte Punkte des Fusses, an denen die

Haut über Knochenvorsprünge verläuft, sich entwickelt. Von einer gewöhnlichen, gleichmässigen glatten Schwiele unterscheidet sich das Hühnerauge durch einen seinen Mittelpunkt einnehmenden senkrecht gestellten kegelförmigen Zapfen, der durch den Druck auf den Papillarkörper die Schmerzen verursacht.

Es sind sämtliche Mittel gegen derartige Hühneraugen freigegeben, sowohl die nur mechanisch wirkenden Ringe wie auch die verschiedenen Pflaster und Salben, sowie Hühneraugentinkturen und -Kollodium. Die Freigabe ist eine fast ausnahmslose, da der wirksame Stoff der meisten dieser Präparate, das indische Hanfextrakt, im Apothekenhandverkauf nur zu innerlichen Zwecken beschränkt ist. Die ausdrückliche Erwähnung der Hühneraugenmittel an dieser Stelle der Verordnung ist, wie oben dargelegt wurde, für die Begrenzung des Begriffes Krankheiten in der Heilmitteldefinition von besonderem Wert.

Künstliche Mineralwässer.

Daraus, dass nach dem Wortlaut der Verordnung künstliche Mineralwässer nur dann den Bestimmungen des § 1 Abs. 1 unterliegen, wenn sie in ihrer Zusammensetzung natürlichen Mineralwässern nicht entsprechen und zugleich Antimon, Arsen etc. enthalten, geht hervor, was bereits in einer vom 9. Februar 1880 datierten Deklaration zur kaiserlichen Verordnung vom 4. Januar 1875 gesagt war, dass die Verordnung unter künstlich bereiteten Mineralwässern nicht nur die Nachbildungen bestimmter, in der Natur vorkommender Mineralwässer, sondern auch andere künstlich hergestellte Lösungen mineralischer Stoffe in Wasser versteht, welche sich in ihrer äusseren Beschaffenheit als Mineralwässer darstellen, ohne in ihrer chemischen Zusammensetzung einem natürlichen Mineralwasser zu entsprechen. Erstere unterliegen der Verordnung überhaupt nicht, letztere nur dann, wenn sie einen der genannten acht Stoffe enthalten. Natürliche Mineralwässer sind dem freien Verkehr ohne jede Einschränknng überlassen.

Eine sehr gründliche Kommentierung erfuhr diese Bestimmung durch folgendes Urteil:

L.G. Hamburg 15. Januar 1896.

Es unterliegt keinem Zweifel, dass das von dem Angeklagten vertriebene Bromwasser, kohlensaure Lithionwasser und pyrophosphorsaure Eisenwasser in diesem weiteren Sinne als ein künstlich bereitetes Mineralwasser anzusehen ist. Denn trifft es auch zu, dass gleiche oder ähnliche Lösungen mineralischer Stoffe in Wasser einer natürlichen Quelle nicht entfliessen, dass jene künstlichen Mischungen daher nicht als Nachbildungen natürlicher Mineralwässer angesehen werden können, so verbleibt doch, dass sie sich „in ihrer äusseren Beschaffenheit", wie der Augenschein lehrt, und was von keinem der Sachverständigen in Zweifel gezogen worden ist, als Mineralwässer darstellen, nämlich als stark kohlensäurehaltige, mineralische Bestandteile nur in annähernd gleichen geringen Mengen, wie sie in natürlichen Mineralwässern vorzukommen pflegen, enthaltende wässrige Lösungen . . .

Vergleicht man den Wortlaut der neuen Verordnung — § 1 Abs. 2 — mit den älteren Bestimmungen, so ergibt sich,

a) dass die neue Verordnung „künstliche Mineralwässer" an sich als Zubereitungen aufgefasst haben will, die auch ausserhalb der Apotheken verkauft werden können; Beweis: die Worte „auf künstliche Mineralwässer findet die den Verkauf beschränkende Bestimmung nur Anwendung, wenn . . .";

b) dass unter künstlichen Mineralwässern, in voller Übereinstimmung mit der authentischen Interpretation vom 9. Februar 1880, auch solche Lösungen mineralischer Stoffe in Wasser zu verstehen sind, welche sich in ihrer äusseren Beschaffenheit als Mineralwässer darstellen, ohne in ihrer chemischen Zusammensetzung einem natürlichen Mineralwasser zu entsprechen; Beweis: die ausdrückliche Begreifung dieser letztgedachten Art von Wässern unter die künstlichen Mineralwässer, wie sie in dem zweiten Satze des Abs. 2 im § 1 der neuen Verordnung mit klarem Worte ausgesprochen ist;

c) dass weder die alte noch die neue Bestimmung hinsichtlich derjenigen künstlichen Mineralwässer, welche in ihrer chemischen Zusammensetzung einem natürlichen Mineralwasser nicht entsprechen, einen Unterschied nach der Richtung hin macht, ob sie einem in der Natur überhaupt vorkommenden Wasser nachgebildet sein sollen, oder als ihm nachgebildet angesehen werden können, das Hineintragen dieses Unterschiedes in die Gesetzesbestimmung vielmehr als ein rein willkürliches erscheint; Beweis: die Worte der alten Verordnung: „nicht nur die Nachbildungen bestimmter, in der Natur vorkommender Mineralwässer, sondern auch . . .", während die neue Verordnung jeden Anhalt dafür, dass die Abweichung von der alten die Unterscheidung hat aufstellen wollen, vermissen lässt;

d) dass nach der älteren Rechtslage alle diejenigen künstlichen Mineralwässer dem Alleinverkaufe in den Apotheken vorbehalten blieben, welche Stoffe enthielten, die in den Verzeichnissen B und C der Pharmakopöe von 1872 als Gifte und Separanden aufgeführt waren, dass diese Beschränkung nach der neuen Verordnung von 1890 aber nur noch insoweit aufrecht erhalten bleiben sollte, als es sich um Antimon, Arsen, Baryum, Chrom, Kupfer, freie Salpetersäure, freie Salzsäure oder freie Schwefelsäure handelte.

Da Kalium bromatum, Lithium carbonicum, Natrium pyrophosphoricum ferratum unter diesen Stoffen nicht aufgeführt sind, auch nach dem Gutachten der Sachverständigen von diesen verbotenen Stoffen nachweisbarer Weise nichts in den fraglichen Wässern enthalten ist, so folgt daraus, dass die letzteren, nach dem Wortlaute des § 1 der Verordnung vom 27. Januar 1890, zwar zu den in dem Verzeichnisse A der Verordnung aufgeführten Zubereitungen begrifflich gehören — und hier wiederum der Ziffer 5 des Verzeichnisses als „flüssige Gemische und Lösungen (mixturae et solutiones)" zu subsumieren sein werden, dass aber auf sie die den Verkauf beschränkende Bestimmung des Abs. 1 des gen. § 1 keine Anwendung erleidet. Weil die Wässer aber Zubereitungen sind und bleiben, so kann nur das Verzeichnis A und nicht das Verzeichnis B in Frage kommen. Es handelt sich nicht um Drogen und nicht um chemische Präparate. Eine Lösung, die nach Verzeichnis A freigegeben ist, fällt nicht deshalb noch unter das Verkaufsverbot, weil sich darin Stoffe aufgelöst finden, die unaufgelöst zu den im Verzeichnis B angegebenen Drogen und chemischen Präparaten gehören; auf sie findet eben das Verzeichnis A Anwendung. Hätte das Gesetz etwas anderes gewollt, so hätte es gewisslich bei Abs. 2 § 1 zu den dort auch für Mineralwässer verbotenen Stoffen sämtliche oder einzelne Präparate aus dem Verzeichnis B hinzugefügt. Das ist aber nicht geschehen, und damit erscheint, was die Mineralwässer anlangt, die Materie durch den § 1 der Verordnung und das Verzeichnis A erschöpft.

Ebenso entschied in einer Sache betreffend „Neu Karlsbader Mühlbrunnen" das Schöffengericht Berlin am 12. September 1896, dass in der Verordnung der Gebrauch der Worte „und wenn sie zugleich" gar keinen Zweifel darüber lasse, dass beide dort genannten Bedingungen erfüllt sein müssen, wenn das Wasser dem freien Verkehr entzogen sein soll.

---

§ 1 Abs. 3. Auf Verbandstoffe (Binden, Gazen, Watten und dergleichen), auf Zubereitungen zur Herstellung von Bädern sowie auf Seifen zum äusserlichen Gebrauche findet die Bestimmung im Abs. 1 nicht Anwendung.

Dieser dritte Absatz des § 1 behandelt drei Kategorieen von Artikeln, die von jeher ausserhalb der Apotheken feilgehalten worden sind. Die generelle, bedingungslose Freigabe derselben bedeutet daher weniger eine Ausnahme, als eine Kodifizierung dieses Zustandes.

Verbandstoffe.

Verbandstoffe aller Art (Binden, Gazen, Watten u. a. m.), auch mit Medikamenten imprägnierte, sind nach dem obigen Wortlaut dem freien Verkehr überlassen. Es bezieht sich dies auch auf Verbandstoffe, welche Stoffe enthalten, die dem freien Verkehr entzogen sind, da die Freigabe eine generelle ist und selbst imprägnierte Verbandstoffe von manchen Seiten, so in einem Gutachten des Med. Kolleg. in Kassel vom 16. Mai 1889, nicht als Heilmittel, sondern als chirurgische Hülfsmittel angesehen werden. Ein Urteil des O.L.G. Rostock vom 14. Dezember 1895 sowie eine Verfügung des preussischen Med.-Ministers vom 15. Februar 1892 besagen übereinstimmend, dass **Jodoform**- und **Sublimatgaze** dem freien Verkehr überlassen sind. Über **Cocaïnwatte** erging folgende Verfügung des

Reg.-Präs. in Schleswig vom 2. September 1896.

Ich bringe zur öffentlichen Kenntnis, dass nach einer Entscheidung des Herrn Ressortministers Cocaïnwatte von Drogisten auch nicht gegen Giftschein abgegeben werden darf. Die in Alinea 2 des § 1 der kaiserl. Verordnung vom 27. Januar 1890, betreffend den Verkehr mit Arzneimitteln, enthaltene Bestimmung, dass der Tenor des Alinea 1 auf Verbandstoffe keine Anwendung findet, kann bei der Cocaïnwatte nicht in Frage kommen, da dieselben nicht als Verbandstoff, sondern als ein schmerzstillendes Heilmittel dient. Bezüglich der Sublimatwatte bemerke ich, dass dieselbe als Verbandstoff zu freiem Verkehr zugelassen ist.

Die Watte ist hier nur ein Vehikel für das den freien Verkehr entzogene Cocaïn und da dieses nicht zu Verband- sondern zu Heilzwecken dient, ist das Feilhalten und der Verkauf von Cocaïnwatte dem freien Verkehr entzogen.

Natürlich sind nur wirkliche imprägnierte Verbandstoffe in der obigen Ausnahme gemeint. Wird ein sonst nicht freigegebenes Pulver lediglich zum Gebrauch auf Stoff aufgestreut, so resultiert hieraus niemals ein freigegebener Verbandstoff.

O.L.G. Dresden 8. November 1900.

Ein auf Mullbinden lose aufgestreutes, aus einem Gemisch von Wismut, Calcaria carbonica und Talkum bestehendes Pulver wird nicht durch Aufsaugung ein unselbständiger Teil des Bindenstoffes. Die Abgabe desselben stellt sich demnach nicht als erlaubter Verkauf eines Verbandstoffes dar.

Zubereitungen zur Herstellung von Bädern.

Unter Bädern sind nicht nur Vollbäder, sondern auch Bäder einzelner Körperteile zu verstehen, nicht aber können Waschungen, Abreibungen und dergl. dazu gerechnet werden:

O.L.G. Dresden 28. Januar 1892.

Auch darin ist der Vorinstanz beizupflichten, dass die Art der Anwendung, nämlich die mittelst Schwammes zu bewirkende Auftragung des durch Regen- oder Flusswasser verdünnten Fluids auf den erkrankten Körperteil, sich wohl als Waschung, nicht aber als Bad im Sinne des § 1 Abs. 2 der kaiserlichen Verordnung darstellt. Der Begriff des Badens setzt voraus, dass der Körper oder einzelne Teile desselben in eine Flüssigkeit zwecks längerer Berührung mit derselben eingetaucht werden oder strömende bezw. fallende Flüssigkeit zur Anwendung auf den Körper oder Teile desselben gelangt.

L.G. Fürth 1901.

Ein Geheimmittel (nach dem chemischen Gutachten ein wässriger Auszug aus einer Eiweisssubstanz aromatisiert mit flüssigen Ölen), welches zu Umschlägen, Wickeln gebraucht wird, ist dem freien Verkehr nicht überlassen. Heilwickel sind keine Bäder.

Die Bestimmung bezieht sich wieder nur auf **Zubereitungen**, während chemische Präparate, die zu Bädern benutzt werden, nur dann dem freien Verkehr überlassen sind, wenn sie nicht im Verzeichnis B (und nicht im Giftgesetz) stehen.

Die gebräuchlichsten **medizinischen Bäder** (Balnea medicata) sind nach Börners Medizinal-Kalender:

Alkalische Bäder (Laugenbäder). Lösungen von 150—500 g roher Potasche zum allgemeinen, von 5,0—10,0 auf 500 g Wasser zum örtlichen Bade, oder von $1/4$—1 kg Soda zum allgemeinen, von 100—200 g zum Fussbade.

Ameisenbäder. 150 g Ameisensäure werden dem Bade zugesetzt.

Aromatische Bäder (Kräuterbäder). Aus Kamillen $1/2$—1 kg oder Pfefferminze $1/2$—1 kg oder Kalmuswurzel $1/4$—$1/2$ kg oder Spec. aromatic. 150—500 g etc. wird ein Aufguss von 2 Liter Wasser bereitet und dem Bade zugesetzt. Von den in Weingeist gelösten aromatischen Stoffen kommen Spir. Angelicae comp., Spir. Calami, Mastiches comp. und Spir. Serpylli als Badezusatz in Dosen von 60,0—120,0 in Anwendung.

Baldrianbäder. 250—500 g Rad. Valerian. in 1—2 Liter Wasser gekocht als Zusatz zum einfachen Wasser- oder Soolbade.

Chlorkalkbäder. Calcar. chlor. 250,0—500,0 zu einem allgemeinen Bade, 5,0—10,0 auf Aq. 500,0 zum örtlichen Bade.

Eisenbäder. Man setzt dem Vollbade zu: Reines Eisenvitriol 30,0 bis 60,0, gereinigte Potasche 120,0; oder: Reines Eisenvitriol 30,0, Kochsalz 60,0, Natr. bicarb. 90,0; oder: Rohes Eisenvitriol 30,0—60,0 mit weissem Ton (Argilla) zu 1 Kugel, welche im Bade gelöst wird. Für Kinderbäder überall $1/4$ der angegebenen Dosis.

Fichtennadelbäder. 150—500 g Fichtennadelextrakt oder Abkochung von 2 kg Fichten- oder Kiefernadeln als Zusatz zum Bade.

Jodbäder. (Zink- oder Kupferwannen zu vermeiden!) Kalii jod. 50,0—120,0 zum allgemeinen, 5,0—10,0 auf 1 Liter Wasser zum örtlichen Bade. — Jod 10,0—15,0 mit Kalii jod. 20,0—30,0 in 1 kg Wasser gelöst und dem (wegen der Joddämpfe) zu bedeckenden Bade zugesetzt. — Jod 10,0—15,0 in Lösungen von Kochsalz, Seesalz oder Mutterlauge als Badezusatz.

Kleienbäder. 1—3 kg Weizenkleie werden in einen leinenen Beutel gethan und $1/2$ Stunde lang mit 4—8 Liter Wasser abgekocht. Beutel und Dekokt zum Bade.

Leimbäder. $1/2$—1 kg Colla animal. in Wasser gelöst als Badezusatz. Gleichwertig sind die, aus einer Abkochung von Hammelfüssen bereiteten, sogenannten Bouillonbäder.

Malzbäder. 1—3 kg Gerstenmalz werden $1/2$ Stunde lang in 4—6 Liter Wasser gekocht; das durchgeseihte Dekokt zum Bade.

Mineralsäurebäder. (Nur in Holzwannen zu nehmen!) Scheidewasser (Acid. nitric. crud.) 50,0—120,0 zum Vollbade; häufiger zu gleichen Teilen mit roher Salzsäure (Acid. hydrochlor. crud.,) von jeder 30,0—60,0 zum Vollbade, 30,0 zum Fussbade.

Moussierende Bäder. In dem richtig temperierten Bade werden 200 g doppelt kohlensaures Natron vollständig gelöst und sodann beim Besteigen der Wanne 200 g reine Salzsäure mittels Gummihebers langsam zugesetzt (Quaglio'sche Bäder). Bei Fortgebrauch steigt man allmählich mit beiden Substanzen bis auf 1000 und 1500 g. Die Kellerschen Kohlensäurebäder werden durch Einleiten flüssiger CO_2 hergestellt, wobei die CO_2 mit dem zerstäubten und hierdurch entlufteten Wasser innig vermengt wird.

Bei Sandow's Kohlensäurebädern wird zur Zersetzung des Natriumbikarbonats das Bisulfat benutzt. Die Bestandteile kosten für ein Vollbad 1 M., für ein Kinderbad 25 Pf.

Moussierende Kochsalzbäder werden wie die vorigen bereitet; nur wird dem Natr. bicarb. 1 kg Kochsalz beigefügt. Ebenso können Stahl-, Schwefel- etc. Bäder mit dem kohlensäurehaltigen kombiniert werden.

Schwefelbäder. (Nicht in Metallwannen zu nehmen!) Natrium subsulfuros. 50,0—150,0 wird unter Zusatz von 30—60 g Essig im Badewasser aufgelöst. Bezweckt man eine stärkere Entwickelung von Schwefelwasserstoff, so nimmt man Kalium sulfurat. ad balneum 50,0—150,0 oder von derselben Substanz 30,0—60,0 und dazu Acid. sulfuric. crud. 15,0 bis 30,0 oder Calcium sulfuratum 100—200 und gleiche Teile roher Salzsäure. Zur Abwächung der durch die Säure erzeugten Schärfe kann man noch 100—200 g Colla anim. dem Bade hizusetzen.

Seifenbäder. 100—250 g geschabte Hausseife, weisse Kaliseife oder Sapo aromat. pro balneo, oder aber 60,0—100,0 Spir. saponat. als Badezusatz.

Senfbäder. 100,0—250,0 Senfmehl werden mit kaltem Wasser angerührt und der Teig im Bade verteilt; oder Ol. Sinapis 2,0 mit Spir. Vini 25,0 wird dem Bade zugesetzt.

Soolbäder mit einem Kochsalzgehalt von 2—3% werden durch Zusatz von 20—30 g pro Liter des Badewassers, also von 6—9 kg Koch- oder Seesalz für die Erwachsenen, oder aber durch eine Verbindung von 2—5 kg Koch- oder Seesalz mit 2 kg Mutterlaugensalz oder mit 3—5 Liter Mutterlauge hergestellt. Kinder die Hälfte bis $2/3$ der angegebenen Dosis und nach Verhältnis des Wanneninhaltes. Am billigsten stellt sich die Benutzung des Stassfurter Badesalzes.

Sublimatbäder. (Nur in Holzwannen!) Hydrarg. bichlor. corros. 2,5—10,0 wird in 50,0—200,0 Aqu. gelöst und diese Lösung dem Bade zugesetzt.

Tanninbäder. Acid. tannic. 10,0—50,0 wird in 200,0 Aq. gelöst und die Lösung dem Bade zugesetzt. Abkochungen von Eichen-, Weiden-, Ulmen-, Kastanien-Rinde ($1/2$ kg auf 2 bis 3 Liter Wasser), Gerberlohe oder von Galläpfeln (100—200 g auf 2 Liter Wasser) sind heutzutage weniger im Gebrauch.

Wallnussblätter-Bäder. Eine Abkochung von $1/2$ bis 1 kg frischer Wallnussblätter (getrocknete Blätter doppelt soviel) in entsprechender Menge Wasser wird dem Bade zugesetzt.

Diejenigen der hier genannten Ingredienzien, welche Zubereitungen darstellen, dürfen sämtlich ausserhalb der Apotheken abgegeben werden, von den zu Badezwecken dienenden Chemikalien oder sonstigen Stoffen jedoch nur die, welche weder im Verzeichnis B der Verordnung stehen wie Jodkalium, noch wie Sublimat, Jod, Salpeter und Salzsäure als Gifte des Giftgesetzes ausserhalb der Apotheken nur zu technischen, nicht zu Heilzwecken freigegeben sind. Über letzteren Punkt siehe das Kapitel: „Verhältnis der Verordnung zu anderen Gesetzen."

Seifen.

Unter Seifen können hier natürlich nur die sog. medizinischen Seifen verstanden sein, da die gewöhnlichen Waschseifen unter eine Verordnung über den Verkehr mit Arzneimitteln nicht fallen. Es müssen demnach die sämtlichen, im Handel vorkommenden medizinischen Seifen, Karbol-, Teer-, Sublimat- und die zahllosen anderen Seifen mit Arzneizusätzen und zwar sowohl die festen und weichen, wie auch die flüssigen Seifen, als dem freien Verkehr überlassen betrachtet werden.

K.G. 4. Juni 1891.

Ein Drogist, welcher Sublimatseife verkauft, kann auf Grund der Polizeiverordnungen, welche ihm den Verkauf von Sublimat untersagen, nicht verurteilt werden, denn der Paragraph der gedachten Polizeiverordnung erfordert eine besondere Genehmigung der Ortspolizeibehörde nur zum Feilbieten und Verabfolgen der in den Anlagen aufgeführten „direkten und indirekten Gifte", nicht aber zu allen Präparaten, welchen eines dieser Gifte nur als untergeordneter Zusatz beigemischt ist, und deren Zweck und Charakter als Hautreinigungsmittel durch diesen Zusatz nicht wesentlich verändert wird.

Die Verordnung sagt „Seifen zum äusserlichen Gebrauch", so dass die beiden innerlich anzuwendenden offizinellen Seifen, Sapo medicatus und Sapo jalapinus, nicht, wie es nach dem Wortlaut der früheren Verordnung der Fall war, freigegeben sind. Aus der Stellung der Seifen neben Verbandstoffen und Badeingredienzien folgt, dass lediglich echte Seifen, in der Hauptsache Waschseifen gemeint sind, nicht aber alle äusserlichen Medikamente, die in die Form von Seifen gekleidet sind. Gleichwohl erklärte das A.G. Düsseldorf am 21. April 1898 eine Jodkali und Perubalsam enthaltende Seife als Mittel gegen Frost für freigegeben.

Das sog. Brandliniment, eine Mischung aus Leinöl und Kalkwasser, welches man bisweilen als Seife zu erklären versuchte, ist natürlich keine solche. Das Mittel ist aber jetzt durch das Verzeichnis A als Ausnahme dem freien Verkehr überlassen.

§ 2. Die in dem angeschlossenen Verzeichnisse B aufgeführten Stoffe dürfen ausserhalb der Apotheken nicht feilgehalten oder verkauft werden.

Die Stoffe des Verzeichnisses B.

Über die Grundsätze, welche bei Aufstellung des Verzeichnisses B maßgebend waren, erging eine Erklärung des Reichs-Kanzler-Amtes vom 24. August 1871 (bekannt geworden durch Mitteilung des preussischen Medizinal-Ministeriums vom 4. November 1872):

„Bei Feststellung der in dem Verzeichnis B aufgeführten Gegenstände ist in der Weise verfahren worden, dass in dasselbe aufgenommen sind:

a) die ausschliesslich zu Heilzwecken dienenden Drogen und chemischen Präparate, mit Ausnahme jedoch derjenigen Apothekerwaren dieser Kategorie, welche als obsolet nur in sehr seltenen Fällen von Ärzten verordnet, vom Publikum aber der Erfahrung nach niemals verlangt werden, sowie derjenigen, welche ohnehin jedermann leicht zugänglich sind;

b) die vorzugsweise nur zu Heilzwecken dienenden Apothekerwaren, welche ausserdem zwar auch in einzelnen Industriezweigen technisch verwertet werden, hierbei aber der Wohlfeilheit wegen nur im nicht gereinigten Zustande zum Gebrauch gelangen, während sie zur medizinischen Verwendung chemisch rein sein müssen, so dass sie in dieser gereinigten Beschaffenheit den ausschliesslich zu Heilzwecken dienenden Präparaten beizuzählen sind;

c) diejenigen im Inlande wachsenden vegetabilischen Heilmittel, welche zwar von jedermann leicht gesammelt und beschafft werden können, die jedoch der Verwechslung mit anderen völlig indifferenten oder mit scharf wirkenden, giftigen Kräutern leicht ausgesetzt sind und daher als Heilmittel nicht unbedenklich dem freien Verkehr überlassen werden dürfen."

Diese Erklärung bezieht sich allerdings nur auf die kais. Verordnung vom 25. Mai 1872, es ist indes mit Recht anzunehmen, dass die obigen Grundsätze auch bei der Aufstellung des Verzeichnisses B aller späteren Verordnungen, also auch der jetzigen vom 22. Oktober 1901 maßgebend geblieben sind. Es handelt sich danach beim Verzeichnis B in erster Reihe um Drogen und pharmazeutische Präparate, wie sie in den chemischen Fabriken hergestellt werden. Demgemäss sagte auch die frühere Verordnung vom 27. Januar 1890 in § 2: „Die im Verzeichnis B aufgeführten Drogen und chemischen Präparate" und stellte diese dadurch in einen deutlichen Gegensatz zu den Zubereitungen des § 1. Der Ausdruck „Stoffe" in der jetzigen Verordnung ist anscheinend gewählt worden, weil in dem Verzeichnis verschiedene Mittel enthalten sind resp. schon waren, die lediglich galenische Zubereitungen darstellen aber unter keiner Kategorie des Verzeichnisses A unterzubringen sind, wie z. B. die Destillate Aqua Amygdalarum amararum, Aqua Opii usw. Die Bezeichnung Stoffe ist aber für derartige Mittel ebensowenig zutreffend.

Aus der obigen amtlichen Erklärung folgt weiterhin, dass die in das Verz. B aufgenommenen Chemikalien und Drogen, auch wenn sie angeblich oder wirklich zu anderen als Heilzwecken gebraucht werden sollen, nur in Apotheken verkauft werden dürfen. Denn ausser den ausschliesslich zu Heilzwecken gebrauchten Drogen und chem. Präparaten (a) sind (b) nur solche Drogen und chem. Präparate gemeint und in das Verz. B aufgenommen, welche „in dieser gereinigten Beschaffenheit den ausschliesslich zu Heilzwecken dienenden Präparaten beizuzählen sind". Der Einwand, dass ein im Verz. B aufgeführtes chem. Präparat im Kleinhandel zu technischen Zwecken abgegeben sei, würde daher die Straflosigkeit eines Angeklagten nicht begründen können, da nach dem Wortlaute der Motive nur ausschliesslich zu Heilzwecken dienende oder diesen gleich zu erachtende Drogen und chemische Präparate in das Verzeichnis aufgenommen, alle zu technischen Zwecken dienende Stoffe dagegen daraus ausgeschieden sind.

Noch deutlicher geht dieser Sinn aus dem Wortlaut des § 2 selbst, verglichen mit dem des § 1, hervor. Während der § 1 sagt: „Die in dem Verz. A aufgeführten Zubereitungen dürfen als Heilmittel nur in Apotheken feilgehalten und verkauft werden", lässt der § 2 diese Einschränkung fort und bestimmt lediglich, dass das Feilhalten und der Verkauf der in dem Verz. B. aufgeführten Stoffe nur in Apotheken gestattet ist. Das Verbot ist also kein relatives wie im § 1, sondern ein absolutes.

In diesem Sinne haben sich auch verschiedene Gerichtsentscheidungen ausgesprochen:

K.G. 10. Mai 1900.

Die im Verzeichnis B aufgeführten Waren dürfen nach § 2 der Verordnung überhaupt nur in Apotheken feilgehalten oder verkauft werden, gleichviel ob Feilhalten und Verkauf zu Heil- oder zu anderen Zwecken, z. B. zum Zwecke der Ungezieservertilgung geschieht.

O.L.G. Kiel 4. August 1897.

Durch die kaiserliche Verordnung vom 27. Januar 1890 ist der Verkauf von Rhabarber, mit Ausnahme der hier nicht in Betracht kommenden Ausnahmen des § 3 ausschliesslich den Apotheken vorbehalten, der Verkauf desselben in anderen Betrieben demnach ohne Rücksicht auf den Zweck, zu welchem derselbe erfolgt, aus § 367 Z. 3 Str.G.B. strafbar.

Eine Entscheidung des O.L.G. Breslau vom 24. April 1891, welche zu einem entgegengesetzten Resultat gelangte, „weil durch eine durch die Gewerbeordnung geschaffene Verordnung, welche ausschliesslich den Verkehr mit Arzneimitteln regeln soll und darf, Waren nicht getroffen werden könnten, die anderen als Heilzwecken dienen sollen" dürfte dadurch gegenstandslos geworden sein.

Verboten ist jedoch auch im § 2 nur das Feilhalten und der Verkauf und nach § 367, 3 St.G.B. das Zubereiten und Überlassen an andere. Das blosse Vorhandensein eines Stoffes des Verzeichnisses B in Drogenhandlungen ist daher nicht strafbar, wenn derselbe lediglich zur weiteren Darstellung erlaubter Zubereitungen dienen soll. (L.G. Frankfurt a. M. 17. Juni 1897.)

Zubereitungen des Verzeichnisses B.

Die Frage, ob sich die Bestimmung im § 2 nur auf die im Verzeichnis B genannten Stoffe selbst bezieht, oder ob sie in weiterem Sinne aufzufassen und auch auf Zubereitungen auszudehnen ist, welche solche Stoffe enthalten, hat zu zahlreichen Meinungsäusserungen und gerichtlichen Urteilen Anlass gegeben. Für die erstere Auffassung spricht zwar der Wortlaut der Verordnung; auch wäre es, wenn die Verfasser der Verordnung die sämtlichen Zubereitungen mit Stoffen des Verzeichnisses B der Bestimmung des § 2 ebenfalls unterstellt wissen wollten, ein leichtes gewesen, dies durch einen Zusatz zum Ausdruck zu bringen, ebenso wie die Verordnungen über die Abgabe starkwirkender Arzneimittel in den Apotheken einen solchen Zusatz enthalten. Andererseits aber würde bei einer einseitigen Anwendung der Bestimmung des § 2 nur auf die Stoffe selbst das ganze Gesetz in diesem Punkte illusorisch werden, indem dann sämtliche, auch ganz unwesentliche Verarbeitungen der Stoffe, soweit sie nicht unter § 1 fallen (d. h. also zu Nichtheilzwecken in allen Fällen, zu Heilzwecken, wenn die Form mit keiner der im Verzeichnis A genannten identisch ist), freigegeben wären. „Wenn dieser Grundsatz Geltung finden würde, so könnte z. B. jeder Drogist jederzeit Morphium in Lösung verkaufen, wenn der Käufer nur nicht erklärt, er wolle es zu Heilzwecken haben; jedermann könnte sich mit irgend einem Färbemittel versetztes Chloroform in beliebiger Menge verschaffen, wenn er angäbe, es zur Tötung von Insekten benutzen zu wollen; dann wäre dem Missbrauch der starkwirkenden und selbst giftigen Stoffe Tor und Tür geöffnet." (Kreisphysikus Dr. L. 1894). Das kann aber unmöglich die Absicht der Verordnung gewesen sein.

Man muss infolgedessen, um diesen offenbaren Widerspruch zu vermeiden, zu der Ansicht gelangen, dass die Ausdehnung des Verbotes auch auf Zubereitungen, wenn sie auch nicht wie in den Vorschriften über den Handverkauf der Apotheken durch den Wortlaut der Verordnung zum Ausdruck gelangt ist, so doch nach dem Sinne derselben in gewissen Fällen nicht nur gerechtfertigt ist, sondern geradezu als eine Notwendigkeit erscheint. Das Verbot des § 2 bezieht sich demnach zum mindesten auf solche Zubereitungen, welche einen oder mehrere Stoffe des Verzeichnisses B als wesentlichen Bestandteil enthalten, sofern nicht der Verkehr mit diesen Zubereitungen bereits durch § 1 in besonderer Weise geregelt ist, wie bei den kosmetischen Desinfektions- und Hühneraugenmitteln, bei Mineralwässern, Verbandstoffen, Zubereitungen zur Herstellung von Bädern und Seifen. Bei diesen kommen nur die Bestimmungen des § 1 in Betracht. Bei allen anderen nicht schon durch Verzeichnis A geschützten Zubereitungen, welche einen Stoff des Verzeichnisses B enthalten, ist jedoch im Einzelfalle zu prüfen, ob die Zubereitungsform gewissermassen nur eine Darbietung des Stoffes selbst in einer anderen äusseren Gestalt bildet und demgemäss nur ein verschleiertes Feilhalten resp. Verkaufen eines verbotenen Stoffes vorliegt, oder ob der Stoff durch die Verarbeitung mit anderen Körpern zu einer neuen Zubereitung seine Eigenart verloren oder in der Zusammensetzung nur als ganz unwesentlich oder nebensächlich erscheinen sollte. In ersterem Falle ist die Bestimmung des § 2 sinngemäss auch auf die Zubereitung anzuwenden, in letzterem würde dazu füglich kein Anlass vorliegen.

In diesem Sinne hat sich das vormalige preussische Obertribunal in zwei allerdings schon etwas weit zurückliegenden, auf frühere Reglements bezüglichen Entscheidungen geäussert:

O.Tr. 22. Juni 1865 und 27. Februar 1868.

Das bezüglich der Drogen (Verz. B) erlassene Verbot trifft auch zusammengesetzte Stoffe, sobald sich unter ihnen einzelne der unter B aufgezählten befinden, es sei denn, dass diese durch die Zusammensetzung mit anderen Stoffen ihre spezifische Wirksamkeit verloren hätten und in der Zusammensetzung nur als unwesentlich sowie nebensächlich erscheinen.

Als derartige Zubereitungen, die dem freien Verkehr entzogen sind, trotzdem sie an sich weder im Verzeichnis A noch im Verzeichnis B stehen, sind z. B. anzusehen: Confectio cinae und Folia Stramonii nitrata (Asthma-Cigaretten). Im Verzeichnis Bestehen nur Flores Cinae und Folia Stramonii, und die Umhüllung der ersteren mit Zucker, sowie die Imprägnierung der letzteren mit Salpeter ist keine durch Vezeichnis A geschützte Zubereitung. Trotzdem ist das Verbot des § 2 auch auf diese Zubereitungen auszudehnen, da die genannten Stoffe in denselben nur in ganz unwesentlich veränderter Form wiedererscheinen.

Die meisten neueren Entscheidungen über diese prinzipielle Frage sind durch den Strychninweizen veranlasst worden. Die Verordnung führt im Verzeichnis B Strychnin als den Apotheken vorbehalten auf. Die meisten Gerichte mit Ausnahme des K.G. haben indessen entschieden, dass strychninhaltiges Getreide etwas wesentlich anderes darstelle wie Strychnin, und das für letzteres gegebene Verbot nicht auf ersteres auszudehnen sei.

O.L.G. Celle 6. Juni 1896.

Nach § 2 der kaiserl. Verordnung vom 27. Januar 1890 dürfen die in dem Verzeichnis B aufgeführten Drogen und chemischen Präparate, unter denen Strychnin und dessen Salze erwähnt sind, nur in Apotheken feilgehalten und verkauft werden. Das Berufungsgericht hat nun ohne Rechtsirrtum festgestellt, dass zu Strychnin und dessen Salzen strychninhaltiges Getreide nicht zu rechnen ist. Dasselbe geht mit Recht davon aus, dass diese Verordnung Ausnahmebestimmungen von der in der Gewerbeordnung ausgesprochenen Gewerbefreiheit enthält, und dass diese Ausnahmebestimmungen einer strengen Auslegung unterliegen, sodass strychninhaltige Waren nicht zu dem Strychnin gerechnet werden dürfen. Strychninweizen ist nicht, wie die Revision meint, nur eine bestimmte Form, in der Strychnin verabreicht wird, sondern es ist eine Zubereitung daraus, nämlich Getreide, welches mit einer Strychninlösung getränkt ist. Nirgends führt das Verzeichnis B Zubereitungen der dort bezeichneten Drogen und chemischen Präparate auf, sondern nur bisweilen Salze oder Abkömmlinge derselben. Die Zubereitungen daraus werden aber regelmässig unter die im Verzeichnis A aufgeführten Waren fallen, mit denen der Handel an sich freigegeben ist, die aber als Heilmittel nur in Apotheken feilgehalten oder verkauft werden dürfen. Zutreffend führt der Berufungsrichter auch aus, dass der Gesichtspunkt der Gefährlichkeit für die menschliche Gesundheit für die Frage, welche Drogen und chemischen Präparate den Apothekern vorbehalten sind, nicht maßgebend gewesen ist. Er weist auch mit Recht darauf hin, dass die ministerielle Verordnung über den Handel mit Giften vom 24. August 1895 in § 18 davon ausgeht, dass der Handel mit strychninhaltigen Ungeziefermitteln den Apotheken nicht vorbehalten ist.

O.L.G. Frankfurt 16. Juni 1897.

Für eine Anwendung der Verordnung vom 27. Januar 1890 auf Zubereitungen mit Stoffen des Verzeichnisses B, soweit diese Zubereitungen nicht als „Heilmittel" unter die Bestimmung des § 1 a. a. O. fallen, bietet der Wortlaut der Verordnung keinerlei Stütze. Denn daraus, dass sie für eine Reihe von Rohstoffen als solchen Bestimmungen trifft, folgt noch nicht, dass diese Bestimmungen auch für alle Zubereitungen, die diese

Rohstoffe in noch so kleinen Quantitäten enthalten, gelten sollen. Kann aber aus der Fassung der Verordnung eine Unterlage dafür, dass sie auch die nicht Heilzwecken dienenden Zubereitungen der Stoffe des Verzeichnisses B habe treffen wollen, nicht gewonnen werden, so ist eine Ausdehnung der Vorschrift des § 2 auf derartige Zubereitungen, also auch auf strychninhaltigen Weizen, ausgeschlossen.

Dass diese aus der Natur der Verordnung vom 27. Januar 1890 als einer Ausnahmebestimmung folgende Konsequenz auch dem wahren Willen des Gesetzgebers entspricht, ergeben die folgenden Momente.

Hätten auch die nicht als Heilmittel dienenden Zubereitungen der im Verzeichnis B aufgezählten Drogen und chemischen Präparate dem Vertriebe in Apotheken vorbehalten werden sollen, so wäre es, wie der Vorderrichter mit Recht betont, ein Leichtes gewesen, dies durch den Zusatz „und deren Zubereitungen" deutlich auszusprechen. Bei der grossen Zahl derartiger Zubereitungen mit Stoffen des Verzeichnisses B wäre eine solche Bestimmung von grosser praktischer Bedeutung gewesen, es hätte ein auf sie zielender Zusatz um so näher gelegen, als auch Zusätze anderer Art, wie zu B in den Worten „deren Salze" oder „Abkömmlinge" gemacht sind. Der Zusatz findet sich denn auch tatsächlich in der für Drogisten und Apotheker geltenden, einem Entwurf der Reichsregierung fast wörtlich nachgebildeten preussischen Verordnung über den Handel mit Giften vom 24. August 1895. Sie spricht insbesondere nicht bloss von „Strychnin und dessen Salzen" sondern erwähnt in der Abt. 1 der ihr beigefügten Anlage A: „Strychnin, dessen Verbindungen und Zubereitungen mit Ausnahme von strychninhaltigem Getreide", welches letztere in Abt. 2 besonder aufgeführt ist. (Vergl. auch § 1 und die Stoffe Opium, Atropin, Cyanwasserstoffsäure u. a. in der Anlage I a. a. O.)

Das Fehlen eines entsprechenden Zusatzes in dem Texte der Verordnung von 1890 spricht hiernach in hohem Grade für ein absichtliches Unterlassen, weil man andere als die unter § 1 fallenden Zubereitungen mit Stoffen des Verzeichnisses B nicht treffen wollte.

Ein solcher Wille steht auch mit der Zweckbestimmung der Verordnung im vollen Einklang. Denn sie soll, wie ihre Entstehungsgeschichte aus § 6, Abs. 2 der Gewerbeordnung sowie ihr Titel zeigen, den Verkehr mit Arzneimitteln regeln. Solche bilden nun allerdings die in Verzeichnis B aufgeführten Stoffe, nicht aber auch alle Zubereitungen, welche einen dieser Stoffe enthalten. Diese dienen vielmehr teilweise lediglich technischen Zwecken, oder wie Strychninweizen, der Vertilgung von Ungeziefer. Ihre Vorschriften auf solche Zubereitungen erstrecken, hiesse daher der Verordnung eine über ihre Zweckbestimmung hinausgehende Ausdehnung geben, ohne dass ein sachlicher Grund hierfür vorläge. Denn der einzig denkbare Grund für eine solche Ausdehnung, der Giftcharakter der im Verzeichnis B genannten Stoffe, war für deren Monopolisierung nicht maßgebend, wie sich daraus ergibt, dass viel schärfer wirkende Gifte dem Verkehr freigegeben sind.

Dafür, dass die Verordnung von 1890 insbesondere strychninhaltigen Weizen nicht hat treffen wollen, spricht schliesslich auch der Umstand, dass die Verordnung vom 24. August 1895, wie der Vorderrichter zutreffend ausführt, von der Auffassung ausgeht, dass der Handel mit solchem Weizen auch den Drogisten freigegeben ist.

Zubereitungen des Verzeichnisses B. 49

O.L.G. Stettin 24. September 1897.

Dem Berufungsrichter ist darin beizutreten, dass Strychninhafer nicht zu dem Strychnin im Sinne des § 2 der Verordnung von 27. Januar 1890 gehört. Der Umstand, dass es möglich ist, die Verbindung zwischen dem Hafer und dem Strychnin wieder zu lösen und wieder reines Strychnin herzustellen, ist ohne Bedeutung. So lange die Verbindung dauert, handelt es sich nicht um Strychnin.

Ebenso entschieden der Bezirksausschuss Potsdam am 22. August 1894 und das L.G. Wiesbaden am 27. April 1897. Ferner ergingen folgende analogen Gutachten und Urteile:

Med. Kolleg. von Brandenburg 1894.

Nur die Stoffe selbst, nicht sie enthaltende Zubereitungen, fallen unter § 2 der kaiserlichen Verordnung.

L.G. Göttingen 25. November 1896.

Das Verbot, Senföl feilzuhalten, bezieht sich nur auf Senföl in dieser spezifischen Form und trifft wenigstens nicht alle Präparate, in welchen Senföl enthalten ist, jedenfalls aber nicht Senfspiritus, welcher lediglich nur den Verkehrbeschränkungen des § 1 gedachter Verordnung unterliegt.

L.G. Hamburg 15. Januar 1896.

Eine Lösung, die nach Verzeichnis A freigegeben ist, fällt nicht deshalb noch unter das Verkaufsverbot, weil sich darin Stoffe aufgelöst finden, die unaufgelöst zu den im Verzeichnis B angegebenen Drogen und chemischen Präparaten gehören.

O.L.G. Rostock 14. Dezember 1895.

Diese tatsächliche Feststellung rechtfertigt nicht den Schluss, dass, wer Jodoformgaze verkauft, damit Jodoform verkaufe. Jodoform und Jodoformgaze sind verschiedene Waren.

Der entgegengesetzte Standpunkt ist besonders vom K.G. vertreten worden.

K.G. 12. Juli 1894.

Der Angeklagte befindet sich im Irrtum, wenn er das Verkaufsverbot der Verordnung nur auf Strychnin in ungemischtem Zustande bezieht, denn davon enthält die Verordnung nichts. Dieses Gift ist auch als Beimischung sehr gefährlich.

K.G. 19. Oktober 1899.

Es ist ferner weder in dem angefochtenen Urteile festgestellt, noch sonst aus dem Sachverhalt zu entnehmen, dass einer der Stoffe, aus denen das verkaufte Mittel sich zusammensetzt, in dem Verzeichnis B zur kaiserlichen Verordnung von 1890 enthalten ist; somit war der Verkauf auch nicht durch § 2 der Verordnung verboten.

Diese Anschauung des K.G. machte sich der Reg.-Präsident von Stralsund in folgender Verfügung vom 13. November 1896 zu eigen:

Reg.Präs. Stralsund 13. November 1896.

Aus Anlass einer an mich gerichteten Anfrage mache ich die Drogen- und Materialwarenhändler darauf aufmerksam, dass es ihnen nach § 2 der Verordnung vom 27. Januar 1890 nicht gestattet ist, strychninhaltiges Getreide feilzuhalten.

Ganz gleichmässig hat aber auch das K.G. seinen Rechtsgrundsatz nicht angewendet. Am 15. Februar 1897 sprach es einen Drogisten frei, der wegen Verkaufs eines brechweinsteinhaltigen Fliegenpapiers angeklagt war. Da Brechweinstein ebenso wie Strychnin im Verzeichnis B steht, müsste nach der Judikatur des K.G. auch das damit bereitete Fliegenpapier dem freien Verkehr entzogen sein.

Man sieht daraus, dass sich gerade für die Frage der Zubereitungen des Verzeichnisses B nicht eine allgemeine Regel schematisch aufstellen lässt, sondern dass die Entscheidung von der Prüfung im Einzelfalle abhängig ist.

Ein Urteil des O.L.G. Stettin vom 18. Januar 1886, welches den Grundsatz aufstellte, dass auch im Verzeichnis B nicht genannte giftige Inhaltstoffe der in dem Verzeichnis aufgeführten Drogen unter das Verbot fallen, dürfte gegenwärtig keine Bedeutung mehr haben.

---

§ 3. Der Grosshandel unterliegt den vorstehenden Bestimmungen nicht. Gleiches gilt für den Verkauf der im Verzeichnisse B aufgeführten Stoffe an Apotheken oder an solche öffentliche Anstalten, welche Untersuchungs- oder Lehrzwecken dienen und nicht gleichzeitig Heilanstalten sind.

Grosshandel.

Die frühere Verordnung sagte: Der Grosshandel, sowie der Verkauf der im Verzeichnis B aufgeführten Gegenstände an Apotheken etc. Es war deshalb nicht ganz klar, ob nur der Grosshandel mit den Stoffen des Verzeichnisses B oder auch mit den Zubereitungen des Verzeichnisses A freigegeben sein sollte. Durch die jetzige Fassung der Verordnung sind diese Zweifel behoben.

Der Begriff „Grosshandel" lässt sich nicht definieren, die Frage, ob ein solcher vorliegt oder nicht, wird daher in jedem Einzelfalle der tatsächlichen Feststellung durch Sachverständige bedürfen. Dass die Verordnung nicht jeden Verkauf an Wiederverkäufer ohne weiteres als Grosshandel ansieht, folgt daraus, dass ausser dem Grosshandel der Verkauf an Apotheken nochmals besonders erwähnt wird. Das wäre sonst überflüssig.

Grosshandel, Begriffsbestimmung. 51

Im allgemeinen kann jedoch der Verkauf an Zwischenhändler in grösseren Quantitäten als Grosshandel gelten.
In diesem Sinne sprechen sich die folgenden Entscheidungen der Gerichte und Verwaltungsbehörden aus:

Sächsisches Minist. d. Innern 10. Oktober 1882.

Das Ministerium des Innern muss Bedenken tragen, auf den Vortrag der Kreishauptmannschaft in N. N. darüber, was unter Grosshandel mit Arzneiwaren im Sinne von § 3 der Verordnung vom 4. Januar 1875 zu verstehen sei, sei es im allgemeinen, sei es in der hier speziell in Frage kommenden Beziehung sich auszusprechen, da dies in jedem einzelnen Falle, und so auch im vorliegenden, instanzmässiger Entschliessung zu überlassen ist. Im allgemeinen aber kann dasselbe mit der Ansicht der Kreishauptmannschaft sich einverstanden erklären, dass es lediglich nach den im einzelnen Falle einschlagenden Verhältnissen im ganzen sich werde bestimmen lassen, ob man es mit einem Grosshandel im Sinne des angezogenen § 3 zu thun habe, wobei namentlich in Frage kommen wird, ob ein Absatz direkt an das konsumierende Publikum (vergl. auch den Wortlaut von § 2 der durch die oben angezogene Verordnung aufgehobenen Verordnung vom 25. März 1872, R.G.Bl. S. 85) oder an einen Zwischenhändler stattfindet.

K.G. 3. August 1893.

Das Berufungsgericht stellte fest, dass im vorliegenden Falle ein Absatz von Waren nicht direkt an das konsumierende Publikum, sondern in grösseren Quantitäten an einen Zwischenhändler, der für eigene Rechnung den Weitervertrieb der Waren an das konsumierende Publikum bewirken sollte, stattgefunden habe. Diese Begriffsbestimmung des Grosshandels wurde vom Kammergericht ausdrücklich gebilligt.

K.G. 14. März 1901.

Grosshandel setzt einen Handel zwischen Verkäufer und Zwischenhändler mit grösseren Quantitäten voraus; bei der Feststellung, ob es sich um grössere Quantitäten handelt, kommt es auf ganz bestimmte Verhältnisse, z. B. auf den Absatz des Verkäufers, auf die Preise, Haltung eines Magazins oder Ladens etc. an.

K.G. 2. Dezember 1901.

Abgabe von mindestens 3 Flaschen Kräuterwein unmittelbar an Käufer ist kein Grosshandel.

O.V.G. 3. März 1900.

Z. (Apothekenbesitzer) ist Wiederverkäufer, und der Kläger liefert an ihn in grossen, über das Bedürfnis eines einzelnen Konsumenten weit hinausgehenden Quantitäten. Damit sind die wesentlichen Merkmale des Grosshandels gegeben. Dass nur an einen Wiederverkäufer geliefert wird, schliesst den Grosshandel noch nicht aus.

Preuss. Ministerial-Erlass 21. September 1881.

Auf den Bericht vom 19. v. M. erwidere ich der Kgl. Reg., dass von einem Grosshandel im Sinne der Allerhöchsten Verordnung vom

4. Januar 1875, betreffend den Verkehr mit Arzneimitteln, nicht die Rede sein kann, wenn das Pflegamt des Hospitals zum heiligen Geist zu F. die Arzneimittel in grossen Quantitäten aus Drogenhandlungen bezieht. Es wird demgemäss gegen die Drogisten, welche dem qu. Hospitale Drogen etc. überlassen, deren Verkauf im Kleinhandel nach Massgabe der eben angeführten Verordnung allein in Apotheken gestattet ist, auf Grund der Bestimmungen des § 367 Ziffer 3 des Str.G.B. für das deutsche Reich das Erforderliche zu veranlassen sein.

Dass es für den Begriff des Grosshandels irrelevant ist, ob der Zwischenhändler zum Wiederverkauf berechtigt ist oder nicht, wurde durch folgendes Urteil festgestellt:

O.L.G. Frankfurt a. M. 16. März 1892.

Der Begriff des Grosshandels ist reichsgesetzlich nicht bestimmt, er muss aus den Anschauungen des Verkehrslebens in tatsächlicher Würdigung der in Betracht kommenden Verhältnisse gewonnen werden. Die von der Vorinstanz in dieser Richtung hervorgehobenen Gesichtspunkte lassen einen Rechtsirrtum nicht erkennen, vielmehr sind dieselben unbedenklich als Merkmale für den Begriff des Grosshandels zu verwerten. Namentlich ist es auch zu billigen, wenn auf das Quantum der jedesmal abgegebenen Ware und auf den Umstand, dass der Angeklagte den Verkauf der Substanzen im geringeren, dem jeweiligen Bedürfnisse der Abnehmer entsprechenden Mengen nicht vornimmt, ein wesentliches Gewicht gelegt wird.

Dafür, dass im Sinne des § 3 zit. der Grosshandel ausgeschlossen sein soll, wie die Revision ausführt, wenn zwar im übrigen die Merkmale desselben vorliegen, jedoch der Abnehmer, welcher selbst nicht Konsument ist, an dem Weiterverkaufe der Ware gesetzlich verhindert ist, weil sein Verkauf sich als Detailverkauf darstellte, kann weder aus dem Wortlaute der Verordnung noch aus deren erkennbarem Zwecke ein hinreichender Grund entnommen werden .... Es geht nicht an, die Abnehmer, welche die Ware nicht zum eigenen Gebrauche, sondern zum Zwecke des Weiterverkaufes bezogen haben, deswegen als Konsumenten zu behandeln, weil sie an der Erreichung dieses Zweckes gesetzlich gehindert sind.

Die folgenden Urteile dagegen sehen davon ab, den Verkauf an Wiederverkäufer als ein besonderes Kriterium des Grosshandels hinzustellen:

O.L.G. Dresden 28. Januar 1892.

Der angeklagte Drogist, der an zwei Frauen je 12 Schachteln Zinksalbe von je 15 g zum Preise von je 2 ½ Pf. zum Zwecke der Weiterveräusserung verkauft hat, macht geltend, dass jeder zum alleinigen Zwecke des Zwischenhandels erfolgte Verkauf an den Zwischenhändler — im Gegensatz zum Konsumenten — nicht als verbotener Detailhandel, sondern als erlaubter Grosshandel zu gelten habe. Allein die Entscheidung der Frage, ob Gross- oder Kleinhandel vorliege, ist nur nach den gesamten einschlagenden Verhältnissen des Einzelfalls zu treffen und keineswegs ausschliesslich davon, ob die Waren an Zwischenhändler oder unmittelbar an das konsumierende Publikum vertrieben werden, sondern wesentlich mit davon abhängig, ob der Warenverkauf in, wenngleich relativ zu bemessenden, doch immerhin grösseren Quantitäten an Zahl, Mass oder Gewicht zu erfolgen pflegt oder nicht.

O.L.G. Posen 11. Juli 1894.

Das Revisionsgericht, welches an die tatsächlichen Feststellungen des Instanzengerichts gebunden ist und die vorgebrachte Behauptung, dass der Angeklagte mit den hier in Frage kommenden Arzneien einen Jahresumsatz von etwa 60000 M. mache, nicht berücksichtigen konnte, hat in der Begründung des Berufungsurteils einen Rechtsirrtum nicht erblicken können. Insbesondere erscheint es zutreffend und mit der Rechtsprechung anderer Gerichtshöfe übereinstimmend (vergl. das bei Goltdammer, Bd. 40, S. 353 abgedruckte Urteil des O.L.G. Dresden vom 28. Januar 1892), die Entscheidung der Frage, ob Gross- oder Kleinhandel vorliegt, von den gesamten einschlagenden Verhältnissen des Einzelfalles und keineswegs ausschliesslich davon, ob die Waren an Zwischenhändler oder unmittelbar an das konsumierende Publikum vertrieben werden, abhängig zu machen; ebenso ist die Auffassung zu billigen, dass die von dem Angeklagten verkauften Warenmengen — ein bis drei Dutzend Bergöl und ein Dutzend Jerusalemer Balsam — geringfügige Quantitäten sind, die an sich über den Begriff des Kleinhandels nicht hinausgehen.

Ebenso erklärte im Gegensatz zu dem oben mitgeteilten Ministerialerlass vom 21. September 1881 des O.L.G. Köln die Lieferung einer grösseren Anzahl von Verbandkästen für eine Berufsgenossenschaft seitens eines Drogisten als Grosshandel.

O.L.G. Köln 28. Dezember 1888.

Es wird tatsächlich festgestellt, dass der fragliche Absatz eines Verbandkastens zwar an sich als ein Detailgeschäft betrachtet werden müsse, aber im Anschlusse und in Ausführung des mit der Berufsgenossenschaft abgeschlossenen Vertrages, inhalts dessen der Angeklagte an die Mitglieder, deren Zahl sich auf 500 belaufe, für den festgesetzten Preis von 57 M. 50 Pf. pro Stück die Verbandkasten nach vorheriger Submission zu liefern sich verpflichtet habe, geschehen sei. Wenn das angegriffene Urteil aus diesen Momenten in Bezug auf das fragliche Geschäft das Treiben eines Grosshandels hergeleitet hat, so kann dieses nicht für rechtsirrtümlich erachtet werden. Der Angeklagte handelte unter den festgestellten Umständen in der auf die Ausübung eines Grosshandels gerichteten Absicht, führte diese Absicht durch die Verabredung eines massenhaften Absatzes von gleichen Verbandkasten mit demselben Inhalte aus und vereinbarte mit Rücksicht auf die durch den massenhaften Absatz herabgeminderten Herstellungskosten einen entsprechenden Preis. Das Geschäft schied dadurch aus dem Bereiche des Grosshandels nicht aus, dass sich der Absatz der Verbandkasten auf Grund des mit der Genossenschaft geschlossenen Vertrages an die einzelnen Mitglieder vollzog.

Ebenso hielt das L.G. II Berlin am 12. Februar 1891 die Abgabe von Heilmitteln an Ärzte zur gelegentlichen Verwendung bei verschiedenen Patienten für erlaubten Grosshandel.

Sehr gründlich erörterte das O.L.G. Marienwerder den Begriff des Grosshandels mit dem Ergebnis, dass auch der Verkauf grösserer Mengen einer Substanz an Tierärzte sich als Grosshandel darstelle.

O.L.G. Marienwerder 18. September 1896.

Ein Überblick über die historische Entwicklung der in diesem Jahrhundert in Preussen und im deutschen Reiche erlassenen Verordnungen, betreffend die Regelung des Verkehrs mit Arzneimitteln, ergibt, dass für die Abgrenzung zwischen den dem Verkehr freigegebenen und den den Apothekern ausschliesslich vorbehaltenen Arzneimitteln wesentlich die Quantität der verkauften Medikamente massgebend sein soll.

Nach dem „Reglement vom 19. Januar 1802" (Rabe, Pr.G. Bd. 7, S. 14) ist den Materialisten der Engros- und Endetail-Handel mit medicamenta chemica und praeparata untersagt. Von rohen Arzneimitteln dürfen nur die in einer Tabelle A angezeigten Artikel en gros und en detail verkauft werden, alle übrigen ‚nur en gros und zwar nicht unter einem Pfunde', bezw. die in Tabelle B und C benannten Artikel nicht unter einem halben Pfunde resp. einer Unze.

Durch Allerh. Kab.-Ordre vom 17. Oktober 1836 wird der in dem erwähnten Reglement freigegebene Verkauf der Artikel der Tabelle A wieder auf den Verkauf in Apotheken beschränkt und das Minimalquantum der Artikel B und C auf ein Pfund bezw. 2 Lot erhöht. Der Detailhandel „bis zu diesem Gewichte" bleibt den Apothekern ausschliesslich vorbehalten. Durch Bekanntmachung vom 29. Juli 1857 werden die Tabellen A, B und C ‚den veränderten Bedürfnissen entsprechend' ergänzt und abgeändert.

Nach der in Ausführung des § 6 Abs. 2 der Gewerbeordnung für den Norddeutschen Bund vom 21. Juni 1869 ergangenen kaiserlichen Verordnung vom 25. März 1872 dürfen Zubereitungen, Drogen und chemische Präparate der beigefügten Verzeichnisse A und B nur in Apotheken feilgehalten oder verkauft werden. Der ergänzende Ministerialbescheid vom 4. Oktober 1872 beschränkt die Bestimmungen dieser Verordnung nur auf den Detailhandel mit dem Bemerken, dass für den Grosshandel mit Arzneisubstanzen zwischen Produzenten, Fabrikanten, Kaufleuten und Apothekern, welcher in Preussen von jeher frei gewesen ist, der Verkehr auch fernerhin frei bleiben soll. Die kaiserliche Verordnung vom 4. Januar 1875 fügt, indem sie ein neues Verzeichnis der dem freien Verkehr entzogenen Arzneiwaren gibt, hinzu, dass der Grosshandel mit Arzneimitteln von den Beschränkungen dieser Verordnung frei bleibt. Die jüngste in Kraft befindliche, ein neues Verzeichnis der dem freien Verkehr entzogenen Arzneimittel enthaltende kaiserliche Verordnung vom 27. Januar 1890 bestimmt ebenfalls, dass der Grosshandel sowie der Verkauf der Artikel des Verzeichnisses B an Apotheken und gewisse Staatsanstalten den beschränkenden Bestimmungen nicht unterliegen. Hiernach ist anzunehmen, dass in den gedachten kaiserlichen Verordnungen mit dem Ausdruck „Grosshandel" kein anderer Sinn hat verbunden werden sollen, als derjenige, den dieser Ausdruck von jeher in der preussischen Gesetzgebung gehabt hat. Nur ist der Standpunkt der preussischen Gesetzgebung insoweit aufgegeben, als danach die Gewichtsmengen, deren Verkauf als Grosshandel gelten und demgemäss freigegeben sein soll, bestimmt sind, während die Reichsgesetzgebung von einer solchen Bestimmung abgesehen und es dem richterlichen Ermessen im einzelnen Falle überlassen hat, ob der Verkauf mit Rücksicht auf die Menge der verkauften Arzneimittel als Grosshandel oder als Handel en detail anzusehen ist. Wenn hiernach der Berufungsrichter auf Grund der tatsächlichen Feststellung, dass der Angeklagte am 16. Oktober 1895 an den Tierarzt H. 100 g Hydrarg. bijodat. und 150 g Kal. jodat. verkauft hat, mit Rücksicht auf die Quantität der verkauften Drogen angenommen hat, dass dies Geschäft dem Grosshandel angehöre, so lässt diese Annahme einen Rechtsirrtum nicht erkennen.

Ganz ähnlich ist folgendes Urteil:

L.G. Braunschweig 23. Mai 1898.

Es ist unzweifelhaft, dass der kiloweise Verkauf der für den Einzelfall in kleiner Menge genügenden Ware sich als Grosshandel darstellt und deshalb dem Angeklagten gestattet war. Aber auch der sonstige Verkauf aller Waren des Verzeichnisses B war ihm gestattet, da er nur an Tierärzte stattgefunden hat. Die Hausapotheken der Tierärzte, mögen sie gross oder klein sein, unterliegen der staatlichen Aufsicht (§ 66 des Medizinalgesetzes vom 25. Oktober 1865, No. 67) und sind deshalb zweifellos als Apotheken anzusehen. Im Herzogtum Braunschweig sind aber auch diejenigen Tierärzte, welche keine ständige Hausapotheke haben, als Apotheker im Sinne der kaiserlichen Verordnung zu betrachten.

Im Anschluss an dieses Urteil erging folgendes Rundschreiben des herzoglichen Obersanitätskollegiums in Braunschweig an sämtliche Physici vom 11. Oktober 1898:

„Wir teilen Ihnen zur eventuellen Verwertung bei den Revisionen der Verkaufsstätten von Giften, Drogen etc. mit, dass nach einem Erkenntnisse des hiesigen Landgerichts vom 23. Mai 1898 der Verkauf von Zubereitungen etc. der in den Verzeichnissen zu der kaiserlichen Verordnung vom 27. Januar 1890 bezeichneten Art in jenen Handlungen an Tierärzte als „Grosshandel" anzusehen ist und demnach nicht gegen die Bestimmungen der Verordnung verstösst."

Verkauf an Apotheken.

Nach § 2 sollen die im Verzeichnis B genannten Stoffe ausserhalb der Apotheken nicht feilgehalten und verkauft werden dürfen, nach § 3 findet diese Bestimmung indes auf den Verkauf der genannten Gegenstände an Apotheken und an solche öffentliche Anstalten, welche Untersuchungs- oder Lehrzwecken dienen und nicht gleichzeitig Heilanstalten sind, keine Anwendung. An Apotheken, staatliche Institute (Universitäten, Laboratorien), sowie an staatliche Lehranstalten (Seminarien, Gymnasien), und kommunale oder aus öffentlichen Mitteln unterhaltene Laboratorien dürfen demnach die im Verzeichnis B angeführten Drogen und Präparate auch von Drogisten abgegeben werden, nicht aber an Privatlaboratorien oder an Krankenanstalten, soweit nicht ein Grosshandel in Frage kommt.

Über den Verkauf an Apotheken erging folgende Entscheidung:

O.L.G. Köln 1. Juli 1892.

Der Strafsenat erachtet sich an die in dem Urteile vom 29. Januar 1892 niedergelegten rechtlichen Anschauungen gebunden. Danach kommt es nicht auf die subjektive, sondern lediglich auf die objektive Seite, mithin darauf an, ob ein Verkauf der im Verzeichnisse B der Verordnung vom 27. Januar 1890 bezeichneten Gegenstände, sei es mittelbar oder unmittelbar, an einen Apothekenbesitzer stattgefunden hat. Die in der Revision vertretene Anschauung, dass der § 3 der gedachten Verordnung den Verkauf dieser Gegenstände nur insofern freigebe, als er zum Zwecke des Betriebes einer Apotheke erfolge, findet weder in dem Wortlaute, noch in dem Zwecke dieser gesetzlichen Bestimmung irgend einen Anhalt.

---

§ 4. Der Reichskanzler ist ermächtigt, weitere, im Einzelnen bestimmt zu bezeichnende Zubereitungen, Stoffe und Gegenstände von dem Feilhalten und Verkaufen ausserhalb der Apotheken auszuschliessen.

Dieser Paragraph war in den früheren Verordnungen nicht enthalten. Seine Aufnahme ist dem Bedürfnis entsprungen, neu erscheinende wichtige Arzneimittel, die noch nicht im Verzeichnis B stehen, sowie etwa neu auftauchende Arzneimittelformen, die sich nicht unter die Zubereitungen des Verzeichnisses A unterbringen lassen, tunlichst schnell dem Schutze der Verordnung zu unterstellen, ohne dass dadurch der ganze zum Erlass einer kaiserlichen Verordnung nötige Apparat in Bewegung gesetzt werden braucht. Die Berechtigung zum Erlass einer derartigen Bestimmung steht ausser Zweifel.

Bemerkenswert ist, dass, während der § 1 nur von „Zubereitungen" und der § 2 nur von „Stoffen" spricht, in § 4 dem Reichskanzler das Recht zugesprochen wird, auch „Gegenstände" dem Verkehr ausserhalb der Apotheken zu entziehen.

---

§ 5. Die gegenwärtige Verordnung tritt mit dem 1. April 1902 in Kraft. Mit demselben Zeitpunkte treten die Verordnungen, betreffend den Verkehr mit Arzneimitteln, vom 27. Januar 1890, 31. Dezember 1894, 25. No-

vember 1895 und 19. August 1897 (Reichs-Gesetzbl. 1890 S. 9, 1895 S. 1 und 455, 1897 S. 707) ausser Kraft. Urkundlich unter Unserer Höchsteigenhändigen Unterschrift und beigedrucktem Kaiserlichen Insiegel.
Gegeben Neues Palais, Potsdam, den 22. Oktober 1901.

(L. S.) Wilhelm.

Graf von Posadowsky.

Die Verordnung vom 27. Januar 1890 war die dritte derartige kaiserliche Verordnung, welche seit Bestehen des Deutschen Reiches ergangen war. Die beiden früheren trugen das Datum vom 25. März 1872 und 4. Januar 1875. Zu letzteren ergingen zwei Zusatzverordnungen vom 9. Februar 1880 über künstliche Mineralwasser und vom 3. Januar 1883 über Honigpräparate. Auch die Verordnung vom 27. Januar 1890 erhielt zwei Ergänzungen durch Aufnahme des Diphtherieserums (31. Dezember 1894) und der Schilddrüsenpräparate (19. August 1897). Durch die Verordnung vom 25. November 1895 hatte sie in verschiedenen Punkten eine Erweiterung und Änderung erfahren.

Verzeichnis A.

Inhalt des Verzeichnisses.

Das Verzeichnis A enthält die in dem § 1 genannten Zubereitungen (Präparate), deren Feilhalten und Verkauf als Heilmittel, gleichviel aus was sie bestehen, nur in Apotheken geschehen darf. Es sind in 11 Gruppen 30 verschiedene Arten pharmazeutischer Zubereitungen aufgeführt, und zwar in deutscher Sprache, während die lateinischen Bezeichnungen zur Erläuterung in Klammern beigefügt sind. Nämlich:

I. 1. Abkochungen (decocta).
2. Aufgüsse (infusa).
II. 3. Ätzstifte (styli caustici).
III. 4. Auszüge in fester Form (extracta).
5. Auszüge in flüssiger Form (tincturae).
IV. 6. Gemenge von Salzen (salia mixta).
7. Gemenge von zerkleinerten Substanzen (species mixtae).
8. Gemenge von Salzen mit zerkleinerten Substanzen (pulveres mixti).
9. Verreibungen(triturationes).
V. 10. Flüssige Gemische (mixturae).
11. Lösungen (solutiones).
12. Gemischte Balsame.
13. Honigpräparate.
14. Sirupe.
VI. 15. Gefüllte Kapseln von Leim (capsulae gelatinosae repletae).

	16. Gefüllte Kapseln von Stärkemehl(capsulae amylaceae repletae).		24. Körner (granula).
		X.	25. Pflaster (emplastra).
			26. Salben (unguenta).
VII.	17. Latwergen (electuaria).	XI.	27. Suppositorien in Form von Kugeln
VIII.	18. Linimente (linimenta).		
IX.	19. Pastillen (pastilli).		28. Suppositorien in Form von Stäbchen
	20. Plätzchen (rotulae).		
	21. Zeltchen (trochisci).		29. Suppositorien in Form von Zäpfchen
	22. Tabletten (tabulettae).		
	23. Pillen (pilulae).		30. Wundstäbchen (cereoli).

(suppositoria).

Zubereitungen, die in keiner dieser 30 Kategorien unterzubringen sind, wie z. B. getränkte Papiere zum Räuchern (Salpeterpapier), Bonbons, medikamentöse Biskuits oder mit Arzneimitteln gefüllte Schokoladebohnen, Pasten und Zahnwatten etc. müssen demnach an sich als freigegeben angesehen werden. Ihre rechtliche Stellung lässt sich daher nicht aus ihrer Form, sondern nur aus ihrem Inhalt begründen. Sie sind dem freien Verkehr entzogen, wenn sie als wesentlichen Bestandteil einen Stoff des Verzeichnisses B oder eine Zubereitung des Verzeichnisses A (als Heilmittel) enthalten.

Unter den 30 Arzneiformen befinden sich nur zwei, welche in der früheren Verordnung vom 27. Januar 1890 nicht enthalten waren: Verreibungen jeder Art und Tabletten.

Im übrigen sind die elf Gruppen unverändert geblieben. Dagegen sind grössere Änderungen unter den Ausnahmen vorgenommen worden.

Das Verzeichnis A lässt eine Anzahl von Ausnahmen von der Regel zu. Die Freigabe jener ausdrücklich ausgenommenen Präparate ist in den meisten Fällen eine zweifellos absolute, während sie in einigen Fällen als eine bedingte erachtet werden muss. Unter jenen Ausnahmen finden sich nämlich u. a.: Malzextrakte, Mineralwasserpastillen, Obstsäfte und Zuckersirup, die freigegeben sind, weil Malzextrakt zu den diätetischen Mitteln gehört, weil Mineralpastillen den von jeder Beschränkung freien Brunnenerzeugnissen beizuzählen und weil Obstsäfte und Zuckersirup keine Heilmittel sind, sondern in der Pharmazie nur als Geschmackskorrigentien einen Platz gefunden haben. Insofern wird es also auch Niemand einfallen, einen Kaufmann, der Malzextrakt oder „Hoff'sches" Malzextrakt, Emser oder Biliner Pastillen, Himbeer- oder Kirschsaft oder weissen Zuckersirup ankündigt, feilhält oder verkauft, einer Übertretung der Verordnung vom 22. Oktober 1901 zu zeihen. Die Sache würde vielleicht aber anders liegen, wenn jemand unter beliebigen anderen, hochklingenden oder bescheidenen Namen eins der

Ausnahme des Verzeichnisses A.

freigegebenen Präparate als **Heilmittel** ankündigt und verkauft und sich nachher darauf beruft, dass das Mittel „Malzextrakt", „Fruchtsirup" oder der Kategorie der „Mineralwasser-Pastillen" angehörig sei.

Bei einigen Ausnahmen wird die Freigabe an die Bedingung geknüpft, dass die Mittel nur für Tiere verwendet werden, oder eine bestimmte Zusammensetzung besitzen. Freigegeben sind (die in Kursivschrift gedruckten sind neu):

Ätherweingeist (Hoffmannstropfen).
Ameisenspiritus.
Arnikatinktur.
Aromatischer Essig.
Baldriantinktur, *auch ätherische*.
Benediktineressenz.
Benzoëtinktur.
Bischofsessenz.
Bleisalbe zum Gebrauche für Tiere.
Bleiwasser mit einem Gehalte von höchstens 2 Gewichtsteilen Bleiessig in 100 Teilen der Mischung.
Borsalbe zum Gebrauche für Tiere.
Brausepulver *aus Natriumbikarbonat und Weinsäure*, auch mit Zucker *oder* ätherischen Ölen gemischt.
Cold-Cream, *auch mit Glycerin, Lanolin oder Vaselin.*
Eichelkaffeeextrakt.
Eichelkakao, auch mit Malz.
Englisches Pflaster.
Eukalyptuswasser.
Fenchelhonig.
Fichtennadelextrakt.
Fichtennadelspiritus (Waldwollextrakt).
Fleischextrakt.
Franzbranntwein mit Kochsalz.
Hafermehlkakao.
Heftpflaster.
Himbeeressig.
Hufkitt.
Kaffeeextrakt.
Kalkwasser, auch mit Leinöl.
Kampherspiritus.
Kapseln, welche
  Brausepulver,
  Copaïvabalsam,

Lebertran,
Natriumbikarbonat,
Ricinusöl oder
  Weinsäure enthalten.
Karmelitergeist.
Lakritzen (Süssholzsaft), auch mit Anis.
Lebertran *mit ätherischen Ölen.*
Liniment, flüchtiges.
Lippenpomade.
Malzextrakt, auch mit Eisen, Lebertran oder Kalk.
Mischungen von Ätherweingeist, Kampherspiritus, Seifenspiritus, *Salmiakgeist und Spanischpfeffertinktur oder von einzelnen dieser fünf Flüssigkeiten* unter einander zum Gebrauche für Tiere.
Molkenpastillen, einfache.
Myrrhentinktur.
Nelkentinktur.
Obstsäfte mit Zucker, Essig oder Fruchtsäuren eingekocht.
Pappelpomade.
Pastillen aus natürlichen Mineralwässern oder aus künstlichen Mineralquellsalzen.
Pechpflaster, *dessen Masse lediglich aus Pech, Wachs, Terpentin und Fett oder einzelnen dieser Stoffe besteht.*
Pepsinwein.
Pfefferminzplätzchen.
Riechsalz.
Rosenhonig, *auch mit Borax.*
Salicylstreupulver.
Salicyltalg.
Salmiakpastillen, *auch mit La-*

kritzen und Geschmackzusätzen, welche nicht zu den Stoffen des Verzeichnisses B gehören.

Salze, welche aus natürlichen Mineralwässern bereitet oder den solchergestalt bereiteten Salzen nachgebildet sind.

Schneeberger Schnupftabak mit einem Gehalte von höchstens 3 Gewichtsteilen Nieswurzel in 100 Teilen des Schnupftabaks.

Seifenspiritus.
Senfleinen.
Senfpapier.

Sirup, weisser.

Tabletten aus Saccharin, Natriumbikarbonat oder Brausepulver, auch mit Geschmackzusätzen, welche nicht zu den Stoffen des Verzeichnisses B gehören.

Terpentinsalbe zum Gebrauche für Tiere.

Teeextrakt von Blättern des Teestrauchs.

Vanillentinktur.

Wachholderextrakt.

Zinksalbe zum Gebrauche für Tiere.

Gestrichen wurden dagegen von den Ausnahmen des Verzeichnisses A der früheren Verordnung: Tinctura Aloes für Tiere, sowie Hühneraugenringe und Kresolseifenlösung. Die beiden letzteren deswegen, weil alle Desinfektions- und Hühneraugenmittel unter den obengenannten Bedingungen ohnehin frei sind.

Verhältnis der Verordnung zum Arzneibuch.

Unter den Zubereitungen, die als Ausnahmen freigegeben sind, befinden sich 32, die gleichzeitig im Arzneibuch für das Deutsche Reich aufgeführt und zu deren Herstellung Vorschriften daselbst gegeben sind. Da nun diese Mittel in den Apotheken nach der offizinellen Vorschrift bereitet werden müssen (in Preussen gemäss § 28 der Betriebsordnung vom 18. Februar 1902), wurde versucht, eine gleiche Verpflichtung für den Arzneihandel ausserhalb der Apotheken zu konstruieren, und die Freigabe der Mittel von der Bedingung ihrer Darstellung nach Vorschrift des Arzneibuches abhängig zu machen. Dieser Anschauung hat besonders die technische Kommission für pharmazeutische Angelegenheiten in einem Gutachten vom 8. März 1899 Ausdruck verliehen, in dem der Grundsatz aufgestellt wurde, dass als „flüchtiges Liniment", welches als Ausnahme aufgeführt ist, nur ein Gemisch anzusehen sei, dessen Bestandteile der Vorschrift des Arzneibuches für das Deutsche Reich, dritte Ausgabe, entsprechen. Andere Gemische, welche als „flüchtiges Liniment" oder als „flüchtige Salbe" verkauft werden, seien dem freien Verkehr nicht überlassen. Für Pappelpomade wurde in demselben Gutachten die Vorschrift der Pharmacopoea Germanica edit. I herbeigeholt. Dieser Standpunkt ist indess als nicht haltbar erkannt worden. Er wird widerlegt durch das Gutachten, welches das Kaiserliche Gesundheitsamt zu dem Entwurfe der gegen-

Verhältnis der Verordnung zum Arzneibuch. 61

wärtigen Verordnung im Jahre 1899 erstattet hatte, und in dem folgendes hierüber gesagt war:

„In den Beratungen vom 8. und 9. September v. J. und 13. Juni d. J. wurde noch erörtert, ob dem § 1 folgende Bestimmung einzufügen ist:
„Die in dem Verzeichnis A als Ausnahmen aufgeführten Zubereitungen sowie die Verbandstoffe dürfen, soweit sie in das Arzneibuch für das Deutsche Reich aufgenommen sind oder werden, auch ausserhalb der Apotheken nur unter der Bedingung feilgehalten oder verkauft werden, dass sie den jeweilig geltenden Vorschriften des Arzneibuches entsprechen."

Während in der ersteren Beratung der Antrag zum Erlass einer solchen Vorschrift die Hälfte der Stimmen auf sich vereinigte, wurde er in der letzteren Sitzung allgemein abgelehnt. Gegen die Vorschrift wurde insbesondere geltend gemacht, dass durch sie die Drogerien als Apotheken zweiten Ranges zum Nachteile der Apotheker charakterisiert würden, dass sich bei der Revision von Drogenhandlungen in vielen Fällen gar nicht feststellen lässt, ob die Waren arzneibuchgemäss beschaffen sind, und dass man einem Stande, von welchem eine bestimmte Vorbildung nicht verlangt werde, hinsichtlich der zu führenden Waren nicht eine Beschaffenheit vorschreiben könne, welche er ohne technische Vorbildung nicht erkennen könne. Dem gegenüber lässt sich anführen, dass nach Erlass jener Vorschrift die Drogisten die in Rede stehenden Arzneien in derselben Beschaffenheit, wie die Apotheker, führen, daher zu demselben Preise einkaufen müssen und folglich den Verkaufspreis voraussichtlich nicht niedriger stellen werden, als die Apotheker; den Klagen der Apotheker über unlauteren Wettbewerb der Drogisten durch Verkauf schlechterer Ware unter gleichem Namen, wie in den Apotheken, würde also zum Teile abgeholfen werden."

In demselben Sinne äussern sich die folgenden Urteile:

O.L.G. Posen 14. August 1899.

Es muss davon ausgegangen werden, dass die kaiserliche Verordnung weder ausdrücklich noch stillschweigend auf das Arzneibuch Bezug nimmt, dass ferner die Vorschriften des letzteren für Apotheker bindend sind, und dass nach alledem eine direkte und unmittelbare Heranziehung der Bestimmungen desselben zur Auslegung der kaiserlichen Verordnung unzulässig erscheint.

K.G. 14. Mai 1899.

Der Vorderrichter nimmt an, die nach der kaiserlichen Verordnung vom 27. Januar 1890 dem freien Verkehr überlassenen Arzneimittel seien nur unter der Bedingung dem freien Verkehr überlassen, dass ihre Zubereitung den Vorschriften des deutschen Arzneibuches entspricht. Dies ist schon deshalb unrichtig, weil ein grosser Teil der in der kaiserlichen Verordnung von 1890 freigegebenen Arzneimittel überhaupt in dem deutschen Arzneibuch nicht vorkommt, wie z. B. Fenchelhonig, Salmiakpastillen, Hühneraugenringe, Pechpflaster, dann aber auch deshalb, weil die lediglich den Handel ausserhalb der Apotheken regelnde Verordnung von 1890 weder ausdrücklich, noch stillschweigend irgend eine Beziehung auf das nur für Apotheker bestimmte deutsche Arzneibuch enthält (vergl. Husemann, in der Pharm. Ztg. 1897, S. 550 ff., Nesemann, Verkehr mit Arzneimitteln S. 31). Die Verordnung von 1890 kann daher bei der Freigabe dieser Mittel nicht die Beachtung der Bestimmungen des Arzneibuches vorausgesetzt haben.

Der Hauptbeweis dafür, dass die Bereitungsvorschriften des Arzneibuches nicht für die Drogisten irgend wie bindend sind, wird u. a. auch dadurch geliefert, dass das für Drogisten freigegebene Bleiwasser einen Gehalt von höchstens 2 Gewichtsteilen Bleiessig in 100 Teilen der Mischung haben darf. In dem Arzneibuche findet sich aber Bleiwasser, das genau dem Gewichtsverhältnisse entspricht, welches für den Maximalgehalt des den Drogisten freigegebenen Bleiwassers verordnet ist. Diese Bestimmung würde gar keinen Sinn haben, wenn die Drogisten überhaupt an die Bereitungsvorschriften der Reichspharmakopoe gebunden wären.

Ebenso wird unter Ziffer 5 „flüssige Gemische und Lösungen" als Ausnahme Karmelitergeist angeführt, während der Spiritus Melissae compositus (Karmelitergeist) des Arzneibuches weder ein flüssiges Gemisch noch eine Lösung sondern ein Destillat ist.

Für das Verzeichnis B ist diese Ansicht von vornherein einleuchtend, da andernfalls nur die offizinellen Drogen, d. h. z. B. nur die vom Arzneibuch akzeptierte Sorte China- und Sarsaparillrinde, nicht aber die zahlreichen anderen Handelssorten geschützt wären.

Haben die Anforderungen, die das Arzneibuch an die Beschaffenheit der Mittel stellt, somit weder für das Verzeichnis A noch das Verzeichnis B Bedeutung, so können gleichwohl die in der Pharmakopoe gegebenen Definitionen allgemeiner Begriffe (Ätzstifte, Pflaster) da, wo sie sich mit den im Verkehr allgemein gebräuchlichen decken, zur Erläuterung herangezogen werden.

Die Vorschriften dagegen, nach denen die freigegebenen Mittel angefertigt werden, sind in das Belieben der Drogisten gestellt und werden so lange nicht zu beanstanden sein, als das fertige Präparat noch die Bezeichnung, die es trägt, verdient. Wie weit das der Fall ist, wird sich meist nur im einzelnen feststellen lassen. Die freigegebenen einfachen Tinkturen dürfen z. B. immer nur einen Auszug lediglich aus der betreffenden Pflanze oder Droge mit irgend einem alkoholischen Menstruum darstellen. Welcher Teil der Pflanze, welche Handelssorte der Droge oder welcher Alkohol (starker, schwacher, geätherter) verwendet wird, ist gleichgültig. Andere Zusätze arzneilicher Art oder das gleichzeitige Ausziehen weiterer Drogen sind nicht gestattet.

Mischungen freigegebener Mittel.

Eine weitere wichtige allgemeine Frage ist die, ob es den Drogisten erlaubt ist, die freigegebenen Mittel auch in Mischungen untereinander zu verkaufen, oder ob derartige Mischungen wieder als verbotene Zubereitungen zu gelten haben. Die Gerichte haben ausnahmslos in letzterem Sinne erkannt:

K.G. 12. Juli 1894.

Die Feststellung der Berufungsinstanz, dass Angeklagter in dieser Zeit aus seinem Geschäft ein flüssiges Gemisch aus offizineller Baldriantinktur und Hoffmannstropfen feilgeboten, rechtfertigt seine Bestrafung. Mit Recht nimmt der Vorderrichter an, dass dieses Gemisch, wenngleich Baldriantinktur ebenso wie Hoffmannstropfen an und für sich nach dem Verzeichnis A dem Verkaufe freigegeben seien, doch durch das Zusammenmischen beider Flüssigkeiten zu einer vom freien Verkehr ausgenommenen Zubereitung geworden sei.

O.L.G. München 24. Juli 1897.

Aloetinktur (Tinctura aloës) ist nach dem neuen deutschen Arzneibuche 2. Ausgabe von 1882 ein alkoholischer Auszug der Aloë (1 Teil Aloë auf 5 Teile Weingeist). Eine Verdünnung eines solchen flüssigen Auszuges kann ohne Veränderung seines Wesens nur durch eine Vermehrung jener Flüssigkeit, welche zur Extraktion des Pflanzenstoffes der Aloë verwendet wird, also nur durch Vermehrung des Weingeistes bewirkt werden, da nur in diesem Falle die wesentlichen Bestandteile der Aloëtinktur vorhanden bleiben, wenn auch das Verhältnis des Pflanzenstoffes zum Weingeist herabgemindert und der flüssige Auszug ein schwächerer wird. Wird dagegen der Aloëtinktur Wasser beigemischt, so kommt zu derselben ein fremder Stoff, weil Wasser zu deren Herstellung nicht verwendet wird. Eine solche Vermengung von Aloëtinktur und Wasser stellt somit ein flüssiges Gemisch dar im Sinne der Ziffer 5 des Verzeichnisses A zur kaiserlichen Verordnung vom 27. Januar 1890.

Ebenso hatte das O.L.G. Dresden unter dem 18. Juni 1888 bezüglich Engels Blütenhonig-Brustsaft, einer Mischung aus weissem Sirup und gereinigtem Honig entschieden.

In allen Fällen wird allerdings die tatsächliche Abgabe eines solchen Gemisches nicht strafbar sein. Wenn ein Drogist auf Verlangen eines Käufers mehrere lediglich einzeln nach einander geforderte Stoffe in ein und dasselbe Gefäss hineingiesst oder schüttet, so wird kein billig denkender Richter hierin die unerlaubte Abgabe eines verbotenen Gemisches sehen, da der Drogist nur einzelne Bestandteile ohne Rücksicht auf das sich aus ihnen ergebende Gemisch, das er am Anfang noch gar nicht kannte, abgegeben hat. Ob sie dabei statt in verschiedenen Gefässen oder Umhüllungen in ein und dasselbe gefüllt wurden, ist nur ein äusserer Umstand, der für die Beurteilung der vom Drogisten beabsichtigten Handlung gleichgültig ist. Anders dagegen, wenn er die Stoffe in der Absicht mischt, daraus ein neues Präparat zu komponieren. Dann sind die Bedingungen für eine Verletzung der Verordnung gegeben, und darum handelte es sich in den angeführten Urteilen.

Abgabe verbotener Zubereitungen in Einzelbestandteilen.

Die Frage, ob eine solche Abgabe zulässig ist, war früher streitig. Gerichtliche Entscheidungen darüber lagen vor:

O.L.G. Dresden 29. Januar 1894.

Der Angeklagte hat die einzelnen Päckchen nicht als Einzelsachen, sondern als zu vermischende Substanzen, woraus eine Gesamtsache entstehen sollte, unter Beigabe einer hierauf abzielenden Gebrauchsanweisung für einen ungeteilten Kaufpreis verkauft. Unter solchen Umständen kann nichts darauf ankommen, ob der Verkäufer die Vermischung selbst vorgenommen oder dieselbe dem Käufer überlassen hat.

K.G. 24. März 1892.

Läuft die Handlungsweise des Angeklagten offensichtlich dem Zwecke der Allerhöchsten Verordnung entgegen, so kann sie auch nicht mit Erfolg auf dessen Wortlaut sich berufen. Der Wille des Angeklagten war auf Verkauf bezw. Feilhalten zum Zwecke eines solchen, von Brusttee gerichtet, und der Wille eines Käufers würde gleichfalls nicht dahin gegangen sein, Huflattig, Veilchenwurzel u. s. w. zu kaufen, von denen ihm kaum die Namen bekannt gewesen wären, geschweige denn, dass diese und in welchem Gewichtsverhältnisse zu einander Brusttee bilden, sondern dahin, das unter dem Namen Brusttee allgemein bekannte Gemenge verschiedener heilkräftiger Stoffe zu erhalten. Und in Übereinstimmung dieser beiden Willensrichtungen ist in der Tat auch von demjenigen, welcher den feilgehaltenen Karton zum Verkaufe fertiggestellt hat, ein Gemenge angefertigt worden. Denn er hat nicht beliebige Substanzen wahllos neben einander in irgend eine Hülle gepackt, sondern nur solche, welche, in der von ihm abgewogenen Menge zusammengesetzt, Brusttee ergeben. Hierbei muss es einflusslos bleiben, dass die von ihm gewollte letzte Vermengung, für die er alles bereit gestellt hat, und die nur noch ein Herausnehmen der Zwischenwände durch einen Handgriff erfordert, nicht durch ihn selbst geschehen, sondern dem Käufer überlassen worden ist. Solche, in ihrer Zusammensetzung ausgewählte, in ihren Verhältnismengen abgewogene Bestandteile, welche in gemeinsamer, die Einzelverpackungen zusammenfassender Hülle unter einem Namen feilgehalten werden, müssen daher als ein Gemenge im Sinne der Allerhöchsten Verordnung vom 27. Januar 1890 angesehen werden.

Besonders das K.G. hatte sich wiederholt zu diesem Rechtsgrundsatz bekannt. Es lagen weitere Urteile desselben vor: 16. Juni 1884, 1. März 1894, 2. August 1894, 1. Oktober 1894. In demselben Sinne lauteten ferner die folgenden Entscheidungen: O.L.G. Hamm 16. Juni 1887, 27. August 1888, 7. März 1889; O.L.G. Breslau 15. Dezember 1898; L.G. Stettin 21. Februar 1893; L.G. Flensburg 2. August 1893; L.G. Glogau 9. Dezember 1896.

Die Verordnung von 1901 hat sich nun selbst zu diesem Standpunkt bekannt, indem sie unter Ziffer 4 vom freien Verkehr ausschliesst: Gemenge, trockene, von Salzen oder zerkleinerten Substanzen oder von beiden untereinander, **auch wenn die zur Vermengung bestimmten einzelnen Bestandteile gesondert verpackt sind**. Sie hat diesen Vorbehalt lediglich an dieser einen Stelle gemacht, weil die Versuche, auf die genannte Weise die Verordnung zu übertreten, naturgemäss bei trockenen Substanzen am häufigsten waren. Es wäre jedoch verfehlt, wollte man annehmen, dass nunmehr nur bei Pulvern und Tees die Abgabe in Einzelbestandteilen verboten sei, nicht aber bei den übrigen Gruppen des Verzeichnisses A.

Man wird vielmehr ganz im Gegenteil den Schluss ziehen müssen, dass die Aufnahme dieser Bestimmung unter Ziffer 4 als Bestätigung der in den oben angeführten Urteilen niedergelegten allgemeinen Anschauungen über die Unzulässigkeit der Abgabe verbotener Arzneizubereitungen in Einzelbestandteilen anzusehen ist. **Demnach muss dieses Verfahren nicht nur für Ziffer 4, sondern für sämtliche Zubereitungen des Verzeichnisses A als unzulässig gelten.**

Aus dem jetzigen Wortlaute der Verordnung vom 22. Oktober 1901 folgt daher, dass die . Urteile derjenigen Gerichtshöfe, welche in dieser Frage entgegengesetzt entschieden hatten (O.L.G. Köln 18. Februar 1887, 17. April 1889, 3. September 1891, 1. Dezember 1893, 21. August 1901; O.L.G. Jena 11. Oktober 1887, 17. September 1898; O.L.G. Celle 6. Juni, 1896, 18. Juni 1898; L.G. Hagen 21. Dezember 1893) eine Bedeutung nicht mehr besitzen.

Abgabe verbotener Zubereitungen in erlaubten Formen.

Ausser der Abgabe in einzelnen Bestandteilen ist noch ein anderer Weg beschritten worden, um verbotene Zubereitungen verkäuflich zu machen, d. i. ihre Einkleidung in nicht geschützte Zubereitungsformen, z. B. medikamentöse Biskuits, mit Arzneimitteln gefüllte Schokoladenbohnen, Bonbons, Karamellen, Pralinés und Pasten.

Bildet eine solche Zubereitung lediglich eine etwas modifizierte Form, in der eine durch Verzeichnis A dem freien Verkehr entzogene arzneiliche Zubereitung den einzigen oder hauptsächlichsten Bestandteil bildet, und in welcher dieselbe im wesentlichen unverändert wieder erscheint, so wird, da es sich in diesem Falle nur um einen verschleierten Verkauf eines verbotenen Mittels handelt, die Bestimmung des § 1 ebenso anwendbar sein, als wenn die betreffende Zubereitung nicht erst in die andere erlaubte Form gekleidet wäre. Die Rechtslage ist also für Zubereitungen, welche ihrerseits Arzneiformen des Verzeichnisses A inkorporiert enthalten, genau dieselbe, wie sie (auf Seite 46) für Zubereitungen, die Stoffe des Verzeichnisses B enthalten, dargelegt worden ist. Die verbotene Zubereitung kann durch Einkleidung in eine nicht geschützte Form nicht zu einer erlaubten Zubereitung werden.

Aus diesem Grunde können auch die **Brustpulverbiskuits**, die nichts anderes als eine Darreichung des verbotenen Brustpulvers in etwas modifizierter Form darstellen, nicht als freigegeben gelten, trotzdem das einzige Urteil, das darüber bekannt geworden ist, durch strikte Anlehnung an den Wortlaut zu einem entgegengesetzten Resultat gelangt ist. Dieses Urteil lautet:

O.L.G. Hamburg 30. Mai 1901.

Das hier fragliche Brustpulver gehört nach der unwidersprochenen Behauptung des Angeklagten nicht zu den Drogen und Präparaten des Verzeichnisses B. Sein Verkauf ist daher freigegeben, wenn er nicht unter der Bezeichnung als Heilmittel geschieht oder zwar unter dieser Bezeichnung, aber nicht in einer der im Verzeichnis A genannten Zubereitungsformen. Nun ist das Brustpulver nach den Feststellungen der Vorinstanzen allerdings ein „trockenes Gemenge" im Sinne des Verzeichnisses A No. 4, allein die Zubereitung, in der das Brustpulver hier in den Brustpulverbiskuits erscheint, ist nicht die eines trockenen Gemenges, sondern es ist das Pulver durch den Prozess des Verbackens mit einem Brotteig ein nicht unterscheidbarer Teil eines neuen gleichmässigen Präparates geworden, das unter keine der im Verzeichnis A genannten Zubereitungen fällt, mag man nun unter „Zubereitung" den Herstellungsprozess, das Verbacken, oder das Produkt, das Biskuit, verstehen. In der hier vorliegenden Form der Zubereitung darf das Brustpulver daher als Heilmittel auch ausserhalb der Apotheken feilgehalten und verkauft werden.

Aus den obigen Erörterungen ergibt sich zur Genüge, weshalb diese Auslegung der Verordnung für die Praxis zu eng ist.

Abkochungen und Aufgüsse. Ätzstifte. 67

Die Zubereitungen des Verzeichnisses A.
1. Abkochungen und Aufgüsse (decocta et infusa).
Abkochungen und Aufgüsse sind, vom gesetzlichen Standpunkte aus betrachtet, dasselbe, nämlich durch kürzeres oder längeres Kochen resp. Brühen hergestellte Auszüge aus Pflanzen oder Drogen. Auf das zum Ausziehen verwendete Menstruum kommt es nicht an. Deshalb gehören sowohl wässrige Flüssigkeiten, wie der Wiener Trank, das Zittmannsche Dekokt, die wässerige Rhabarbertinktur, wie auch gekochte Öle, Bilsenkrautöl, Chamillenöl, Johanniskrautöl, hierher. Ebenso sind, wie das preussische O.V.G. durch Urteil vom 3. März 1900 feststellte, die sog. Glünickeschen Heilsäfte als Abkochungen und Aufgüsse im Sinne der Verordnung anzusehen.

---

2. Aetzstifte (styli caustici).
Ätzstifte sind nach dem Arzneibuch Stifte oder Stäbchen, welche je nach Art des Stoffes und nach dem Zwecke durch Drehen oder Schleifen von Krystallen, durch Ausgiessen oder Aufsaugen geschmolzener Substanzen in Formen oder Röhren, sowie durch Kneten oder Ausrollen bildsamer Massen hergestellt werden. Hauptsächlich werden hier Stifte aus Höllenstein, Kupfervitriol, Alaun, Kali caustic,, Cupr. alumin., Jodoform, Ferr. sesquichlor., Zinc. chlorat., Resorcin, Naphtol in Betracht kommen.
Ein Urteil des L.G. Stolp vom Jahre 1898, dass Höllenstein in Stangenform, die gebräuchliche Handelsform und daher dem freien Verkehr nicht entzogen sei, beruht auf Verkennung des Zweckes des Verzeichnisses A im Verhältnis zum Verzeichnis B. Ebenso wie freigegebene Drogen und Chemikalien lediglich durch Pressung in Tablettenform zu nicht freigegebenen werden, wird der sonst dem freien Verkehr überlassene Höllenstein durch Ausgiessen in Stiftform zu einer Monopolware der Apotheken. Gerade auf die Form kommt es dabei an, mag diese eine Handelsform sein oder nicht.
Mückenstifte gehören nicht zu den Ätzstiften, sind ausserdem keine Mittel zur Beseitigung oder Linderung von Krankheiten, da sie nur die Abhaltung der Insekten bewirken sollen, müssen daher als freigegeben gelten, ebenso natürlich die zu technischen Zwecken dienenden Tintenstifte aus Oxalsäure. Die sog. Froststifte dürften meist nichts anderes sein als in längliche Form gebrachte Salben und daher unter Ziffer 10 fallen.
Zweifelhaft ist die Frage, ob Mentholstifte (die sog. Migränestifte) zu den Ätzstiften zu rechnen sind. Das O.L.G.

5*

Breslau hat am 15. März 1898 die Frage bejaht, während sie das L.G. Stolp im Jahre 1898 wohl mit grösserer Berechtigung verneinte. Auch Kampherstifte dürfen ausserhalb der Apotheken als Heilmittel feilgehalten werden (St.K. b. A.G. Lauenburg 11. März 1898).

3. Auszüge in fester oder flüssiger Form (extracta et tincturae).

Auszüge sind bei gewöhnlicher oder mittlerer Temperatur durch längeres oder kürzeres Ausziehen einer Droge mittels irgend eines flüssigen Menstruums hergestellte Zubereitungen, die nach der durch Abgiessen oder Filtrieren erfolgten Trennung des Menstruums von der Droge entweder unverändert (Tinkturen) oder in mehr oder weniger eingedicktem Zustande (Extracte) abgegeben werden. Bei den Extrakten unterscheidet das Arzneibuch dünne, welche in ihrer Konsistenz dem frischen Honig gleichen, dicke, welche erkaltet sich nicht ausgiessen lassen und trockene, welche sich zerreiben lassen.

Dazu kommen die Fluidextrakte, die äusserlich den Tinkturen gleichen, sich aber durch die erfolgte Einengung des Auszuges als Extrakte darstellen. Da es auf die Art der zum Ausziehen benutzten Flüssigkeit nicht ankommt, fallen unter die Tinkturen auch die Arzneiweine, wie China- und Condurangowein (soweit sie nicht wie Pepsinwein Lösungen sind), ferner die Elixiere, meist Auszüge, in denen dann ein Extrakt aufgelöst ist (so besonders Pomeranzenelixier, während bitteres Elixier und Brustelixier nach dem Arzneibuche Lösungen sind), sowie diejenigen homöopathischen und anderen Essenzen, die sich als Auszüge erweisen. Ein Teil der ersteren stellt sich indessen nur als flüssige Mischungen dar und fällt demnach unter Ziffer 5.

Die sog. Kräuterbitter, Kräuterweine, Magenbitter, Magenessenzen, sofern ihnen auf der Etikette heilkräftige Eigenschaften beigelegt, sie also als Heilmittel verkauft werden, müssen sämtlich als „Tinkturen" im Sinne der Verordnung vom 22. Oktober 1901 betrachtet werden, deren Feilhalten und Verkauf ausserhalb der Apotheken nicht gestattet ist. Andererseits sind diejenigen Tinkturen, welche sich wie Tinct. ferri acet. aetherea, Tinct. ferri chlorati aetherea oder Tinct. Jodi als Lösungen erweisen, trotz ihrer Bezeichnung nicht zu den Tinkturen, sondern zu den Lösungen, Ziffer 5, zu rechnen. Diejenigen Zahn-, Mund- oder Haarwässer, welche zur Reinigung oder Pflege der Zähne, der Mundhöhle oder der Kopfhaut dienen und gleichzeitig in irgend welcher Beziehung eine heilende Wirkung ausüben sollen, fallen unter keine Ziffer des Verzeichnisses A, sondern sind als kosmetische Mittel nach § 1 Abs. 2 freigegeben. Das trifft aber nicht zu bei Zahntropfen und Zahntinkturen, die als Mittel gegen Zahnschmerzen dienen sollen. Diese sind, soweit es sich um Auszüge handelt nach Ziffer 3, soweit Lösungen und Mischungen in Frage kommen nach Ziffer 5 dem freien Verkehr entzogen.

Dagegen ist es schwierig, die Destillate und zwar sowohl die wässerigen, wie Fenchel- und Pfefferminzwasser, als auch die spirituösen, wie Wachholdergeist und ähnliche unter eine dieser Zubereitungsformen zu bringen.

Die Verordnung nennt als dem freien Verkehr entzogene flüssige Arzneiformen nur folgende:

Decocta et Infusa (Abkochungen und Aufgüsse),

Extracta et Tincturae (Auszüge),

Mixturae et Solutiones (Gemische und Lösungen, einschliesslich Balsame, Honigpräparate und Sirupe).

Die frühere Verordnung vom 4. Januar 1875 enthielt (Ziffer 16) ausdrücklich die Kategorie „Ätherische, wässerige, spirituöse und weinige Auszüge", während die Verordnung vom 27. Januar 1890 in dem Streben nach Kürze statt dessen nur „Auszüge in fester und flüssiger Form" aufgenommen hatte. Hätte sie sich damit beschieden, so wäre die Möglichkeit, Destillate hier unterzubringen, immer noch gegeben: indem sie aber durch Beifügung der lateinischen Bezeichnungen „extracta et tincturae" den Begriff des „Auszuges" ausdrücklich auf diese beiden Kategorien einengte, nahm sie die in Rede stehenden Präparate, die man doch nun einmal pharmaceutisch nicht unter die Tinkturen rechnen kann, aus der Verordnung heraus. Danach hat auch das königlich sächsische Landesmedizinalkollegium ein Gutachten abgegeben, wonach Destillate nicht zu den dem freien Verkehr entzogenen Arzneiformen gehören und diese Ansicht wie folgt begründet:

Sächs. Landes-Med.-Kollg. 4. März 1891.

. . . . . Dieser Ansicht muss sich das Kollegium allerdings anschliessen, da es nicht annehmen kann, dass die Destillate bei Ausarbeitung dieser Verordnung einfach übersehen worden seien. Im Gegenteil lässt sich mit Sicherheit darauf schliessen, dass dieselben absichtlich weggelassen worden sind, um das Destillieren, was auch bei der Likörfabrikation in Anwendung kommt, nicht als eine Zubereitungsweise hinzustellen, welche nur zur Herstellung pharmaceutischer Präparate gebräuchlich sei. Das Destillieren gewisser Vegetabilien mit Spiritus und Wasser wird, wie schon erwähnt, zur Darstellung von Likören als: Kirschwasser, Enzian-, Wachholderlikör etc., aber auch zur Bereitung kosmetischer Präparate, z. B. destillierten Rosen-, Orangeblütenwassers etc. angewendet. In derselben Weise werden aber auch Melissengeist, Wachholderspiritus, Bittermandelwasser, Kirschlorbeerwasser u. a. m. in den Apotheken bereitet, indem man die Vegetabilien mit Wasser und Spiritus einer Destillation unterwirft.

Es geht daraus hervor, dass die meisten Destillate ausser zu medizinischen Zwecken auch noch zu Genuss- und kosmetischen Zwecken dienen können mit Ausnahme von Bittermandel-, Kirschlorbeer, und Opiumwasser, welche man aus diesem Grunde auch, da man Destillate jedenfalls nicht als spezifisch pharmaceutische Zubereitungsformen ansprechen wollte, in Tabelle B der kaiserlichen Verordnung vom 27. Januar 1890 untergebracht hat.

An diesen Verhältnissen hat die Verordnung vom 22. Okt. 1901 nichts geändert.

Die starkwirkenden Destillate: Aqua Amygd., Aq. Laurocerasi und Aq. Opii sowie Aqua vulneraria spirituosa sind dagegen durch Aufnahme in das Verzeichnis B besonders geschützt. Die ebenfalls durch Destillation gewonnenen ätherischen Öle stellen keine Zubereitungen im Sinne des § 1, sondern Drogen dar, deren Freigabe nur nach § 2 resp. Verzeichnis B zu beurteilen ist. Die sog. künstlichen destillierten Wässer, die aus ätherischen Ölen oder Essenzen bereitet werden, fallen dagegen nicht unter den Begriff der Destillate, sondern sind durch Ziffer 5 als flüssige Mischungen, sofern sie zu Heilzwecken dienen, geschützt.

Über einzelne Zubereitungen sind folgende Entscheidungen bekannt geworden:

Extractum Filicis gegen Bandwurmleiden darf ausserhalb der Apotheken nicht an andere überlassen werden. (L.G. Hamburg, 27. März 1901.)

Dr. Fernestsche Lebensessenz ist kein Genussmittel, sondern ein dem freien Verkehr entzogenes Heilmittel. (L.G. Cöslin 1898.)

Lebensessenz und Hienfongessenz fallen unter die im Verzeichnis A den Apotheken vorbehaltenen Zubereitungen (L.G. Görlitz 9. März 1899.)

Kolikessenz für Tiere, ein alkoholischer Auszug von Asa foetida fällt unter Ziffer 3 des Verzeichnisses A und darf nur in Apotheken abgegeben werden. (Bad. Minist. d. Innern 29. November 1893.)

Eduard Sachsscher Magen- und Lebenslikör, rhabarberhaltig, ist kein Genussmittel, sondern eine zu Heilzwecken dienende Tinktur (A.G. Breslau 25. November 1889.)

Stoffels Zahnschmerzstiller, eine Auflösung von Pfefferminzöl und Nelkenöl in Alkohol ist kein Destillat, sondern eine den Apotheken vorbehaltene arzneiliche Zubereitung. (L.G. Regensburg 12. Juli 1900.)

Ullrichs Kräuterwein und Lücks Präparate sind auch als Hausmittel dem freien Verkehr nicht überlassen. (K.G. August 1900.)

Der Ullrichsche Kräuterwein ist nicht nur als Geheimmittel, sondern auch als eine dem freien Verkehr nicht überlassene Arzneimischung anzusehen. (K.G. 7. Februar 1901.)

Ullrichs Kräuterwein ist ein weiniger, spirituöser und wässeriger Auszug, welcher als Heilmittel nur in Apotheken feilgehalten oder verkauft werden darf. (Sächs. Landes-Med.-Kolleg.)

Ausgenommen, also dem freien Verkehr überlassen, sind:
1. Arnikatinktur. Sie kann aus Blüten oder Wurzeln oder beiden zugleich bereitet sein.
2. Baldriantinktur, auch ätherische. Durch den Zusatz „auch ätherische" hat die Verordnung von 1901 die Freigabe der ätherischen Baldriantinktur rechtlich festgelegt. Dass schon unter dem einfachen Begriff „Baldriantinktur" in der früheren Verordnung von 1890 auch die ätherische mit zu verstehen war, ist durch die Urteile des O.L.G. Königsberg vom 14. März 1898 und O.L.G. Frankfurt a. M. vom 6. Januar 1898 bestätigt worden.
3. Benediktineressenz. Dient in der Regel zur Likörfabrikation, darf aber auch als Heilmittel ausserhalb der Apotheken verkauft werden.
4. Benzoëtinktur. Jede Sorte Benzoë, natürliche wie künstliche, kann zur Darstellung der Tinktur verwendet werden. Nicht freigegeben ist jedoch die unter dem Namen Jerusalemer Balsam bekannte Tinktura Benzoës composita, welche ausser Benzoë auch Aloe, Perubalsam, Tolubalsam und andere Bestandteile enthält.
5. Bischofessenz. Dürfte fast in allen Fällen nur als Genussmittel verkauft werden.
6. Eichelkaffeeextrakt wird bisweilen gegen Diarrhoe angewendet.
7. Fichtennadelextrakt. Als Zusatz zu Bädern ist diese Zubereitung bereits durch § 1 Abs. 3 generell freigegeben.
8. Fleischextrakt. Fleischextrakte mit arzneilichen Zusätzen sind nicht freigegeben. Dagegen müssen die Peptone zu den Fleischextrakten gezählt werden.
9. Himbeeressig. Durch Ausziehen von Himbeeren mit Essig bereitet. Die Aufzählung des Himbeeressigs unter den freigegebenen „Tinkturen" lässt erkennen, dass die Verordnung den Begriff der „Tinktur" nicht in dem engen Sinne der Pharmakopoe gefasst, sondern dass es jeden flüssigen „Auszug" im allgemeinen darunter verstanden wissen will.
10. Kaffeeextrakt wird kaum als Heilmittel in Betracht kommen.
11. Lakritzen (Süssholzsaft), auch mit Anis. Süssholzsaft (Succus Liquiritiae) kommt in Stangenform, als Pulver und als dickes Extrakt in den Handel. In kleinen dünnen Stäbchen mit Zusatz von Anis heisst es Cachou.

12. **Malzextrakt, auch mit Eisen, Lebertran oder Kalk.**
Welches Eisen- oder Kalkpräparat dem Malzextrakt zugesetzt wird, ist gleichgültig; nur darf es natürlich nicht eine Verbindung wie z. B. Jodeisen sein, in der das Eisen erst in zweiter Reihe in Betracht kommt. Auch mehrere der gestatteten Zusätze gleichzeitig sind nicht zu beanstanden. Andere Malzextrakte, wie mit Chinin und dergl. sind dagegen nicht freigegeben. Als reines Malzextrakt ist nach einem Urteil des L.G. Breslau vom 10. November 1882 auch das Präparat „Huste nicht" anzusehen und demgemäss freigegeben.
13. - **Myrrhentinktur.** Wird meist als Zusatz zu Mundwasser verwendet.
14. **Nelkentinktur.** Aus Gewürznelken. Dient in der Regel zur Likörfabrikation.
15. **Teeextrakt aus den Blättern des Teestrauches.** Ein Auszug aus anderen Teilen des Teestrauches wäre also als Heilmittel nicht freigegeben. Dass die Verordnung in diesem einen Fall einen bestimmten Pflanzenteil, aus dem der Auszug hergestellt sein muss, präzisiert, beweist, dass bei den übrigen Ausnahmen eine ähnliche Beschränkung nicht beabsichtigt ist.
16. **Vanillentinktur.** Ist wie Nelkentinktur meist nur ein aromatisches Geschmackskorrigens.
17. **Wachholderextrakt.** Hierunter wird gewöhnlich ein aus den Beeren bereitetes sog. Wachholdermuss (Succus Juniperi inspissatus) verstanden. Natürlich sind auch andere Wachholderextrakte zulässig.

---

4. Gemenge, trockene, von Salzen oder zerkleinerten Substanzen, oder von beiden unter einander auch wenn die zur Vermengung bestimmten einzelnen Bestandtheile gesondert verpackt sind (pulveres, salia et species mixta), sowie Verreibungen jeder Art (triturationes).

Hierunter sind zu verstehen:

a) trockene Gemenge von mindestens zwei Salzen unter einander (salia mixta);

b) trockene Gemenge von mindestens zwei zerkleinerten Substanzen unter einander (species mixtae);

c) trockene Gemenge von mindestens einem Salz mit mindestens einer zerkleinerten Substanz (pulveres mixti).

Trockene Gemenge von Salzen oder zerkleinerten Substanzen. 73

Die lateinischen Bezeichnungen dienen auch hier nur zur allgemeinen Erläuterung und sind mit den deutschen Begriffen keineswegs identisch oder für dieselben erschöpfend. So werden Gemenge zerkleinerter Substanzen unter einander sich sehr oft als pulveres mixti darstellen, ebenso wie Gemenge von Salzen und zerkleinerten Substanzen sich andererseits als species mixtae erweisen können. Zu beachten ist, dass die Verordnung nur von zerkleinerten Substanzen spricht, so dass sowohl Gemische nicht zerkleinerter Substanzen unter einander z. B. von Ebereschen und Wachholderbeeren, wie auch Gemenge eines Salzes mit nicht zerkleinerten Substanzen, also z. B. von Natr. bicarbonic. mit Weizenstärke nicht zu beanstanden sind.

O.L.G. München 9. Februar 1895.

Das Verzeichnis A führt in Ziffer 4 Gemenge von zerkleinerten Substanzen auf und verweist demnach ein Gemenge von Substanzen in nicht zerkleinertem Zustande bezüglich des Verkaufs nicht ausschliesslich in die Apotheken. Eine Verurteilung kann mithin nur erfolgen, wenn in dem von dem Angeklagten verabreichten Tee jedenfalls eine Substanz in zerkleinertem Zustand gemengt worden ist.

Bei den Pulvern handelt es sich natürlich nur um gemischte Arzneipulver, also Mischungen von solchen, während einfache Pulver, welche im Verzeichnis B der Verordnung nicht aufgeführt sind, z. B. Tartarus depuratus, Natr. bicarbonicum oder Pulvis radicis Liquiritiae dem freien Verkehr überlassen sind. Auch abgeteilt dürfen diese Substanzen im freien Verkehr verabfolgt werden, jedoch nur in Papierkapseln, aber nicht in Oblaten. Dagegen sind auch ungemischte Pulver von Substanzen, welche im Verzeichnis B der Verordnung aufgeführt sind, z. B. Rhabarberpulver, Jalapenpulver, den Apotheken vorbehalten, denn Rhabarber bleibt immer Rhabarber, gleichviel ob er in Substanz oder als Pulver abgegeben wird.

Über Zahnpulver gilt dasselbe, was auf S. 68 über Zahnwasser gesagt war.

Die Abgabe trockener Gemenge in gesonderten Einzelbestandteilen, die besonders häufig bei Brusttee von Drogisten versucht wurde, ist durch die Verordnung vom 22. Oktober 1901 ausdrücklich verboten. Dies Verbot muss, wie auf S. 65 erörtert wurde, auch für die übrigen Positionen des Verzeichnisses A als massgebend angesehen werden.

Unter Verreibung ist in der Regel das durch Reiben bewirkte Verteilen einer Flüssigkeit in einer pulverförmigen Substanz zu verstehen, wobei das Ergebnis ein trockenes Pulver bleiben muss. Dahin gehören die Ölzucker sowie die aus Flüssigkeiten hergestellten **homöopathischen Verreibungen.** Aber auch die gleichmässige Verteilung einer sehr kleinen Menge eines Pulvers in einer um vieles grösseren pflegt man als Verreibung zu bezeichnen. Auf Zubereitungen dieser Art kann aber ebensogut der Begriff der trockenen Gemenge Anwendung finden. Unter die Ziffer 4 fallen demnach sämtliche homöopathischen Verreibungen.

Bei *homöopathischen Arzneimitteln* wird bisweilen der durch nichts begründete oder auch nur entfernt angedeutete Einwand erhoben, dass sich die Verordnung nur auf allopathische Arzneimittel beziehe. Es wurde bereits bei § 1 der Verordnung, nach welchem es keinen Unterschied macht, ob die Zubereitungen aus heilkräftigen Stoffen bestehen oder nicht, darauf hingewiesen, dass durch diesen Zusatz jeder Zweifel über die Zugehörigkeit aller homöopathischen Arzneien zu den Heilmitteln im Sinne der Verordnung ausgeschlossen sei. Dieselbe Anschauung hat schon das vormalige preussische Ober-Tribunal in einem Urteil vom 19. April 1872 und das O.L.G. München unter dem 15. Mai 1880 ausführlich begründet.

In demselben Sinne spricht sich auch das folgende Erkenntnis aus:

O.L.G. Stuttgart 12. Juli 1893.

Homöopathische Verreibungen und Verdünnungen, welche über die dritte Dezimalpotenz hinausgehen, dürfen zwar in Apotheken ohne ärztliches Rezept abgegeben werden, sind aber keineswegs dem freien Verkehr überlassen.

Auch in letzter Zeit hat sich ein O.L.G. mit der Frage der homöopathischen Mittel beschäftigt.

O.L.G. Breslau 21. Mai 1901.

Das Berufungsgericht stellt — auf Grund sachverständigen Gutachtens — einwandfrei fest, dass Akonit ein trockenes Gemenge, Sylphitum ein flüssiges Gemisch sei, und dass daher die kaiserliche Verordnung, betreffend den Verkehr mit Arzneimitteln, vom 27. Januar 1890 auf diese Mittel Anwendung finde, weil Gemenge oder Gemische in Nr. 4 bezw. Nr. 5 des der erwähnten Verordnung beigegebenen Verzeichnisses bezeichnet seien. Da nun das Verzeichnis in der Tat als dem freien Verkehr entzogene Heilmittel „trockene Gemenge von Salzen oder zerkleinerten Substanzen oder von beiden untereinander" sowie „Gemische" hinstellt, ist die Subsumption der festgestellten Tatsachen unter § 367^3 St.G.B. gerechtfertigt. Ein Unterschied zwischen homöopathischen und allopathischen Mitteln ist in der Verordnung nicht aufgestellt.

Ebenso hatte das L.G. Liegnitz schon zweimal vorher am 23. Dezember 1899 sowie am 30. März 1901 entschieden.

Auch sämtliche Urteile, die über homöopathische Zuckerkügelchen ergangen und bei Ziffer 9 aufgeführt sind, haben die

Homöopathische Arzneimittel. 75

Zugehörigkeit derselben zu den dem freien Verkehr entzogenen Mitteln festgestellt.

Ein Zweifel über die rechtliche Stellung der homöopathischen Mittel ist umsoweniger möglich, als eine genaue begriffliche **Unterscheidung zwischen homöopathischen und allopathischen Arzneimitteln** bis jetzt nicht vorhanden ist. Ein Urteil der Strafkammer in Düsseldorf vom 2. Juli 1898 sagte:

L.G. Düsseldorf 2. Juli 1898.

Aus den sich widersprechenden Gutachten der Sachverständigen hat das Gericht die Überzeugung gewonnen, dass die Arzneikunde zu einer endgültigen Entscheidung der Frage noch nicht gelangt ist, ob die Abweichung von dem Dezimal oder Centesimalsystem bei der Zubereitung eines Arzneimittels diesem den Charakter eines homöopathischen nimmt und dasselbe — worauf es hier ankommt — zu einem allopathischen macht, auch wenn im Übrigen die Grundsätze der Homöopathie befolgt sind.

In dem Prozess gegen den homöopathischen Apotheker Dr. H. in Nürnberg wegen Überschreitung seiner Befugnisse führte das Schöffengericht Nürnberg am 28. März 1901 aus, „dass in allen Fällen, in welchen nach dem Rezept die Vermischung mehrerer Stoffe stattfindet, ein allopathisches Medikament vorliege".

Über einzelne Zubereitungen, welche unter Ziffer 4 des Verzeichnisses A fallen, sind folgende Entscheidungen bekannt geworden:

Dreikönigstee ist ein trockenes Gemisch im Sinne der Ziffer 4 des Verzeichnisses A der Verordnung und darf als Heilmittel nur in Apotheken feilgehalten oder verkauft werden. (L.G. Fürth 5. März 1901.)

Dr. Derrnehls Eisenpulver gehört zu den trockenen Gemengen im Sinne der Nr. 4 des Verzeichnisses A der kaiserlichen Verordnung. (K.G. 4. Februar 1899 und 18. Mai 1899.)

Eisensomatose ist dem freien Verkehr überlassen, da sie nicht als Zubereitung, sondern als chemisches Präparat aufzufassen ist. (Med. Kolleg. in Hannover 25. September 1900.)

Harzer Gebirgstee ist dem freien Verkehr nicht überlassen. (O.L.G. München 26. Januar 1901, L.G. Hamburg 28. Februar 1901 und O.L.G. Hamburg 11. Juli 1901.)

Kindertee ist ein Heilmittel (kein Genussmittel) und darf als solches nur in Apotheken feilgehalten und verkauft werden. (O.L.G. Breslau 22. September 1896.)

Lauerscher Gebirgstee darf nur in Apotheken verkauft werden. (L.G. Frankfurt a. M. 1898.)

Lücks Kräutertee ist dem freien Verkehr entzogen. (K.G. 11. Februar 1897.)

Makrobion und Viehnährsalz (ein Heilmittel gegen Tierkrankheiten) sind als Zubereitungen im Sinne der Ziffer 4 des Verzeichnisses A der kaiserlichen Verordnung anzusehen und dürfen als Heilmittel nur in

Apotheken feilgehalten oder verkauft werden. (L.G. Leipzig 22./29. April 1901.)

Mentholin (Menthol-Schnupfpulver) ist kein Erfrischungsmittel, sondern ein Heilmittel und desshalb dem freien Verkehr entzogen. (L.G. Prenzlau 1901 und L.G. Nürnberg 11. November 1898.)

Mentholschnupfpulver ist als Heilmittel dem freien Verkehr entzogen, als Genussmittel ihm überlassen. (L.G. Halberstadt 1. Oktober 1900.)

Tiroler Alpenkräutertee darf nur in Apotheken oder im Grosshandel verkauft werden. Die Abgabe desselben in Mengen von 6 Packeten an Privatpersonen zum Zwecke des Selbstverbrauchs ist nicht Gross-, sondern Kleinhandel. (L.G. Chemnitz 11. Juni 1900.)

Vitafer (Magnesiumsuperoxyd mit Brausepulver) ist ein trockenes Gemenge im Sinne der Ziffer 4 der Verordnung. (K.G. 10. Oktober 1901, 28. November 1901, L.G. Bremen 13. Dezember 1901.)

Webers Alpenkräutertee ist ein dem freien Verkehr nicht überlassenes Heilmittel. (O.L.G. München 30. Mai 1895, O.L.G. Colmar 3. März 1896, K.G. 30. Dezember 1901.)

Webers Alpenkräutertee ist, sofern er nicht als Heilmittel verkauft wird, dem freien Verkehr überlassen. (O.L.G. Breslau 16. Mai 1899, kaiserl. Rat in Els.-Lothr. 18. Juni 1898 und 6. Juli 1901.)

Ausgenommen, also dem freien Verkehr überlassen sind:
18. **Brausepulver aus Natriumbikarbonat und Weinsäure auch mit Zucker oder ätherischen Ölen gemischt. Dass die Verordnung hier die Bestandteile, welche das freigegebene Brausepulver enthalten darf, einzeln anführt, beweist von neuem, dass die Vorschriften des Arzneibuches für die Verordnung nicht bindend sind. Das abführende Brausepulver ist natürlich nicht freigegeben, wohl aber das englische Brausepulver, wie auch ein Urteil des A.G. Siegen vom 13. April 1897 bestätigte.**

Die Öle sollen offenbar nur zur Geschmacksverbesserung dienen. Deshalb ist es auffällig, dass die Verordnung hier nicht den gleichen Vorbehalt macht, wie später bei Salmiakpastillen und Tabletten, auch bei Brausepulvertabletten, nämlich dass die Geschmackszusätze nicht zu den Stoffen des Verzeichnisses B gehören dürfen. Dieselbe Lücke findet sich noch zweimal bei der Freigabe von Kapseln, welche Brausepulver der unter No. 4 angegebenen Art enthalten, sowie von Lebertran mit ätherischen Ölen. Das Verzeichnis B enthält mehrere ätherische Öle. Es müsste also anscheinend erlaubt sein, dieselben Brausepulver und Lebertran zuzusetzen. Da aber diese Öle als Geschmackszusätze überhaupt nicht in Frage kommen können, sondern nur Heilmittel sind, so würde ein solcher Versuch den Beweis liefern, dass es in dem Gemisch lediglich auf die Heilwirkung des ätherischen Öles abgesehen ist, und damit würde eine verbotene Zubereitung eines Mittels des Verzeichnisses B vorliegen. Bei Brausepulver verbietet sich dies Unternehmen ausserdem schon deshalb, weil dieses Mittel immer ein trockenes Pulver bleiben muss und daher grössere Zusätze von Ölen nicht verträgt.

19. **Eichelkakao, auch mit Malz.** Wird auch vielfach als Genuss- und Nahrungsmittel gebraucht.
20. **Hafermehlkakao.** Eine beliebte neuere Spezialität.
21. **Riechsalz.** Gehört mehr unter die Parfümerien als unter die Arzneimittel. Am bekanntesten ist das englische Riechsalz.
22. **Salicylstreupulver.** Eine Grenze für den Salicylsäuregehalt ist nicht angegeben.
23. **Salze, welche aus natürlichen Mineralwässern bereitet oder den solchergestalt bereiteten Salzen nachgebildet sind.**

Als solche Salze sind z. Z. im Handel: Aachener Salz, Assmannshäuser Salz, Baden-Badener Salz, Biliner Salz, Karlsbader Salz, Eger-Franzensbader Salz, Emser (Kränchen, Kessel- und Victoriabr.) Salz, Fachinger Salz, Friedrichshaller Salz, Haller Salz, Heilbronner Salz, Kissinger Salz, Krankenheiler Salz, Marienbader Salz, Mergentheimer Salz, Neuenahrer Salz, Ofener Salz, Püllnaer Salz, Pyrmonter Salz, Radeiner Salz, Saidschützer Salz, Salzbrunner Salz, Salzschlirfer Salz, Sedlitzer Salz, Sodener Salz, Tarasper Salz, Vichy-Salz, Wiesbadener Salz, Wildunger Salz.

Medizinische Brausesalze (brausendes Bromsalz, brausendes Coffeinsalz, brausendes Eisencitrat, brausendes Jodsalz, brausendes Lithiumkarbonat, brausendes Magnesiumcitrat, brausendes Magnesiumcitrat mit Eisen, brausendes Salicylsäuresalz) sowie sog. Mineralsalze, die keine natürlichen Vorbilder haben, gehören nicht mehr zu den freigegebenen Mineralwassersalzen, sondern zu den Arzneipulvern, deren Abgabe nur in Apotheken gestattet ist.

24. **Schneeberger Schnupftabak mit einem Gehalt von höchstens 3 Gewichtsteilen Nieswurzel in 100 Teilen des Schnupftabaks.**

Die Verordnung sagt ganz allgemein Nieswurzel. Es giebt deren drei: grüne von Helleborus viridis, schwarze von Helleborus niger und weisse von Veratrum album. In dieser Weise getrennt stehen dieselben u. A. auch im Giftgesetz. Zu Schneeberger Schnupftabak wird in der Regel Helleborus angewendet. Es kann aber nach dem Wortlaut der Bestimmung den Drogisten nicht verwehrt werden, auch Veratrum-Wurzel zu benutzen, was bisher sogar den Apothekern nicht erlaubt war, ihnen aber mit der Freigabe dieser Zubereitung ebenfalls gestattet ist (§ 2 der Bekanntmachung betreffend die Abgabe stark wirkender Arzneimittel). Menthol-Schnupfpulver (Mentholin) ist natürlich etwas ganz anderes als Schneeberger Schnupftabak und darum nicht freigegeben.

---

5. Gemische, flüssige, und Lösungen (mixturae et solutiones) einschliesslich gemischte Balsame, Honigpräparate und Sirupe.

Flüssige Gemische und Lösungen sind aus verschiedenartigen Bestandteilen bereitete Zubereitungen, die sich in der Regel in allen ihren Teilen im flüssigen Aggregatzustande befinden. Waren die verschiedenartigen Komponenten vor der Verarbeitung in dem gleichen Aggregatzustande, so ist das Ergebnis ein flüssiges Gemisch, waren sie in verschiedenen Aggregatzuständen, so ist es eine Lösung.

Aus dieser Definition folgt zunächst, dass unter den flüssigen Gemischen nur Mischungen verschiedenartiger Flüssigkeiten zu verstehen sind. Die Verdünnung einer wässerigen Lösung mit Wasser oder einer alkoholischen Tinktur mit Weingeist ist demnach nicht als flüssiges Gemisch anzusehen, da die in Frage kommenden Flüssigkeiten in diesen Fällen nicht verschiedenartig, sondern wesensgleich sind. In diesem Sinne wird man nachstehendes Urteil aufzufassen haben, bei dem es sich um verdünnte Salpetersäure handelt:

K.G. 9. Januar 1899.

Unter einem „flüssigen Gemisch" im Sinne der Nr. 5 des Verzeichnisses A zur kaiserlichen Verordnung ist nur die Verbindung zweier flüssiger, wirklich oder angeblich arzneilich wirkender Stoffe miteinander, nicht aber die Verdünnung eines solchen Stoffes durch Wasser zu verstehen. Lösung ist die Verwandlung eines festen Stoffes in einen flüssigen. Lösungen im Sinne der obigen Bestimmung sind daher Flüssigkeiten, welche entstehen, wenn eine feste Substanz in einer flüssigen ihren festen Zustand verliert.

Eine Vermischung einer spirituösen Tinktur mit Wasser würde dagegen, wie das Seite 63 abgedruckte Urteil des O.L.G. München vom 24. Juli 1897 beweist, nicht gestattet sein, ebenso wie das O.L.G. Rostock am 16. Dezember 1893 die Parfümierung einer Flüssigkeit durch Zusatz von ätherischen Ölen als eine Mischung im Sinne der Ziffer 5 erklärt hat.

Aus der Definition des Begriffs flüssige Gemische geht weiter hervor, dass unter denselben im Gegensatz zu den trockenen Gemengen der Ziffer 4 auch solche Mischungen trockener Substanzen zu verstehen sind, welche nach der Vereinigung ein flüssiges Produkt liefern, wie Mischungen von Chloralhydrat mit Kampfer oder von Menthol mit Kampfer. Demgemäss erklärte das K.G. am 10. Oktober 1901 Menthol-Kampfer als ein flüssiges Gemisch im Sinne der Ziffer 5 der Verordnung.

Die Definition bedarf noch in einem dritten Punkte der Erläuterung. Weder in der Verordnung selbst noch in der in dem obigen Urteil vom 9. Januar 1899 vom K.G. akzeptierten Begriffsbestimmung der Lösungen ist auch nur mit einem Wort darauf hingedeutet, dass Lösungen, bei deren Herstellung ausser der mechanischen „Auflösung" noch chemische Prozesse mitgewirkt haben, nicht unter die Zubereitungen des Verzeichnisses A fallen. Nur darauf, dass die Bestandteile vor der Verarbeitung sich in verschiedenen Aggregatzuständen befanden, und dass sie nach der Verarbeitung sämtlich in den flüssigen übergegangen sind, kommt es an, wie die Überführung erfolgen muss, ist nirgends vorgeschrieben. Chemische Prozesse hierbei auszuschliessen wäre schon deshalb ganz unmöglich, weil sich, wie die epochemachenden Entdeckungen der physikalischen Chemie lehren, selbst bei den allereinfachsten Lösungen oftmals chemische Vorgänge abspielen. Es wäre aber ebenso sinnlos, weil dann die Umgehung der Verordnung direkt herausgefordert würde, da man ja sehr viele einfache Lösungen auch durch chemische Umsetzungen erhalten kann, so z. B. eine Kochsalzlösung durch Einwirkung von Salzsäure auf Soda. Es lässt sich aber in doppelter Weise aus der Verordnung selbst der direkte Beweis erbringen, dass sie unter Lösungen im Sinne der Ziffer 5 auch die unter Mitwirkung chemischer Umsetzungen hergestellten Zubereitungen mit begreift. Einmal führt die jetzige Verordnung als Ausnahme Kalkwasser an. Dieses Präparat ist keine mechanische oder physikalische Lösung. Es wird bereitet aus gebranntem Kalk, CaO, und stellt eine Lösung von Calciumhydroxyd, $Ca(OH)_2$, dar, welches durch das Löschen aus dem Ätzkalk entstanden ist. Hier ist also der chemische Vorgang offensichtlich. Fielen solche Zubereitungen nicht unter Verzeichnis A, so könnte natürlich Kalkwasser nicht als Ausnahme genannt sein. Die zweite Begründung dieser Anschauung ergibt sich daraus, dass kein einziges derartiges Präparat im Verzeichnis B steht, während die frühere Verordnung vom 4. Januar 1875 sowohl Liquor ferri sesquichlorati wie auch Liquor Plumbi subacetici, beides durch chemische Einwirkung hergestellte Lösungen, daselbst aufgeführt hatte. Dies war jedoch damals nötig, weil die Verordnung im Verzeichnis A nur den engen Begriff „Mixturae medicinales" kannte. Mit demselben Augenblick, in dem sich dieser Begriff in der Verordnung vom 27. Januar 1890 zu dem umfänglicheren der „flüssigen Gemische und Lösungen" erweiterte, war die Aufnahme dieser Zubereitungen in das Verzeichnis B nicht mehr nötig, da sie nunmehr durch Verzeichnis A geschützt waren.

Also nur auf das tatsächliche Vorliegen einer Lösung, nicht auf die Art der Herstellung derselben kommt es an, ebenso wie es völlig irrelevant ist, ob sich beim Abdampfen derselben der gelöste Körper unverändert erhalten lässt oder nicht, was bisweilen als Kriterium für eine Lösung angegeben wird.

Demnach fallen hauptsächlich folgende Gruppen unter die flüssigen Gemische und Lösungen:

a) Alle flüssigen Arzneien von einem gewissen Quantum, zum innerlichen Gebrauch (Mixturen) wie sie der Arzt gewohnheitsmässig in den Apotheken zu verordnen pflegt (Lösungen oder Mischungen mit Zusätzen von Sirup u. dergl.).

b) Die sog. „Arzneitropfen", zum innerlichen Gebrauch, worunter man entweder eine Mischung mehrerer Tinkturen oder eine Auflösung von Extrakten, Alkaloiden (z. B. Morphium) in einem flüssigen Vehikel, in beiden Fällen in geringeren Mengen, ungefähr 10 bis 50 Grm., versteht.

c) Alle zusammengesetzten äusserlich anzuwendenden flüssigen Medikamente (Augenwasser, Einreibungen, Injektionen, Gurgelwasser, Zahntropfen etc.).

d) Die durch Mischen des ausgepressten Pflanzensaftes mit Alkohol hergestellten homöopathischen Essenzen und deren Verdünnungen (Potenzen) sowie Lösungen.

e) Alle flüssigen Arzneigemische (Mixturae), soweit sie nicht etwa unzweifelhaft zu den chemischen Präparaten und damit in das Verzeichnis B. gehören.

f) Diejenigen Wässer, Tinkturen und Weine, die sich als Mischungen oder Lösungen darstellen (Aqua und Tinct. Jodi, Tinct. Ferri chlorati aetherea, Vinum camphoratum, stibiatum etc., Pepsinwein ist ausgenommen).

g) Alle „Liquores", soweit sie sich als Mischungen oder Lösungen darstellen; alle flüssigen Eisenpräparate des Handels (Athenstädt, Drees, Gude, Kaysser, Lynke, Pizzala u. A.). Liquor ferri sesquichlorati ist flüssiges Eisenchlorid, Ferrichloridlösung (ferr. sesquichl. solutum), Liqu. Plumbi subacet. eine Lösung von

Bleihydroxyd in Bleiacetatlösung, Liquor Aluminii acetici eine Lösung von Aluminiumacetat. Diese drei Flüssigkeiten, ebenso wie Liq. Kalii arsenic. u. a. müssen daher zweifellos als „Lösungen" angesehen werden, die dem freien Verkehr entzogen sind. Liqu. Ammon. caust. als ein chemisches Präparat, muss dagegen als dem freien Verkehr überlassen betrachtet werden.

h) Die künstlichen Mineralwässer, welche nicht durch § 1 Abs. 2 ausgenommen sind. Die in den Handel kommenden flüssigen Geheimmittel und Spezialitäten zum innerlichen oder äusserlichen Gebrauch gehören ebenfalls z. T. in diese Rubrik, z. T. sind es Auszüge im Sinne der Ziffer 3.

Zu den flüssigen Gemischen und Lösungen gehören auch eine Anzahl Zubereitungen, die die Gerichte früher oft beschäftigt haben: Kreolin, Lysol, Kresolseifenlösung, Sapokarbol etc. Zweifellos handelt es sich bei ihnen, wie auch das K.G. am 25. Sept. 1900 und das O.L.G. Breslau am 27. Januar 1899 festgestellt haben, nicht um chemische Präparate, sondern um Zubereitungen im Sinne des Verz. A. Sie sind aber jetzt sämtlich als typische Desinfektionsmittel auch zu Heilzwecken gemäss § 1 Abs. 2 freigegeben. Dasselbe gilt für Karbolsäure, und zwar sowohl kristallisierte, wie flüssige und verdünnte, so dass sich damit die wiederholt von Gerichten u. a. vom O.L.G. Posen am 26. Juli 1889 und vom L.G. Bartenstein 17. März 1890 bejahte Frage, ob mit Wasser verdünnte Karbolsäure ein Gemisch sei, erledigt.

Dagegen können Liquor Aluminii acetici, Liquor Ferri sesquichlorati und Liquor Plumbi subacetici nicht als Desinfektionsmittel angesehen werden. Die Verordnung hat mit diesem Begriff, wie schon auf Seite 34 ausführlich dargelegt wurde, nur spezifische Desinfektionsmittel, die tatsächlich in der Praxis des alltäglichen Lebens zur Vernichtung krankheiterregender Bakterien in Gegenständen, Wohnräumen u. dergl. benutzt werden, treffen wollen, und diese Mittel auch gleichzeitig als Heilmittel freigegeben, nicht aber Präparate, wie essigsaure Tonerde, die lediglich in der Heilkunde zu Umschlägen, Verbandzwecken, Gurgelwasser u. dergl. angewendet werden, auch wenn sie hierbei eine bakterienhemmende Wirkung ausüben sollten. Als „Desinfektionsmittel" können diese nicht bezeichnet werden.

Zu beachten ist jedoch, dass zahlreiche flüssige Gemische und Lösungen in Form von Kopf-, Mund- oder Zahnwässern als Kosmetika freigegeben sind, und dass ein wichtiges, als Hühneraugenmittel jetzt freigegebenes Präparat, das Hühneraugencollodium, ebenfalls hierher gehört.

Gemischte Balsame sind Mischungen zum äusserlichen Gebrauch, von in der Regel dünnerer Konsistenz als Salben. Von den Arzneilinimenten unterscheiden sie sich durch ihre Basis, die meist Bals. peruv. (daher der Name) oder ein weingeistiger Auszug aus einem Harze (niemals Öl) zu sein pflegt. Reiner Perubalsam oder Copaivabalsam ist kein gemischter Balsam, daher unter diese Kategorie nicht fallend und weil im Verz. B. nicht aufgenommen, dem freien Verkehr überlassen. Eine Mischung von Peru- oder Copaivabalsam mit irgend einem anderen Stoff, z. B. Weingeist, würde dagegen als ein gemischter Balsam zu erachten und, wenn als Heilmittel verkauft, dem pharmaceutischen Debit zuzuweisen sein.

Honigpräparate sind mit Honig versetzte Abkochungen, Auszüge oder Lösungen. Mel depurat. ist kein Honigpräparat, sondern gereinigter Honig, der dem freien Verkehr nicht entzogen ist. Lücks Kräuterhonig und ähnliche derartige Präparate, welche Honig enthalten, gehören zu den Honigpräparaten, sind also dem freien Verkehr entzogen. Denn nur die mit Zucker eingekochten Obstsäfte, nicht die Honigpräparate, sind dem freien Verkehr überlassen. Rosenhonig, auch mit Borax, ist jetzt dem freien Verkehr überlassen.

Sirupe sind mit Zucker versetzte Abkochungen, Auszüge oder Lösungen. Das gemeinsame Merkmal für diese besonders hervorgehobenen drei Untergruppen ist ihre dickere Konsistenz gegenüber den anderen Lösungen und Gemischen.

Von den zu dieser Ziffer ergangenen Urteilen und Gutachten läuft ein grosser Teil auf die Definition des Begriffes Lösungen hinaus. Es handelt sich dabei um die Präparate Liquor Aluminii acetici, Liquor ferri albuminati, Liquor ferri sesquichlorati, Liquor Plumbi subacetici und Kollodium.

Liquor Aluminii acetici ist eine Lösung im Sinne des Verzeichnisses A der Verordnung. (O.L.G. Posen 21. November 1896, L.G. Darmstadt 29. Mai 1901.)

Liquor Aluminii acetici, Liquor Ferri sesquichlorati und Liquor Plumbi subacetici sind unter die Lösungen der kaiserlichen Verordnung zu rechnen. (Techn. Kommiss. f. pharm. Angeleg. 1897.)

Liquor Aluminii acetici ist keine Zubereitung, sondern ein freigegebenes chemisches Präparat. (O.L.G. Hamburg 28. Mai 1885, L.G. I Berlin 23. Januar 1902.)

Liquor Ferri alb., Ferri sesquichlor. und Plumbi subacetici sind ihrer Herstellungsweise nach nicht blosse chemische Präparate, sondern als Lösungen anzusehen, und dürfen demgemäss zu Heilzwecken und im Kleinverkehr nur in Apotheken feilgehalten oder verkauft werden. (Wiss. Dep. f. d. Med.-Wesen 1891.)

Liquor Ferri sesquichlorati ist als Lösung im Sinne des Ver-

Flüssige Gemische und Lösungen.

zeichnisses A der Verordnung vom 27. Januar 1890 anzusehen. (O.L.G. Breslau 15. August 1894, L.G. Elberfeld 1. Oktober 1895.)

Liquor plumbi subacetici darf als Heilmittel nur in Apotheken feilgehalten und verkauft werden. (K.G. 16. März 1896.)

Das Feilhalten von Bleiessig in einer Drogenhandlung ist als Übertretung der kaiserlichen Verordnung strafbar, wenn er als Heilmittel verkauft wird. (L.G. Neuwied, 27. Juni 1892.)

Bleiessig ist nicht nur seiner ausgedehnten Benutzung in der Technik halber, sondern auch, weil derselbe nicht durch blosse Umwandlung eines festen Körpers in den flüssigen Aggregatzustand, wie dies den Begriff der Lösung bildet, sondern durch chemischen Prozess dargestellt wird, freigegeben. (L.G. Barmen 16. Juni 1891.)

Kollodium ist, da es in den Verzeichnissen A und B der kaiserlichen Verordnung nicht enthalten ist, dem freien Verkehr überlassen. (Techn. Kommiss. f. pharm. Angeleg. 20. April 1897.)

Der allgemeine Gebrauch des Kollodiums stellt sicht nicht als der eines Heilmittels dar. Sein Verkauf ausserhalb der Apotheken ist daher nicht strafbar. (L.G. Schweidnitz 15. März 1899.)

Nach den ausführlich begründeten Darlegungen auf Seite 79 kann es nicht zweifelhaft sein, dass die sämmtlichen in den Urteilen erwähnten Präparate an sich zu den Lösungen gehören. Es liegt also eine Übertretung der Verordnung vor, sobald der Nachweis geführt ist, dass sie auch als Mittel zur Beseitigung oder Linderung von Krankheiten verkauft worden sind, was natürlich bei essigsaurer Tonerde und Eisenalbuminat meist ausser Frage stehen dürfte. Die Entscheidungen, welche zu einem anderen Resultat gelangt sind, sind entweder wie das Hamburger Urteil veraltet, oder beruhen auf Verkennung der Verordnung.

Über andere Zubereitungen sind folgende Urteile ergangen:

Engels Blütenhonig-Brustsaft, ein Gemisch aus weissem Sirup und gereinigtem Honig, ist als Honigpräparat dem freien Verkehr entzogen. (O.L.G. Dresden 18. Juni 1888.)

Feigenhonig ist als Heilmittel dem freien Verkehr entzogen, jedoch als Genussmittel freigegeben. (K.G. 15. März 1896.)

Hämatogen ist ein dem freien Verkehr nicht überlassenes Heilmittel. (O.L.G. Breslau 25. März 1901, O.L.G. Köln 27. Dezember 1900, O.L.G. Hamburg 11. Juli 1901, L.G. Hamburg 30. Juni 1900, Sächs. Landes-Med.-Kolleg. 1896, Techn. Kommiss. f. pharm. Angeleg. 1900.)

Auf Hämatogen und Bromwasser, wenn sie als Genussmittel, Nahrungs- oder Stärkungsmittel angeboten werden, findet die kaiserliche Verordnung nicht Anwendung. (L.G. Wiesbaden 18. Dezember 1900.)

Küpper-Essenz ist ein flüssiges Gemisch und daher dem freien Verkehr nicht überlassen. (K.G. 13. Mai 1901.)

Lücks Kräuterhonig gehört zu den im Verzeichnis A dem freien Verkehr entzogenen Heilmitteln. (L.G. Königsberg i. Pr. 6. Februar 1901, L.G. Köslin 1898, K.G. 11. Februar 1897.)

Mayers Brustsirup, ein aus Rettig hergestellter Arzneisirup, ist nicht freigegeben. (K.G. 2. Februar 1875, L.G. Aachen 11. Juli 1881.)

Rheinischer Traubenbrusthonig fällt nicht unter die Honigpräparate in der kaiserlichen Verordnung, weil er ausschliesslich aus in Zucker eingedicktem Traubensaft besteht. (L.G. Schneidemühl 30. Mai 1894 auf Grund eines Gutachtens des Gerichtschemikers Dr. Jeserich, Berlin.)

Romershausens Augenwasser als Erfrischungsmittel angewendet, ist dem freien Verkehr überlassen. (L.G. I Berlin 13. Januar 1900.)

Sublimatlösung zu Desinfektionszwecken (für Gruben oder Ställe) fällt nicht unter die kaiserliche Verordnung. (L.G. Essen 19. Mai 1897.)

Wiener Balsam ist dem freien Verkehr entzogen. (L.G. Görlitz 9. März 1899.)

Ausgenommen, also dem freien Verkehr überlassen sind:

25. Ätherweingeist (Hoffmannstropfen). Ein Gemisch von Äther und Alkohol.
26. Ameisenspiritus. Kann durch Destillation aus Ameisen oder durch Mischen von Ameisensäure mit Alkohol hergestellt werden. Im ersteren Falle bedurfte es keiner Ausnahme, da Destillate überhaupt frei sind. Gemeint ist deshalb der gemischte Ameisenspiritus.
27. Aromatischer Essig. Ein Gemisch von verdünnter Essigsäure mit ätherischen Ölen.
28. Bleiwasser mit einem Gehalte von höchstens 2 Gewichtsteilen Bleiessig in 100 Teilen der Mischung. Wären die Vorschriften des Arzneibuches massgebend, so hätte es dieser Begrenzung des Bleiessiggehaltes nicht bedurft. Als freigegeben ist nur das einfache Bleiwasser, nicht auch das sog. Goulard'sche Wasser, ein ca. 3—8 Prozent Weingeist enthaltendes Bleiwasser, anzusehen.
29. Eukalyptuswasser. Auch hier ist ein gemischtes Wasser gemeint.
30. Fenchelhonig. Mischung von gereinigtem Honig mit Fenchelöl oder einem Fenchelauszug.
31. Fichtennadelspiritus (Waldwollextrakt). Dient als Einreibung oder zur Luftverbesserung. Ist auch unter dem Namen Koniferengeist oder Tannenduft bekannt und ein Gemisch ätherischer Öle (Wacholderbeeröl, Rosmarinöl etc.) mit Spiritus. Ein Auszug aus Fichtennadeln ist als Fichtennadelextrakt bereits unter Ziffer 3 als Ausnahme freigegeben.
32. Franzbranntwein mit Kochsalz. Der reine Franzbranntwein bedurfte als Destillat keiner besonderen Ausnahme. Das vielfach im Handel befindliche, künstliche Präparat ist zwar eine Mischung, aber als Kosmetikum freigegeben.

33. **Kalkwasser, auch mit Leinöl.** Kalkwasser mit Leinöl bildet das sog. Brandliniment.
34. **Kampferspiritus.** Eine einfache Lösung.
35. **Karmelitergeist.** Es ist ein anderes Präparat als der Spiritus Melissae compositus des Arzneibuches gemeint, da dieser als Destillat überhaupt frei ist und keiner Ausnahme bedarf, einer der Beweise, dass zwischen Arzneibuch und Verordnung keine Beziehungen vorhanden sind.
36. **Lebertran mit ätherischen Ölen.** Der sog. aromatische Lebertran. Ein Zusatz von Saccharin, Vanillin oder Kumarin, wie er zur Geschmacksverbesserung ebenfalls häufig erfolgt, ist also unstatthaft. Über die Möglichkeit, ätherische Öle des Verzeichnisses B. zuzusetzen, siehe unter Brausepulver (S. 76).
37. **Mischungen von Ätherweingeist, Kampferspiritus, Seifenspiritus, Salmiakgeist und Spanischpfeffertinktur, oder von einzelnen dieser fünf Flüssigkeiten unter einander zum Gebrauche für Tiere, sofern die einzelnen Bestandteile der Mischungen auf den Gefässen, in denen die Abgabe erfolgt, angegeben werden.**

Diese Mischung soll einen Ersatz für das bekannte Restitutionsfluid bieten, welches allerdings meist auch Kochsalz gelöst enthält. Gegenüber der Verordnung vom 25. November 1895 bedeutet die Fassung dieser Ausnahmebestimmung eine Erweiterung der Freigabe in dem Sinne, dass jetzt auch Salmiakgeist und Spanischpfeffertinktur an dem Gemisch teilnehmen dürfen, und eine Präcisierung des früher gebrauchten Ausdruckes „Abgabegefässe", der Zweifel hervorgerufen hatte, ob damit die Gefässe gemeint seien, in denen, oder aus denen die Abgabe erfolgt. Zu beachten ist, dass Capsicumtinktur allein von Drogisten nicht feilgehalten oder verkauft werden darf. Solange aber nicht bewiesen werden kann, dass dies geschehen ist, wird dass blosse Vorhandensein der Tinktur in einer Drogerie nicht zu beanstanden sein. Die Mischung ist nur zum Gebrauch für Tiere freigegeben, ebenso wie später die Salben: Bleisalbe, Borsalbe, Terpentinsalbe, Zinksalbe. Damit erwächst dem Verkäufer die Pflicht, sich zu vergewissern, ob der Käufer das Mittel für Tiere anwenden wolle, und nur bei Vorhandensein dieser Bedingung ist die Abgabe gestattet. Eine der gegebenen Aussage zuwider dennoch erfolgte Benutzung für Menschen fällt dann natürlich nicht mehr dem Verkäufer zur Last. Da die Freigabe nur eine bedingte ist, müssen natürlich die Abgabegefässe die Bezeichnung, „zum Gebrauch für Tiere" tragen. Wie weit diese Verpflichtung für die

Standgefässe besteht, ist im vierten Kapitel „Das Drogistengewerbe" erörtert.

38. **Obstsäfte mit Zucker, Essig oder Fruchtsäuren eingekocht.** Unter Saft ist hier der aus dem frischen Obst durch Auspressen gewonnene Succus zu verstehen, der durch die Operation des Einkochens mit Zucker erst das fertige, freigegebene Präparat, den Sirup, ergibt. Die unverarbeiteten Presssäfte sind nicht im Verkehr beschränkt, da sie unter keine der Positionen des Verzeichnisses A fallen.

Die frühere Fassung lautete „Fruchtsäfte mit Zucker eingekocht", damit war nach einem Gutachten der wissenschaftl. Dep. f. d. Med.-Wesen vom 13. Mai 1891 auch der Sirupus Rhamni catharticae freigegeben. Vermutlich um diesen Saft wieder dem freien Verkehr zu entziehen, wurde der Ausdruck Obstsäfte gewählt. Als Obst lassen sich die Kreuzdornbeeren wohl nicht gut bezeichnen. Allerdings ist der Ausdruck Frucht ein genau zu präzisierender, botanischer Begriff während dies bei der Bezeichnung Obst weniger der Fall ist. Man versteht in der Regel darunter geniessbare, fleischige und saftige Früchte, also: Äpfel, Birnen, Quitten, Pfirsiche, Aprikosen, Zwetschen, Pflaumen, Schlehen, Kirschen, Erd-, Him-, Brom-, Stachel-, Johannis-, und Ahlbeereeren, Weintrauben, Berberitzen, Maul-, Heidel-, Preisselund Wacholderbeeren. Um Säfte aus diesen Früchten wird es sich in erster Reihe handeln. Gestattet sind jedoch nicht nur die eigentlichen Säfte (Sirupe), sondern auch die Fruchtessige, bei denen das Einkochen mit Zucker unter Zusatz von Essig oder von Fruchtsäuren (Citronensäure) erfolgt ist. Zu den Obstsäften gehört auch der rheinische Traubenbrusthonig, der aus Zucker und eingedicktem Traubensaft hergestellt ist. (Siehe das Urteil auf Seite 84).

39. **Pepsinwein.** Eine Lösung von Pepsin in Wein event. unter Zusatz von Sirup und Geschmackskorrigentien. Welche Sorte Wein genommen wird, ist gleichgültig. Das Arzneibuch gibt eine Vorschrift, die die Drogisten gut tun werden nicht zu befolgen, da sie einen Zusatz von 2 Prozent Glycerin angibt. Nach § 7 des Weingesetzes vom 24. Mai 1901 darf neben anderen Stoffen auch Glycerin „Wein, weinhaltigen oder weinähnlichen Getränken, welche bestimmt sind, anderen als Nahrungs- oder Genussmittel zu dienen, bei oder nach der Herstellung nicht zugesetzt werden". Wird also Pepsinwein ausschliesslich oder auch nur gleichzeitig als Nahrungs- oder Genussmittel und nicht lediglich als Heilmittel verkauft, so würde bei Herstellung nach Vor-

schrift des Arzneibuches ein Konflikt mit dem Weingesetz immerhin möglich sein.
40. **Rosenhonig, auch mit Borax.** Rosenhonig ist in der Regel ein mit einem Auszug von Rosenblüten bereitetes Honigpräparat. Wird meist in Verbindung mit Borax angewendet.
41. **Seifenspiritus.** Auch bei der Herstellung dieses Präparates wirken, wenn es nicht gerade durch Auflösen von Seife in Spiritus bereitet wird, chemische Vorgänge mit. Als freigegeben muss auch der sog. Hebra'sche Seifenspiritus gelten.
42. **Weisser Sirup.** Eine einfache konzentrierte Zuckerlösung.

---

6. Kapseln, gefüllte, von Leim (Gelatine) oder Stärkemehl (capsulae gelatinosae et amylaceae repletae).

Kapseln sind Umhüllungen dosierter Arzneimittel, welche als Ganzes verschluckt werden. Daraus, dass die Verordnung die gefüllten Kapseln ganz allgemein als Zubereitungsform aufführt, geht hervor, dass die Qualität des Inhalts derselben ohne Bedeutung ist. Also selbst die dem freien Verkehr überlassenen Mittel (abgesehen von nachstehenden Ausnahmen) ja selbst ganz indifferente Stoffe wie Zucker oder Kochsalz dürfen als Heilmittel in Gelatine- oder Amylkapseln ebensowenig abgegeben werden wie starkwirkende Arzneimittel. Die Kapseln bilden in dieser Beziehung das Gegenstück zu den Tabletten. Da die Verordnung nur von Leim- und Stärkemehlkapseln spricht, so wird man Umhüllungen wesentlich anderer Art, wie z. B. gefüllte Bohnen aus Schokoladenmasse, nicht zu den dem freien Verkehr entzogenen Kapseln rechnen dürfen.

Ausgenommen, also dem freien Verkehr überlassen, sind
43. **Kapseln, welche Brausepulver, der unter Nr. 4 angegebenen Art enthalten.** Also auch hier ist abführendes Brausepulver nicht gestattet.
44. **Kapseln, welche Copaivabalsam enthalten.** Es sind harte und elastische Gelatinekapseln im Gebrauch.
45. **Kapseln, welche Lebertran enthalten.** Der Hinweis auf die Zulässigkeit des unter Nr. 5 freigegebenen Lebertrans mit ätherischen Ölen erübrigte sich, da die Aromatisierung des Lebertrans grade den Zweck hat, das Einnehmen von Kapseln zu vermeiden. Aromatischer Lebertran in Kapseln wäre unverständlich.
46. **Kapseln, welche Natriumbicarbonat enthalten.**

47. **Kapseln, welche Ricinusöl enthalten.** Harte oder elastische Gelatinekapseln sind üblich.
48. **Kapseln, welche Weinsäure enthalten.**

---

7. Latwergen (electuaria).

Latwergen sind nach der Definition des Arzneibuches „brei oder teigförmige, zum innerlichen Gebrauche bestimmte Arzneizubereitungen aus festen und flüssigen oder halbflüssigen Stoffen". Meist wird es sich um Mischungen von Pflanzenpulvern und anderen gepulverten Substanzen mit Sirupen, Honigen oder mit einem Fruchtmuss (Pulpa) handeln. Der berühmte Theriak sowie die Sennalatwerge gehören in diese Arzneikategorie ebenso das mit Zucker versetzte, gereinigte Tamarindenmus. Das Naturprodukt fällt natürlich nicht hierunter, da es keine Mischung darstellt.

Ausnahmen sind bei den Latwergen nicht gemacht.

---

8. Linimente (Linimenta).

Linimente sind zum äusserlichen Gebrauch bestimmte, in der Regel fette Öle oder eine Seife, enthaltende, gleichmässige Mischungen, die mit Ausnahme des Opodeldoks bezüglich der Konsistenz in der Mitte stehen zwischen den eigentlichen Salben und den dickflüssigen fetten Ölen. Die meisten Linimente fallen bereits unter den Begriff der flüssigen Gemische. Sie haben aber mit Rücksicht auf den Opodeldok, der sonst nicht im Verzeichnis A unterzubringen wäre, eine besondere Rubrik erhalten. Der sog. flüssige Opodeldok, der ja auch die lateinische Bezeichnung Spiritus saponato-camphoratus führt, ist natürlich kein Liniment, sondern ein flüssiges Gemisch.

Ausgenommen, also dem freien Verkehr überlassen, ist:
49. **Flüchtiges Liniment.** Unter flüchtigem Liniment ist die Mischung von einem oder mehreren einfachen, fetten Ölen mit Salmiakgeist zu verstehen. Welche Öle dazu verwendet werden, Olivenöl, Mohnöl, Sesamöl, Leinöl, ist gleichgiltig. Die Vorschrift des Arzneibuches ist nicht massgebend (Siehe das entgegenstehende Gutachten der technischen Kommiss. f. pharm. Angeleg. auf Seite 60). Nicht aber würden gemischte oder zusammengesetzte Öle, wie Kampheröl, Bilsenkrautöl, Chloroformöl, gestattet sein. Auch Zusätze nicht fetter Öle, wie Terpentinöl, sind unzulässig. In diesem letzteren

Sinne hatte sich das Med. Kolleg. der Provinz Sachsen im Jahre 1895 gutachtlich geäussert. Abweichend von der entwickelten Ansicht erklärte dagegen das O.L.G. Breslau am 25. Juli 1894 das sog. **Kampher-Liniment** auch für ein freigegebenes flüchtiges Liniment.

Es ergingen ausserdem noch folgende Entscheidungen:
Eine als **flüchtige Salbe** feilgehaltene Zubereitung ist nicht freigegeben. Als flüchtiges Liniment kann niemals eine feste Salbe angesehen werden, selbst wenn sie die Bestandteile desselben enthielte (O.L.G. Breslau 27. Juni 1899.)

Herkulesöl, welches ausser Öl und Salmiakgeist noch eine Reihe weiterer Auszüge enthält, ist kein flüchtiges Liniment, sondern eine dem freien Verkehr entzogene Arzneimischung (L.G. Mannheim 16. Juni 1897).

---

9. **Pastillen** (auch Plätzchen und Zeltchen), **Tabletten, Pillen und Körner** (pastilli — rotulae et trochisci — tabulettae, pilulae et granula),

Die unter dieser Rubrik zusammengefassten Zubereitungen stellen dosierte Arzneimittel meist zu innerlichem Gebrauche dar, die ohne Anwendung einer äusseren Umhüllung, in eine immer gleich grosse, fest umschriebene Form gebracht sind. Geschieht dies ohne Anwendung von erheblichem Druck unter Zuhülfenahme einer grösseren oder kleineren Menge eines Bindemittels, so heissen die Zubereitungen in Gestalt runder, ovaler oder eckiger Täfelchen oder abgeschnittener Säulen mit beiderseits parallelen Flächen: Pastillen (pastilli), in Gestalt von Kugelabschnitten: Plätzchen (rotulae), in Gestalt einer flachgedrückten Kugel oder eines Kegels: Zeltchen (trochisci) und in Gestalt runder Kügelchen je nach der Grösse: Pillen (pilulae) oder Körner (granula). Geschieht dagegen die Formierung nur durch starken Druck ohne Bindemittel höchstens unter Zusatz eines indifferenten Quellkörpers, so nennt man das Produkt ohne Rücksicht auf seine Form eine Tablette (tabuletta).

Neu aufgenommen sind in der Verordnung vom 22. Oktober 1901 die **Tabletten**. damit ist die eine der beiden hauptsächlichsten Streitfragen, die sich an die Ziffer 9 des Verzeichnisses A geknüpft hatten, dahin entschieden, dass ebenso, wie bei den Kapseln, alle Stoffe irgend welcher Art, mögen sie sonst freigegeben sein oder nicht, in Tabletten gepresst als Mittel zur Beseitigung oder Linderung von Krankheiten, nur in Apotheken feilgehalten und verkauft werden dürfen. Nicht gelöst ist jedoch die andere Frage, ob zu den genannten Zubereitungen auch

Bonbons, Caramellen und Pralinés, die als Heilmittel dienen sollen, gehören. Die Zugehörigkeit von Bonbons zu dem Begriff Pastillen, kann natürlich nur dann in Frage kommen, wenn die äussere Form, die für die rechtliche Stellung der Zubereitungen des Verzeichnisses A in erster Reihe massgebend ist bei Bonbons, von unwesentlichen Abweichungen abgesehen, die gleiche ist wie bei Pastillen, Plätzchen oder Zeltchen. Andernfalls können über die Freigabe der Zubereitung Zweifel nicht obwalten.

Ausser der gleichen Form spricht für die Zugehörigkeit solcher Bonbons zu Ziffer 9, dass ihre Herstellungsart, wenn man schon auf diese auch Bedacht nehmen will, durchaus derjenigen der dem freien Verkehr entzogenen Plätzchen (rotulae), ähnelt, wenn nicht gleicht. Nach E. Dieterich sind Zuckerplätzchen „herabgefallene und erstarrte Tropfen". Sie werden in Fabriken in der Weise bereitet, dass eine zur Tafeldicke eingekochte Zuckerlösung auf Weissblech aufgetropft wird. Ganz ebenso, nur nicht durch Auftropfen, sondern durch Ausgiessen und nachheriges Zerschneiden erfolgt die Darstellung der Bonbons. Ein Unterschied ist also auch in dieser Beziehung zwischen den beiden Kategorien nicht vorhanden.

Wollte man sich aber auf Grund dieser Erwägungen zu der Ansicht bekennen, dass nun gewisse Bonbons unter den Begriff der Pastillen zu rechnen sind, so müsste es geradezu auffallen, dass unter den als Ausnahme aufgeführten Zubereitungen keine einzige Art Bonbons zu finden ist. Damit wären aber z. B. auch die als beliebtes Hustenmittel viel gebrauchten und in jedem Kaufladen vorhandenen Malzbonbons in Pastillenform als Heilmittel dem Debit der Apotheken überwiesen, da es ja nach § 1 ganz gleichgültig ist, ob die Zubereitungen heilkräftige Stoffe enthalten oder nicht.

Dies kann aber kaum die Absicht des Gesetzgebers gewesen sein. Beachtet man diesen Umstand und bedenkt ferner, dass Bonbons und Pralinés von jeher eigentlich nur ausserhalb der Apotheken vertrieben wurden, und dass es den Verfassern der Verordnung, wenn sie in diesem Zustande eine Änderung herbeiführen wollten, ein leichtes gewesen wäre, dies durch den Zusatz Bonbons auszudrücken, und dass sie dies schon mit Rücksicht auf die unklare Rechtslage zweifellos getan hätten, so wird man schliesslich doch mehr zu der Anschauung hinneigen müssen, dass selbst bei gleichen Formen und trotz der z. T. analogen Darstellungsweise die Zubereitungen der Bonbons, Karamellen, Pralinés u. dergl. nicht unter Ziffer 9 fallen. Wir haben auch stets die Ansicht vertreten, dass dieselben als Konditorwaren dem freien Verkehr überlassen sind. Nur solche Bonbons würden zu beanstanden sein, welche Stoffe enthalten, die nur in den Apotheken verkauft werden dürfen.

Die einander zum Teil vollkommen widersprechenden Urteile, die über Bonbons bisher ergangen sind, laufen in folgende Rechtsgrundsätze aus:

Bonbons sind von den in Nr. 9 aufgeführten „Pastillen, Plätzchen und Zeltchen" nach ihrer Form und ihrer Zubereitung verschieden. (K.G. 24. November 1898, Prov. Med. Kolleg. in Kiel 21. Januar 1888, L.G. Düsseldorf 31. Oktober 1896.)

Die Stollwerckschen Brustbonbons sind dem freien Verkehr nicht überlassen. (K.G. 12. Januar 1891.)

Brustkaramellen von Kaiser sind dem freien Verkehr entzogen. (Bad. Minist. 14. April 1894.)

Kräuterbonbons gehören zu den geschützten Arzneiformen. (Prov. Med. Kolleg. in Breslau 31. Dezember 1897 und 4. Juli 1898.)

Lakritzbonbons sind dem freien Verkehr überlassen. (L.G. Strassburg i. E. 10. Oktober 1895.)

Salusbonbons sind freigegeben. (L.G. Stuttgart 12. August 1893.)

Spitzwegerichbonbons sind dem freien Verkehr überlassen. (L.G. Pforzheim 1894.)

Schweizer Alpenkräuterpastillen (von einem Konditor hergestellte Bonbon-Pastillen) fallen unter den Begriff der verbotenen Pastillen. (O.L.G. Dresden 12. Juli 1900.)

Zwiebelbonbons sind dem freien Verkehr entzogen. (O.L.G. Karlsruhe 9. März. 1891.)

Zwiebelbonbons sind dem freien Verkehr überlassen. (L.G. Elberfeld 6. Juli 1896, A.G. Velbert 1. April 1894, O.L.G. Dresden 18. Dezember 1888.)

Etwas anders wie bei Bonbons ist die Rechtslage bei den Pasten, die zwar meist schon wegen ihrer äusseren Gestalt ausserhalb der Zubereitungen der Ziffer 9 stehen (Pasta Cacao, Pasta gummosa), die aber, wenn sie in einer der beschriebenen Formen erscheinen, und als Heilmittel dienen sollen, durch keinen stichhaltigen Grund der Beschränkung auf Apotheken entzogen werden können. (Isländische Moos-Pasta).

Ausser der jetzt erledigten Tablettenfrage haben nur die homöopathischen Streukügelchen zu gerichtlichen Entscheidungen Veranlassung gegeben.

Streukügelchen dürfen nur in Apotheken feilgehalten und verkauft werden. (O.L.G. München 15. Mai 1880, 26. Juli 1881, 7. Januar 1893, Sächs. Minist. d. Innern 25. April 1882 auf Grund eines Gutachtens des Reichsgesundheitsamtes.)

Mattéis elektro-homöopathische Streukügelchen fallen als „Pillen" unter die kaiserliche Verordnung vom 27. Januar 1890. (O.L.G. München 16. März 1882 und 30. Dezember 1893.)

Zu den verbotenen Zeltchen gehören insonderheit die Santoninzeltchen. Als Ersatz für dieselben sind in Drogenhandlungen oft sog. Wurmbohnen oder Wurmpralinés zu finden. Enthalten dieselben Santonin, so würden sie, da dieses Präparat im Verzeichnis B steht, als Zubereitung eines Mittels des Verzeichnisses B zu beurteilen sein. Enthalten sie andere Wurmmittel, z. B. Areca, so muss das über Bonbons und Pasten Gesagte auch hier sinngemässe Anwendung finden.

Karbolsäurepastillen, Rottersche Pastillen und dergl. sind als Desinfektionsmittel auch zu Heilzwecken gemäss § 1 Abs. 2 freigegeben, kommen demnach an dieser Stelle nicht in Frage. Sublimatpastillen dagegen dürfen als Heilmittel nicht abgegeben werden, da Sublimat dem Handverkauf der Apotheken entzogen ist. Sie können demnach nur als Gift nach den Bedingungen des Giftgesetzes ausserhalb der Apotheken verkauft werden. Auf Kampfer- und Naphthalintabletten gegen Motten findet die Verordnung betreffend den Verkehr mit Arzneimitteln überhaupt keine Anwendung.

Phosphorpillen und andere Pillen zur Vertilgung von schädlichen Tieren fallen natürlich ebensowenig unter § 1 und daher auch nicht unter das Verzeichnis A. (Sächs. Min. Bescheid vom 7. Januar 1879.)

Ausgenommen also dem freien Verkehr überlassen sind:

50. Aus natürlichen Mineralwässern oder aus künstlichen Mineralquellsalzen bereitete Pastillen. Unter künstlichen Mineralquellsalzen werden nur solche zu verstehen sein, die dem Salz einer tatsächlich bestehenden Mineralquelle nachgebildet sind. Die obige Ausnahmebestimmung besagt demnach, wenn auch mit kürzeren Worten, dasselbe, was für die Mineralsalze unter Ziffer 4 deutlicher folgendermassen zum Ausdruck gelangt war: Salze, welche aus natürlichen Mineralwässern bereitet oder den solchergestalt bereiteten Salzen nachgebildet sind. Die bekanntesten Mineral-Pastillen sind Biliner, Emser, Sodener.

51. Einfache Molkenpastillen. Pastillen, die ohne arzneiliche Wirkung die Aufgabe haben, das Kaseïn in der Milch zum Gerinnen zu bringen. Dieser Zweck wird erreicht durch Alaun, Tamarinden oder Weinsäure. Um derartige Pastillen dürfte es sich meist handeln.

52. Pfefferminzplätzchen. Die im Handel befindlichen sind nach Grösse und Herstellungsart recht verschieden.

53. Salmiakpastillen, auch mit Lakritzen und Geschmackzusätzen, welche nicht zu den Stoffen des

Freigegebene Pastillen und Tabletten. Pflaster und Salben. 93

Verzeichnisses B gehören. Salmiakpastillen sind in der Regel viereckige Täfelchen aus Salmiaksalz mit Süssholzsaft und Anisöl. Die Beschränkung auf solche Geschmackszusätze, welche nicht zu den Stoffen des Verzeichnisses B gehören, soll verhindern, dass unter der Flagge der Geschmacks-Verbesserungen starkwirkende Arzneimittel beigemischt werden. Als Salmiakpastillen sind nach einem Gutachten des Sächs. Landes-Med.-Kolleg. auch die sog. Isleib'schen Katarrhbrötchen oder Katarrhpastillen anzusehen.

54. **Tabletten aus Saccharin, Natriumbikarbonat oder Brausepulver, auch mit Geschmackzusätzen, welche nicht zu den Stoffen des Verzeichnisses B gehören.** Die Verordnung führt diese drei Arten Tabletten nicht wie die freigegebenen Kapseln getrennt, sondern in einer Reihe auf, woraus hervorgeht, dass die Zulassung der Geschmackzusätze sich auf sämtliche Tabletten beziehen soll. Saccharintabletten werden meist nur zur Versüssung von Getränken gebraucht; Natrontabletten bilden dagegen ein viel begehrtes Heilmittel. Endlich sind Brausepulvertabletten freigegeben. Es ist eine unverständliche Inkonsequenz, dass die Verordnung, während sie unter Ziffer 4 „Brausepulver aus Natriumbikarbonat und Weinsäure auch mit Zucker oder ätherischen Ölen gemischt" und unter Ziffer 6 „Kapseln, welche Brausepulver der unter Nr. 4 angegebenen Art enthalten", freigibt, hier eine neue und ganz andere Norm für die erlaubten Brausepulvertabletten aufstellt. Die Beschränkung auf ätherische Öle, die nicht im Verzeichnis B stehen, hätte freilich auch bei den früheren Ausnahmestellen gemacht werden sollen.

---

10. Pflaster und Salben (emplastra et unguenta).

Pflaster (emplastra) sind nach dem Arzneibuch in Tafeln, Stangen oder Stücke verschiedenster Form gebrachte oder auf Stoff gestrichene, zum äusserlichen Gebrauch bestimmte Arzneizubereitungen, deren Grundmasse aus Bleisalzen von Ölsäure und Fettsäuren, Fett, Öl, Wachs, Harz, Terpentin oder Mischungen dieser Stoffe gebildet wird.

Diese Definition ist bezüglich der fertigen Pflaster im Sinne der Verordnung noch dahin zu erweitern, dass darunter auch alle anderen zum Auflegen auf die Haut bestimmten Körper zu verstehen sind, welche auf einen Pflasterträger irgend welcher Art (Stoff, Papier etc.) einseitig aufgetragen sind. Zu dieser Erweiterung zwingt die Ausnahme von englischem Pflaster und

Senfpapier, welche nach der Begriffsbestimmung des Arzneibuchs keine Pflaster darstellen würden.

Salben sind zum äusserlichen Gebrauch bestimmte Mischungen von Fetten, Harzen, Wachs und Ölen oder Mischungen eines oder mehrerer derartiger Stoffe mit Arzneistoffen. Sie besitzen in der Regel die Konsistenz des Schweineschmalzes. In der Mitte zwischen den beiden Gruppen stehen die sog. Cerate, auch Wachssalben oder Wachspflaster genannt. Sie haben die äussere Form, die der Tafel oder Stange, mit den Pflastern gemein, stehen ihrer Zusammensetzung nach dagegen den Salben näher, während sie die Anwendung bald mit der einen, bald mit der anderen Gruppe teilen (Baumwachs, Grünspancerat, letzteres als Hühneraugenmittel frei). Die Cerate gehören demnach selbstverständlich unter die dem freien Verkehr entzogenen Pflaster und Salben.

Aus der Definition der Salben sowie aus der ganzen Bedeutung des Verzeichnisses A, welches sich überhaupt nur mit „Zubereitungen" befasst, geht hervor, dass diejenigen salbenartigen Körper, welche lediglich natürliche Produkte darstellen, nicht zu den Salben der Ziffer 10 gerechnet werden können. Es sind dies hauptsächlich die Vaseline und zwar sowohl die gelbe wie die aus ihr durch Entfärben hergestellte weisse, wie auch das Wollfett Adeps Lanae, Lanolinum anhydricum, und das Schweinefett und der Hammeltalg.

Wohl aber fallen als Zubereitungen unter die Salben die Paraffinsalbe sowie das Adeps Lanae cum Aqua und fast sämtliche der sonst bekannten und gebräuchlichen Salbengrundlagen, wie Myronin, Resorbin, Epidermin etc. Aber alle diese Zubereitungen müssen trotz dessen, wenn sie nicht weiter mit spezifisch wirkenden arzneilichen Stoffen vermengt sind, als freigegeben erachtet werden, da sie als kosmetische Mittel anzusehen sind, und demnach unter § 1 Abs. 2 fallen, d. h. auch zu Heilzwecken nicht von den Bestimmungen der Verordnung betroffen werden. Dasselbe ist der Fall nicht nur bezüglich des Coldcreams, sondern auch bei Lanolincream, bei Boroglycerinlanolin, bekannt unter dem Namen Byrolin, bei Myrrhencrême und wie die zahlreichen derartigen Mittel zur Pflege der Haut alle heissen. Die Urteile und Gutachten, welche eines dieser Mittel als den Verkehr entzogen hingestellt haben, (so das K.G. 12. Juli 1894 und das O.L.G. München 23. Dezember 1899 bez. Lanolincream, das K.G. 29. Januar 1894 bez. Myrrhencrême) sind mit dem Geltungsbeginn der Verordnung vom 22. Oktober 1901 hinfällig geworden.

Pomaden und Fettschminken sind reine Kosmetika, die deshalb hier nicht in Betracht kommen.

Schwieriger ist die Frage zu beantworten, ob Borvaseline und Salicylvaseline auch zu Heilzwecken als freigegebene Kosmetika gelten dürfen. Es liegt nahe, die Frage zu verneinen, weil die Verordnung unter den Ausnahmen Borsalbe nur für Tiere freigiebt und ferner nur Salicyltalg aufführt. Tatsächlich werden aber Bor- und Salicylvaseline als Kosmetika gebraucht und es liegt kein Grund vor, diese Mittel anders zu behandeln wie z. B. Byrolin, das ebenfalls Borsäure enthält. Man muss deshalb annehmen, dass unter den ausnahmsweise freigegebenen Mitteln Präparate gemeint sind, welche die wirksamen Stoffe in einem solchen Prozentsatz enthalten, dass die Salben nur als Arzneimittel und nicht als Kosmetika erscheinen, d. h. die Verordnung hatte eine Borsalbe mit ca. 10 Prozent Borsäure und einen Salicyltalg mit über 2 Prozent Salicylsäure im Auge. Die als Kosmetikum angewendete Borvaseline enthält aber nur ca. 2—3 Prozent Borsäure und die Salicylvaseline 1—2 Prozent Salicylsäure. Derartige oder ähnliche Präparate (Salicyl-Coldcream etc.) würden also, ohne mit dem Sinn der Verordnung in Widerspruch zu geraten, als kosmetische Mittel und demgemäss auch zu Heilzwecken als freigegeben anzusehen sein.

Dagegen können Mittel, die lediglich zur Beseitigung oder Linderung spezifischer krankhafter Zustände dienen sollen, wie z. B. Frostsalben, und namentlich auch Flechtensalben, auch wenn sie die beschönigende Bezeichnung Creams tragen, natürlich nicht als Kosmetika angesehen werden. Derartige Salben sind und bleiben Heilmittel, die dem freien Verkehr nicht überlassen sind.

Wie die Freigabe der Kosmetika, so hat auch die der Hühneraugenmittel gerade bei der Gruppe der Pflaster und Salben zahlreiche Mittel dem Debit der Apotheke entzogen. Der lange andauernde Streit um Wasmuths Hühneraugenringe ist durch die jetzige Verordnung entschieden. Sie sind wie alle andern Hühneraugenmittel sind dem freien Verkehr überlassen. Auch Salicylpflaster und Salicylseifenpflaster sind zu diesem Zwecke freigegeben.

Über einzelne Zubereitungen sind folgende Urteile ergangen:

Ekzenim, eine schwefelhaltige Salbe gegen Flechten, ist keine Pomade, sondern ein dem freien Verkehr entzogenes Heilmittel. (A.G. Leipzig Oktober 1901.)

Emplastrum fuscum ist ein dem freien Verkehr entzogenes Bleipflaster und kein freigegebenes Pechpflaster. (O.L.G. Breslau 25. Juli 1894.)

Hamburger Universalpflaster, mit Bleipflaster bereitet, ist

dem freien Verkehr nicht überlassen, da es kein Pechpflaster ist. (O.L.G. Naumburg 4. Februar 1899, L.G. Hamburg 19. April 1901, R.G. 18. Juli 1901.)

Quecksilbersalbe zu einer Schmierkur ist ein dem Verkauf durch Apotheken vorbehaltenes Heilmittel. (K.G. 27. Dezember 1894 und 4. Juli 1895.)

Universalsalbe und Schwarzburger Salbe sind dem freien Verkehr entzogen. (L.G. Görlitz 9. März 1899.)

Vulneral ist dem freien Verkehr entzogen (K.G. 4. April 1888, 26. Januar 1899.)

Ausgenommen also dem freien Verkehr überlassen sind:

55. Bleisalbe zum Gebrauche für Tiere. Bleisalbe ist der handelsübliche Name für eine aus Bleiessig und einer Salbengrundlage hergestellte Salbe. Eine mit Cerussa bereitete Salbe heisst nicht Bleisalbe, sondern Bleiweisssalbe, ist also nicht freigegeben. Die Gefässe, in denen die Abgabe erfolgt, müssen die Bezeichnung „für Tiere" tragen.

56. Borsalbe zum Gebrauche für Tiere. Für Menschen könnte, wie schon erörtert, als Kosmetikum nur eine Salbe mit geringerem Borsäuregehalt (ca. 2—3 Proz.) freigegeben sein. Eine arzneilich wirkende Borsalbe ist nur für Tiere frei. Andererseits ist der Versuch gemacht worden, eine solche Salbe als nur zu Verbandzwecken, nicht zu Heilzwecken dienend, hinzustellen. Demgegenüber erging jedoch folgende Entscheidung:

L.G. Magdeburg 15. April 1901.

Borsalbe, soweit sie bei der Behandlung von Wunden zur Verhütung schädlicher Infektionen von aussen oder zur Beförderung der Wundheilung von innen heraus Verwendung findet, ohne Rücksicht darauf, ob diese beabsichtigte Wirkung wirklich erzielt wird oder erzielt werden kann, wird als „Heilmittel" verwendet.

57. Cold-Cream, auch mit Glycerin, Lanolin oder Vaselin. Aus welchem Grunde diese Ausnahme aus der früheren Verordnung übernommen ist, und gerade die genannten drei Zusätze als gestattet aufgeführt sind, ist nicht recht verständlich. Jeder wirkliche Cold-Cream, nicht nur mit Glycerin, Lanolin oder Vaselin, sondern auch mit Paraffinsalbe, Schweineschmalz, Resorbin oder welchen Salbenkörper man nur anwenden will, ist als der Typus eines Mittels zur Pflege der Haut nach § 1 Abs. 2 auch als Heilmittel freigegeben. Einer besonderen Ausnahme an dieser Stelle bedurfte es daher nicht. Vielleicht ist sie erfolgt, um der Annahme vorzubeugen, dass die Aufnahme des Cold-Creams in das Arzneibuch seine Klassifizierung als Kosmetikum ausschliesse. In

einem Urteile des A.G. Beuthen vom 2. Juni 1887 wurde auf Grund eines Gutachtens des Prof. Th. Husemann-Göttingen als Cold-Cream definiert „jede parfümierte, rahmartige Salbe, welche auf der Haut Kühlung hervorruft".

58. **Pechpflaster, dessen Masse lediglich aus Pech, Wachs, Terpentin und Fett oder einzelnen dieser Stoffe besteht.** Durch diese genaue Bestimmung, die in der früheren Verordnung nicht vorhanden war, werden die zahlreichen Prozesse, die bisher über das Pechpflaster geführt worden sind, ihr Ende erreicht haben. Es gibt drei Arten Pechpflaster, gelbes, rotes und schwarzes. Nur letzteres, welches allein obigen Bedingungen entspricht, ist frei, das gelbe und rote Pechpflaster, welch letzteres unter dem Namen Oxycroceumpflaster bekannt ist, sind wegen ihres Gehaltes an Fichtenharz verboten. Ebenso ist wiederholt, aber, wie die oben mitgeteilten Entscheidungen beweisen, vergebens der Versuch gemacht worden, das aus Bleipflaster hergestellte sog. Hamburger Pflaster, emplastrum fuscum als ein freigegebenes Pechpflaster zu bezeichnen. Auch diese Versuche sind durch die Verordnung vom 22. Oktober 1901 unmöglich gemacht. Als Hamburger Pflaster darf nur ein Pflaster verkauft werden, welches aus den von der Verordnung genannten Bestandteilen besteht. Auf die Bezeichnung kommt es natürlich nicht an. Über das Mengenverhältnis, in dem die einzelnen Bestandteile vorhanden sein sollen, hat sich die Verordnung nicht geäussert. Immerhin dürfte in diesem Punkte folgendes Erkenntnis massgebend geblieben sein:

L.G. Stade 20. Juli 1899.

Ein Pflaster, in welchem Pech in einer Menge enthalten ist, dass die Konsistenz desselben durch das Pech charakterisiert wird, ist als Pechpflaster anzusehen.

59. **Englisches Pflaster.** Englisches Pflaster ist ein mit einem Klebmittel bestrichener Seidenstoff zum Verschliessen kleiner Verwundungen. Auch Goldschlägerhäutchen sind vielfach zu diesem Zweck im Gebrauch. Arzneilich wirkende Stoffe dürfen dem Pflaster nicht inkorporiert sein, solange es unter den Begriff des englischen Pflasters fallen will. Also z. B. Drouotsches Pflaster (Ohrpflaster) ist nicht freigegeben. Ebenso könnte man nach dem Wortlaut bezüglich des Salicylsäure-Kleb-Tafft und des Arnicapapiers urteilen. Da aber diese beiden Pflaster in der Praxis doch tatsächlich nur als englisches Pflaster bezw. als Ersatz desselben dienen sollen

und auch nur zu diesem Zwecke gekauft und benutzt werden, so wird man gut tun, in diesem Falle der weitergehenden Auffassung des Verkehrs den Vorzug zu geben.
60. Heftpflaster. In der Regel eine Mischung von Harzen unter Verwendung von Bleipflaster. Das jetzige Arzneibuch führt unter Heftpflaster ein Kautschukpflaster auf. Auch dieses muss als freigegeben gelten. Ebenso die gestrichenen derartigen Pflaster, auch das amerikanische Kautschukheftpflaster. Arzneiliche Zusätze sind hier unbedingt auszuschliessen. Daraus, dass Heftpflaster mit Bleipflaster bereitet werden darf, resp. häufig damit bereitet wird, folgt natürlich nicht, dass Drogisten nun auch Bleipflaster feilhalten oder verkaufen dürften. Bleipflaster ist ein besonderer Begriff und ist, da es unter den Ausnahmen nicht genannt ist, dem freien Verkehr entzogen. Das Vorhandensein desselben in einer Drogerie kann aber, wenn dies Pflaster nur zur Herstellung von Heftpflaster dienen soll und das Gegenteil, resp. ein Feilhalten des Bleipflasters nicht nachweisbar ist, ebensowenig ohne weiteres als strafbar angesehen werden, wie die Anwesenheit von Tinctura Capsici, wenn letztere nur zur Bereitung der unter Ziffer 5 als Ausnahme genannten Einreibung für Tiere gebraucht wird.
61. Hufkitt. Eine Mischung aus Harzen mit Guttapercha. Die Bezeichnung „für Tiere" erübrigt sich in diesem Falle.
62. Lippenpomade. Meist ein hartes Cerat in Stangenform. Aber auch weiche Salben jeder Art als Mittel gegen aufgesprungene Lippen fallen hierunter.
63. Pappelpomade. Unter Pappelpomade ist hier nicht etwa eine Haarpomade zu verstehen, sondern der Ausdruck ist als volkstümliches Synonym für Pappelsalbe aufzufassen. Unter dieser versteht man eine durch Ausziehen von Pappelknospen mit Ätherweingeist und Fett hergestellte grüne, nach Pappelknospen riechende Salbe. Die Vorschriften früherer Pharmakopoeen können trotz eines Gutachtens der Techn. Kommiss. für pharm. Angeleg. vom 8. März 1899 (siehe Seite 60) und eines daraufhin erfolgten Urteils des O.L.G. Breslau vom 27. Juni 1899 nicht als massgebend erachtet werden.
64. Salicyltalg. Da die Verordnung nicht den allgemeinen Begriff Salicylsalbe, sondern den ganz speziellen Salicyltalg gewählt hat, kann es keinem Zweifel unterliegen, dass sie nur eine Salbe freigeben wollte, deren Grundlage im wesentlichen aus Talg besteht. Salicylvaseline und Salicyllanolin

können auf keinen Fall unter den Begriff Salicyltalg gerechnet werden. Trotzdessen ist es vorgekommen, dass einzelne Sachverständige diese Zubereitungen als im wesentlichen identisch bezeichnet haben. Dieser Ansicht ist nicht beizutreten. Wohl aber können alle drei Salicylsalben, sofern sich ihr Salicylgehalt in entsprechenden Grenzen bewegt, also höchstens 1—2 Prozent beträgt, nach der jetzigen Verordnung als kosmetische Zubereitungen angesehen werden, und demnach gemäss § 1 Abs. 2 auch zu Heilzwecken als freigegeben gelten. Wenn die Verordnung demnach Salicyltalg als Ausnahme besonders stehen liess so muss damit auch ein Präparat von höherem Salicylgehalt als freiverkäuflich angesehen werden. In diesem Sinne sprach auf Grund einer allgemeinen Entscheidung des O.L.G. Posen vom 14. August 1899, dass die im Arzneibuch angegebene Zusammensetzung des Salicyltalgs für den freien Verkehr unmassgeblich sei, das L.G. Lissa am 25. September 1899 einen Drogisten frei, der einen 20 prozentigen Salicyltalg verkauft hatte. Wenn ein solches Präparat als Hühneraugenmittel angewendet wird, ist es jetzt auch aus diesem Grunde jeder Beschränkung entzogen.

65. **Senfleinen.** Auf Leinen befestigtes Senfpulver.
66. **Senfpapier.** Papierblätter, auf deren eine Seite Senfpulver haftend aufgetragen ist. Die besondere Freigabe dieser und der vorhergehenden Zubereitung zeigt, dass die Verordnung den Begriff Pflaster im weitesten Sinne aufgefasst wissen will.
67. **Terpentinsalbe zum Gebrauche für Tiere.** Meist eine Mischung von Terpentin, gleichgültig welcher Handelssorte, Terpentinöl und Wachs. Wird unter dem Namen Terpentinsalbe lediglich Terpentin abgegeben, so ist dieser natürlich auch zum Gebrauche für Menschen frei.
68. **Zinksalbe zum Gebrauche für Tiere.** Unter Zinksalbe versteht man in handelsüblichem Sinne eine aus Zinkoxyd und einer Salbengrundlage hergestellte Zubereitung, und da gerade für die Auslegung der kaiserlichen Verordnung die allgemeinen Verkehrsanschauungen massgebend sind, so muss jede aus einem anderen Zinkpräparat oder Zinksalz gefertigte Salbe als dem freien Verkehr entzogen gelten. Auch bei dieser nur zum Gebrauch für Tiere freigegebenen Zubereitung ist es nicht ausgeschlossen, dass eine Salbe mit geringerem Zinkoxydgehalt, als ihn die eigentlichen Heilsalben besitzen, als kosmetisches Mittel angesehen wird, das dann auch zum Gebrauch für Menschen und auch gleichzeitig zu Heilzwecken

freigegeben wäre. Im allgemeinen sind allerdings aus Zinkoxyd bereitete Salben zur Pflege der Haut weit weniger gebräuchlich als derartige Zubereitungen mit Borsäure (Byrolin) oder Salicylsäure. Auf die sog. Zinkpaste, die einen sehr grossen Zinkoxydgehalt aufweist, kann sich indessen die Auffassung als Kosmetikum niemals erstrecken. Diese Paste ist eine dem freien Verkehr entzogene Salbe, die nur als Heilmittel angewendet wird. Dass schliesslich auch die Zinksalbe der üblichen Zusammensetzung, so lange sie nicht als Mittel zur Beseitigung oder Linderung von krankhaften Zuständen, sondern nur als Vorbeugungsmittel dienen soll und lediglich als solches feilgehalten und verkauft wird, im Verkehr nicht beschränkt ist, wurde durch folgendes Urteil bewiesen:

L.G. Neuwied 18. November 1895.

Der Verkauf von Zinksalbe als Präventivmittel gegen Rissigwerden der Hände, nicht aber zugleich als Heilmittel gegen rissig gewordene Hände, ist nicht strafbar.

---

11. Suppositorien (suppositoria) in jeder Form (Kugeln, Stäbchen, Zäpfchen oder dergl.) sowie Wundstäbchen (cereoli).

Suppositorien sind Kugeln, Stäbchen, Zäpfchen u. dergl. in der Regel aus Kakaobutter oder Glycerin-Gelatine, denen ein Arzneimittel beigemischt ist, oder hohle olivenförmige Formen aus diesen Stoffen, in die Arzneimittel gefüllt werden. Vaginalkugeln gehören ebenfalls zu den Suppositorien, da die Verordnung die nur hier gebräuchliche Kugelform ebenfalls ausdrücklich erwähnt.

Wundstäbchen sind nach der Definition des Arzneibuches, welches dieselben übrigens Arzneistäbchen nennt: zur Einführung in Kanäle des Körpers bestimmte, auf verschiedenen Wegen hergestellte, meist nach dem einen Ende hin verjüngte, selten starre, in der Regel biegsame oder elastische, runde Stäbchen, welche bald in ihrer ganzen Masse, bald nur in deren äusserer Schicht Arzneimittel eingebettet enthalten oder mit solchen überzogen sind.

Antrophore sind Arzneistäbchen, bei welchen eine Metallspirale als Arzneimittelträger dient. Letztere fallen also ebenfalls unter die Verordnung. Die Bezeichnungen Bougies oder bacilli sind nur Synonyma für Arzneistäbchen (cereoli). In Form von

Verzeichnis des Berliner Polizeipräsidiums. 101

Suppositorien erscheinen auch die sog. Pessars, auf die aber, so lange sie nur vorbeugende oder antikonzeptionelle Zwecke verfolgen, die Verordnung über den Verkehr mit Arzneimitteln keine Anwendung finden kann. Dagegen müssen andererseits auch alle diejenigen Suppositorien oder Wundstäbchen, welche, ohne dass ihnen medikamentöse Stoffe beigefügt sind, doch als Heilmittel dienen sollen, als verboten angesehen werden.

Zubereitungen, welche als Heilmittel ausserhalb der Apotheken nicht feilgehalten oder verkauft werden dürfen.

Einen wertvollen Beitrag zur Erläuterung der kaiserlichen Verordnung liefert seit längerer Zeit das Polizeipräsidium in Berlin durch die Berichte, welche es in jedem Vierteljahr über das Ergebnis der Revisionen der dortigen Drogenhandlungen veröffentlicht. Das nachstehende Verzeichnis enthält im Rahmen der neuen Verordnung diejenigen Arzneizubereitungen, welche nach Ansicht des Berliner Polizeipräsidiums, niedergelegt in den vierteljährlich erstatteten Revisionsberichten unter das Verzeichnis A der Verordnung fallen und demgemäss als Heilmittel dem freien Verkehr entzogen sind:

Acetum Colchici.
— Digitalis.
— Sabadillae.
— Scillae.
Alberts Remedy.
Alcocks Pflaster.
Alpenkräutertee.
Antiodol (Schweissmittel).
Antinervin (Radlauer).
St. Annaberger Klostermagentropfen.
Aqua chlorata.
— ophthalm.
— Picis.
— vulneraria spirit. (B.)
Asches Bronchialpastillen.
Asthmaräucherkerzen.
Balsamum Copaiv. mixt.
— Nucistae.
— orientale.
Bandwurmmittel (Helfenb.).
Barellas Magenpulver.
Benson-Pflaster.
Bergöl.
Blutreinigungspillen.
Bocks Pectoral.

Borvaseline.
Brennersches Pflaster.
Bromeisensalz.
Bromsalz, brausendes.
Brustelixir.
Brustpastillen.
Brustsirup.
Burkhardts Kräuterpillen.
Camphorsalbe.
Camphorvaseline.
Capsicinpflaster.
Capsicumpflaster.
Caps. c. Bals. Copaiv. et Extr. Cubeb.
— — Extr. Filicis.
— — — et Calomel.
— — — Hydrast. Canadensis.
— — — Kreosot.
— — — et Ol. jecoris Aselli.
— — — Ol. Santali.
— — — Terebinth.
— — Salosantal.
Cascara Sagradapillen.
— Sagradatabletten.
Cetaceum saccharatum.
Chloroform. mixt.

Choleratabletten.
Choleratropfen.
Cinchonatabletten.
Cocapillen.
Coffeïnpastillen.
Collemplastrum Aluminii acetici.
Collodium cantharidat.
— Jodoformii.
Confectio Cinae (B).
Congopillen.
Cuprum sulfuricum-Stifte.
Dentin, karbolsäurehaltig.
Dernehls Eisenpulver.
Deterts Rettigsaft.
Diachylonwundpuder.
Diaphtherin.
Dicks Wundenpflaster.
Dyramogen.
Eckerts Tee.
Eisenchinabier.
Eisenmagnesiapillen.
Electuar. e Senna.
— Theriac.
Elixir ad long. vit.
— amarum.
— Aurantior. comp.
— e Succo Liquir.
Emplastr. Cantharid.
— — ext. (Ohrpflaster).
— Cerussae.
— — extensum.
— fuscum (Hamburger Pflaster).
— — extens.
— Hydrargyri.
— — extens.
— Lithargyri.
— — extens.
— — comp.
— — — extens.
— Minii.
— oxycroceum.
— — extens.
— saponatum.
— — extens.
— — salicylatum.
Emulsio ricinosa.
Ergotintabletten.
Extract. Absinthii.
— Aconiti.

Extract. ad Sirup. Liquirit.
— Aloës.
— Belladonnae.
— Cannabis Ind.
— Cascarae Sagradae.
— — — fluid.
— Castaneae vesc. fluid.
— Chinae aquos.
— — aether.
— — spirituos.
— Colocynth.
— Colombo.
— Condurango.
— Damianae fluid.
— Dulcamarae.
— Ferri pomat.
— Filicis aether.
— Frangulae.
— Gentianae.
— Graminis.
— Hydrastis Canadens.
— Hyoscyam.
— — sicc.
— — solut.
— Ipecacuanhae fluidum.
— Ligni Guajaci.
— Marubii.
— Millefolii.
— Opii.
— Rhei.
— — comp.
— — spirit.
— Sabinae.
— Sarsaparillae.
— Scillae.
— Secalis cornuti.
— Senegae.
— Strychni aquosum.
— — spirit.
— Tormentillae.
— Trifolii.
— Valerianae.
— Vib. prunifolii fluid.
Familientee.
Fernestsche Lebensessenz.
Ferrum jodat. sacchar.
Flechtencream.
Flechtensalbe.
Flusstinktur.

Frangulatabletten.
Frostbalsam.
Frostsalbe.
Frostseife.
Frostspiritus.
Froststifte.
Fussschweissmittel.
Gasteiner Tee.
Gesundheitstee (Berliner).
Gichtleinwand.
Gichtpapier.
Glöcknersches Pflaster.
Glycerinsuppositorien.
Glycerin-Tanninbalsam.
Granulae c. Acid. arsenicoso.
Haberechtscher Tee.
Haematicum (Glausch).
Haematogen (Hommel).
— siccum.
Haemoglobinzeltchen.
Hämorrhoidalessenz.
Hämorrhoidalsalbe.
Hämorrhoidalspezies.
Hämorrhoidaltrank.
Hamburger Tee.
— Pflaster.
Harlemer Tropfen.
Harzer Gebirgstee.
Heiligen Bittertee.
Helgoländer Pflaster.
Hensels konz. tonische Essenz.
Herztinktur.
Hiengfongessenz.
Höllensteinstifte (gefasst und ungefasst).
Homöopath. Streukügelchen.
— Tinkturen.
Hustenmixtur.
Hustenpastillen.
Hustenpillen.
Hustensaft.
Hustentee.
Hustentropfen.
Ichthyolpillen.
Ichthyolsalbe.
Ichthyolspiritus.
Idiaton.
Infus. Senn. comp.
Ingapastillen.

Injectio Anglica.
— Matico.
Jerusalemer Balsam.
Jodeisenmanganpeptonat.
Jodoformcollodium.
Jodoformstäbchen.
Kali chloricum-Pastillen.
Kalomelverreibung.
Karlsbader Brausepulv.
Katarrhpastillen.
Kautschukohrpflaster.
Kinderpulver.
Klepperbeinsches Magenpflaster.
Kolapastillen.
Kolikmittel für Pferde.
Kosotabletten.
Krätzemittel.
Krampftropfen.
Kreosotum mixtum.
Kronessenz.
Kwietsches Pflaster.
Lauers Gebirgstee.
Lazarusbalsam.
Lebenselixir.
Lebensessenz Kiesow.
Lebensextrakt.
Lebenswecker.
Lebertran mit Eisen.
— — Chinin.
— — Jodeisen.
Lebertran-Tritol.
Lehmanns Krampfpulver.
Linimentum Styracis.
Liqueur de Laville.
Liquor Aluminii acet.
— Ammonii acet.
— — anis.
— — succin.
— Ferri acetici.
— — albumin. D. A.-B.
— — — Drees.
— — — Lyncke.
— — oxychlorati.
— — oxyd. dialysat.
— — peptonat. dialysat.
— — sesquichlorat.
— — subacetici.
— — sulfur. oxyd.
— Ferro mangan. pept.

Liquor Ferro mangan. pept. (Gude).
— — — — (Keysser).
— — — saccharati.
— Kalii acetici.
— — arsenic.
— Plumbi subacetici.
Lithiumsalz, brausendes.
Loxapillen.
Lücks Kräuterhonig.
Magenpillen.
Magentropfen.
Malzextrakt mit Chinin.
Mariazeller Magentropfen.
Marienbad. Reduktionspillen.
Martinscher Tee.
Mentholöl.
Mentholschnupfpulver.
Migränepastillen.
Migränetabletten.
Milzbrandtropfen.
Mixtura oleoso balsam.
— sulfur. acida.
Morrisons Pillen.
Nortwyks Diphtherieheilmittel.
Ohrpflaster.
Oleum Absinth. infus.
— camphorat.
— cantharidat.
— Carvi mixt.
— Chamomillae infus.
— Chloroformii.
— Hyoscyami.
— — c. Chloroformio.
— Hyperici.
— Lini sulfuratum.
— Menth. crisp. mixt.
— philosophor.
— phosphorat.
— salicylatum.
— Terebinth. sulf.
Opodeldoc (fest u. flüss.).
Orientalischer Balsam.
Oxymel Scillae.
Pain-Expeller.
Pasta Lassari.
— salicylica.
— Zinci.
Pastilli c.Morph.et.Rad.Ipecacuanhae.
Pepsinsalzsäurepillen.

Pertussin.
Phenacetintabletten.
Phosphorlebertran.
Pillen für Kinder.
Pilulae aloëticae.
— — ferratae (Italienische Pillen).
— c. Bals. Copaivae.
— caninae.
— Chinini c. ferro.
— contra tussim.
— Ferri arsenicosi.
— — carbon. Valettii.
— — sulf. Blaudii.
— Guajacoli.
— Jalapae.
— Kreosoti.
— 'laxantes.
— magneticae.
— odontalgicae.
— Rhei.
— Stahlii.
Potsdamer Balsam.
Präservativcream, Gerlachs.
Pulpa Tamarind. depur.
Pulvis aëroph. laxans.
— antiepilepticus.
— aromaticus.
— gummosus.
— Ipecacuanhae opiat.
— Liquiritiae comp. (Brustpulver).
— Magnesiae c. Rheo.
— roborans.
— stomachalis.
Regulapillen.
Regulatingpillen.
Reichels Wundspiritus.
Remedy Alberts (Gichtmittel).
Restitutionsfluid.
Rhabarbertabletten.
Rheumatismuslikör.
Sagradapillen.
Salicylcollodium.
Salicyllanolin.
Salicylpflaster.
Salicylpflastermull.
Salicylvaseline.
Salosantalkapseln.
Salzunger Tropfen.
Sanguinalpillen Krewel.

Sareptafluid, russisches.
Sarsaparillian.
Schreibers Rheumatismuslikör.
Schwarzburger Lebensessenz.
— Pflaster.
Schwarzwurzelhonig.
Schwedische Gall- und Magentropfen.
Schwedischer Tee.
— Universaltee.
Schwefelvaseline.
Schweizer Balsam.
— Pillen.
Sennatabletten.
Sirupus Althaeae.
— — c. Oxym. Scill.
— Chamomillae.
— Cinnamomi.
— cort. Aurant.
— Ferri jodati.
— Liquiritiae.
— Papaveris.
— phosphoratus.
— Rhamni cathartic.
— Rhei.
— — comp.
— Rhoead.
— Senegae.
— Violarum.
Solutio Acidi tannici.
— Ammonii chlorati.
— Argenti nitr.
— Atropini.
— Cocaini.
— Codeini phosphorici.
— Cupr. sulf.
— Ergotini.
— Ichthyoli.
— Kalii bromati.
— — permanganici.
— Lugol.
— Morphini.
— Natrii sulfur.
— Pilocarpini.
— Protargoli.
— Sublimati.
— Succ. Liquir.
— Thioli.
— Veratrini.
— Zinci chlorati.

Solutio Zinci sulfurici.
Sozojodolschnupfpulver.
Spatsalbe.
Species aromaticae.
— diuret.
— emollientes.
— Hamburgens.
— Hierae picrae.
— laxantes (St. Germain).
— lignorum (Holztee).
— pectorales (Brusttee).
Spirit. Angelicae comp.
— coeruleus.
— russicus.
— Sinapis.
Sprangerscher Balsam.
Sprangersche Salbe.
— Tropfen.
Spratts Mittel gegen Tierkrankheiten
  (Husten, Staupe, Würmer, Veits-
  tanz, Ohrenkrebs).
Stomachal.
Strassburger Abführpillen.
Sublimatpastillen.
Sulzberger Tropfen.
Tamarindenkonserven.
Tamarindenessenz.
Teersalbe.
Tillytropfen (Haarlemer Balsam).
Tinctura Aconit.
— Aloës comp.
— amara.
— aromatica.
— Asae foetidae.
— Aurantii.
— Belladonnae.
— Benz. comp.
— Calami.
— Cannab. ind.
— Cantharid.
— Capsici.
— carminativ.
— Cascarillae.
— Castorei.
— Catechu.
— Chinae.
— — comp.
— Chinioidini.
— Colchici.

Tinctura Colocynthidis.
— Digitalis.
— Eucalypti.
— Ferri acetici aether.
— — — Rad.
— — chlorati aetherea.
— — comp. Athenstaedt.
— — pomata.
— — — c. Tinct. aloës.
— Filicis.
— Foeniculi.
— — comp. (Romershausens Augenwasser).
— Formicar.
— Frangul.
— Gallarum.
— Gelsemii.
— Gentianae.
— Guajaci.
— Ipecacuanhae.
— Jodi.
— — decolorata.
— Lobeliae.
— Opii benzoica.
— — crocata.
— — simpl.
— Pimpinellae.
— Pini comp.
— Piperis.
— Quebracho.
— Ratanhhae.
— Rhei aquosa.
— — vinosa (Rhabarberwein).
— Rosmarini.
— Secal. cornuti.
— Senegae.
— Spilanthis comp.
— stomachalis.
— Strammonii.
— Strophanti.
— Strychni.
— Succini.
— Thujae.
— Veratri.
— Zingiberis.
Tiroler Gebirgstee.
Töpfersalbe.
Traumaticin.
Ullrichs Kräuterwein.

Unguent. acre.
— Althaeae.
— Argent. nitric.
— Aristoli.
— basilicum.
— camphoratum.
— c. Balsam. peruv.
— Cantharidum.
— carbolisatum.
— cereum.
— Cerussae.
— — composit.
— contra pediculos.
— Creolini.
— Dermatoli.
— diachyl.
— — Hebrae.
— Elemi.
— exsiccans.
— flavum.
— Glycerin.
— Hydrarg. albi.
— — ciner.
— — — in globulis.
— — rubr.
— Ichthyoli.
— Jodi.
— Jodoformii.
— Kalii jodati.
— laurinum.
— Majoranae.
— ophthalmicum.
— Plumbi tannic.
— Rosmar. comp.
— salicylic.
— sulfurat.
— tannicum.
— Zinci c. Argent. nitrico.
— — salicylat.
Universaltee (Nöthlings).
Urinaltee (Dr. Bous).
Venetianischer Balsam.
Vinum camphorat.
— Chinae.
— — c. Ferro.
— Cocae.
— Colchici.
— — ferrat.
— Condurango.

Vinum Ipecacuanhae.
— Sagradae.
— stibiatum.
Voss' Katarrhpillen.
Vulneral.
— Augensalbe.
— Tee.
Webers Alpenkräutertee.
Wegscheiders Brusttee.
Westphals Kräutertee.
Wilsons Anästheticum (Cocaïn. enth.).

Whites Augenwasser.
Wundcream.
Wurmkuchen (Santoninzeltchen).
Wurmkügelchen.
Zahnwatte (mit Cocaïn, Morphin etc.)
(B).
Zahnpillen.
Zahntropfen.
Zinkpflastermull.
Zinkvaseline.
Züllichauer Pflaster.

Verzeichnis B.
Inhalt des Verzeichnisses.

Das Verzeichnis B enthält diejenigen Stoffe, welche gemäss § 2 der Verordnung ausserhalb der Apotheken überhaupt nicht feilgehalten oder verkauft werden dürfen. Gegenüber der früheren Verordnung hat das Verzeichnis einen Zuwachs von 61 Stoffen erhalten. Dieselben sind in dem Abdruck des Verzeichnisses auf Seite 6 durch Kursivschrift kenntlich gemacht. Gestrichen wurden lediglich Fructus Colocynthidis und Fructus Sabadillae. Daturin, das ebenfalls fortgefallen ist, ist kein selbständiges Alkaloid, sondern identisch mit Hyoscyamin, nach anderen Autoren mit Atropin. Dagegen waren früher auch die Salze des Cinchonins dem Verkehr entzogen, während jetzt nur Cinchonin selbst im Verzeichnis steht. Im ganzen sind in demselben 266 Stoffe aufgeführt, und zwar hauptsächlich chemische Körper, neben denen eine Anzahl Drogen sowie auch einige andere Präparate Platz gefunden haben. Soweit eine strenge Trennung derselben überhaupt möglich ist, ergibt sich, dass in dem Verzeichnis enthalten sind:

> Chemische Präparate 186
> Drogen 70
> Galenische Präparate 6
> Physiologische Präparate 4
>   266

Die sechs Galenischen Präparate sind:

Ammonium chloratum ferratum.
Aqua Amygdalarum amararum.
— Laurocerasi.

Aqua Opii.
— vulneraria spirituosa.
Vasogenum et ejus praeparata.

Sie mussten an dieser Stelle aufgenommen werden, weil sie z. T. überhaupt nicht, wie die destillierten Wässer, z. T. nicht in zweifelfreier Weise von dem Verbote des Verzeichnisses A betroffen werden.

Die vier physiologischen Präparate sind:

Praeparata organotherapeutica.	Tuberculinum.
Sera therapeutica, liquida et sicca, et eorum praeparata ad usum humanum.	Tuberculocidinum.

Betrachtet man die 266 Mittel von einem anderen Gesichtspunkte aus, nämlich nach dem Umfange, in dem sie dem Verbot unterliegen, so zeigt sich, dass gerade 200 Stoffe lediglich nach ihrem Handelsnamen, ohne einschränkenden oder erweiternden Zusatz aufgeführt sind. Das heisst, diese Stoffe sind in allen Formen, in denen sie im Handel vorkommen, also die Chemikalien in rohem oder gereinigtem Zustande, die Drogen in sämtlichen Handelssorten und als ganze wie als zerkleinerte Ware, dem Verkehr entzogen. Eine Einschränkung von dieser Regel findet sich nur bei folgenden 10 Stoffen, und worin sie besteht, ist aus der gewählten Bezeichnung ohne weiteres ersichtlich:

Acidum benzoicum e resina sublimatum.	Hydrargyrum oxydatum via humida paratum.
Bulbus Scillae siccatus.	Kreosotum (e ligno paratum).
Fel tauri depuratum siccum.	Resorcinum purum.
Ferrum sulfuricum siccum.	Zincum chloratum purum.
Fructus Papaveris immaturi.	— sulfuricum purum.

Synthetische Benzoesäure, frische Meerzwiebel, ungereinigte und nicht eingedickte Ochsengalle, krystallisiertes Ferrosulfat, reife Mohnkapseln, rotes Quecksilberoxyd, Steinkohlenkreosot sowie nicht gereinigtes Resorcin, Chlorzink oder Zinksulfat fallen demnach nicht unter das Verbot.

Keine Einschränkung bedeutet dagegen der Zusatz aethereum bei Oleum Chamomillae, da das nicht ätherische Chamillenöl bereits unter Verzeichnis A fällt.

Den 10 einschränkenden Bezeichnungen stehen 7 Sammelnamen gegenüber, welche mehrere z. T. eine sehr grosse Anzahl Mittel in sich begreifen. Es sind das:

Acida chloracetica.	Salia glycerophosphorica.
Aethyleni praeparata.	Sera therapeutica, liquida et sicca et eorum praeparata ad usum humanum.
Opium, ejus alcaloida eorumque salia et derivata eorumque salia.	
Praeparata organotherapeutica.	Vasogenum et ejus praeparata.

Diesen gesellen sich 49 chemische Präparate zu, die mit einem Stern versehen sind, d. h. bei denen nach der dem Verzeichnis vorangestellten Bestimmung der Verordnung „auch die Abkömmlinge der betreffenden Stoffe, sowie die Salze der Stoffe und ihrer Abkömmlinge inbegriffen" sind.

Diese Anordnung, die eine wesentliche Erweiterung des Verzeichnisses B und in textlicher Hinsicht zugleich eine bedeutende Vereinfachung bildet, ist eine Neuerung der Verordnung vom 22. Oktober 1901. In der Vorgängerin derselben waren nur bei 31 Stoffen gleichzeitig deren Salze, bei einem die Derivate und ebenfalls bei einem die Derivate und deren Salze ausdrücklich als verboten bezeichnet. Jetzt aber sind bei 49 mit einem Stern bezeichneten Stoffen ganz gleichmässig alle Derivate sowie alle Salze der Stoffe selbst und der Derivate mit inbegriffen. **Diese Stoffe sind folgende:**

Acetanilidum.	Hydrastininum.
Acidum lacticum.	Hyoscyaminum.
— osmicum.	Nosophenum.
— sozojodolicum.	Orexinum.
— sulfocarbolicum.	Orthoformium.
— valerianicum.	Pelletierinum.
Aconitinum.	Phenacetinum.
Apomorphinum.	Phenocollum.
Arecolinum.	Phenylum salicylicum (Salolum).
Atropinum.	Physostigminum.
Brucinum.	Pilocarpinum.
Chinidinum.	Piperazinum.
Chininum.	Pyrazolonum phenyldimethylicum.
Cinchonidinum.	Scopolaminum.
Cocaïnum.	Sparteïnum.
Coffeïnum.	Strychninum.
Coniinum.	Sulfonalum.
Curarinum.	Thallinum.
Digitalinum.	Theobrominum.
Digitoxinum.	Tropacocaïnum.
Duboisinum.	Urethanum.
Emetinum.	Urotropinum.
Eucaïnum.	Veratrinum.
Guajakolum.	Yohimbinum.
Homatropinum.	

Es sind somit im Verzeichnis B neben 210 Einzelnamen 56 Kollektivbezeichnungen enthalten. Dadurch ist die Zahl derjenigen einzelnen Stoffe, welche unter dies Verzeichnis fallen, eine beträchtliche geworden, und es bedarf bei der Frage, ob ein Mittel dem Verkaufsverbot des § 2 der Verordnung unterliegt, sofern es im Verzeichnis B nicht selbst steht, immer erst einer Prüfung, ob dasselbe unter einen der 56 Kollektivbegriffe gehört. Diese Prüfung wird sich in vielen Fällen sehr einfach gestalten. Die Chloressigsäuren, die glycerinphosphorsauren Salze, die Vasogenpräparate sind aus ihrer Bezeichnung ebenso leicht erkenntlich, wie z. B. die Salze des Chinins, des Cocains oder der

Sozojodolsäure. Einer Erläuterung bedürfen diese Präparate daher nicht. Schwierigkeiten werden dagegen öfters eintreten bei den neueren Arzneimitteln, da diese in der Regel nicht unter ihrem wissenschaftlichen Namen in Verkehr gebracht werden, sondern unter irgend welchem Phantasie- oder Zweckmässigkeitsnamen, der in keiner Weise auf ihre Zusammensetzung hindeutet. Im folgenden ist eine Liste derjenigen bekannteren und gebräuchlichen neuen Arzneimittel und Präparate aufgestellt, welche auf diese Weise unter das Verzeichnis B fallen, ohne direkt in demselben zu stehen. Aus der in Klammern beigefügten Zusammensetzung ist ersichtlich, durch welchen der genannten 56 Sammelbegriffe das Mittel dem freien Verkehr entzogen ist. In den meisten Fällen wird es sich dabei nicht um Salze, sondern um Derivate, Abkömmlinge handeln.

Man kann natürlich über die Grenzen des Begriffes „Abkömmlinge" verschiedener Meinung sein. Nachstehend sind diese Grenzen ziemlich eng gezogen. Nicht berücksichtigt sind sämtliche Präparate, welche nicht einheitliche Körper, sondern Zubereitungen im Sinne des Verzeichnisses A der kaiserlichen Verordnung darstellen und als solche eo ipso (als Heilmittel) dem freien Verkehr entzogen sind.

Derivate und Salze, welche ausserhalb der Apotheken nicht feilgehalten oder verkauft werden dürfen.

Acetopyrin u. Acopyrin (acetylsalicyls. Antipyrin).
Adrenalin (Organpräparat).
Aethacol = Guaethol.
Agurin (Theobrominnatrium u. Natriumacetat).
Ajacol = Guaethol.
Aiodin (Organpräparat).
Airoform = Airol.
Airogen = Airol.
Alexin = Tuberculocidin.
Alpha-Guajakol (synth. Guajakol).
Alpha-Kreosot (Kreosot und Guajakol).
Alsol = Alumin. aceticotartar.
Aminoform = Urotropin.
Analgesin = Antipyrin.
Anticancrin (Krebsserum).
Antidiphtherin (Serumpräparat).
Antinosin (Natriumsalz des Nosophens).

Antiphthisin (Organpräparat).
Antipyreticum Riedel (Antipyrin).
Antivenin (Antitoxin gegen Schlangengift).
Antiseptin (p-Bromacetanilid).
Antispasmin (Narceïnnatrium - Natriumsalicylat).
Antistreptokokkin (Erysipelserum).
Apallagin (Nosophenquecksilber).
Apolysin (Phenetidin-Citronensäure).
Asepsin = Antisepsin.
Aseptol (Orthophenolsulfosäure).
Asterol (p-phenolsulfosaures Quecksilber-Ammoniumnitrat).
Atrabilin (Organpräparat).
Bacillin (Organpräparat).
Basicin (Chinincoffeïnpräparat).
Benzanilid ($C_6H_5NH . C_6H_5CO$).
Benzosol (Guajakolbenzoat).
Brenzcain (Guajakolbenzyläther).
Bromalin (Urotropinbromaethylat).

Cacodyliacol (kakodyls. Guajakol).
Calmin (Antipyrin u. Heroin).
Cerebrin (Organpräparat).
Chelen = Aether chloratus).
Chinaphtol (β - Naphtolsulfosaures Chinin).
Chinopyrin (Cinin u. Antipyrin).
Chinoral (Chinin und Chloral).
Chinotropin (harnsaures Urotropin).
Chloralorthoform.
Chloralurethan.
Citrophen (Citronyl-p-Phenetidid).
Cocapyrin (Cocaïn und Antipyrin).
Coffeïn-Chloral.
Coffeïn-Jodol.
Cordol (Tribromsalol).
Cupri-Aseptol (phenolsulfosaures Kupfer).
Dextrococaïn (Iso-Cocaïn).
Didymin (Organpräparat).
Dijodoform (Tetrajodaethylen).
Dionin (salzsäures Aethylmorphin).
Diuretin (Theobromin - Natriumsalicylat).
Duotal (Guajakolkarbonat).
Eosot (Kreosotvalerianat).
Epinephrin (Organpräparat).
Erythrol (Wismut und Cinchonidinjodid).
Ethylol = Aether chloratus.
Euchinin (Chininaethylkohlensäureester).
Eudoxin (Wismutsalz des Nosophens).
Euguform (Acetylmethylendiguajakol).
Euphorin (Phenylurethan).
Eupyrin (Phenetidinvanillinaethylkarbonat).
Eurythrol (Organpräparat).
Exalgin (Methylacetanilid).
Ferri- und Ferropyrin (Antipyrineisenchlorid).
Formanilid (Phenylformamid).
Formin = Urotropin.
Formopyrin (Methylendiantipyrin).
Formylphenetidin.
Fortoin (Formaldehydcotoïn).

Galactophenetidid (p - Phenitidin u. Galaktose).
Galloformin (Urotropin u. Gallussäure).
Gasterin (Organpräparat).
Geoform (Guajakol-Formaldehyd).
Geosot (Guajakolvalerianat).
Glandulen (Organpräparat).
Glycosolvol (oxypropionsaures Theobromin- Trypsin).
Guacamphol (Kamphersäureguajakolester).
Guaethol (Brenzkatechinmonoaethyläther).
Guajacid (guajakolsulfosaures Calcium).
Guajacetin (brenzkatechinacetsaures Natrium).
Guajacophosphat (Phosphorigsäure-Guajakolester).
Guajacyl (guajakolsulfosaures Calcium).
Guajaform = Geoform.
Guajamar (Guajakol-Cerylester).
Guajaperol (Piperidinum guajacolicum).
Guajaperon = Guajaperol.
Guajaquin (Chinin und Guajakolsulfosäure).
Guajasanol (salzsaures Diaethylglykokollguajakol).
Hedonal (Methylpropylcarbinolurethan).
Heparaden (Organpräparat).
Holocaïn (Phenacetinderivat).
Homocresol = Guaethol.
Hydrargyrol (p - phenolsulfosaures Quecksilber).
Hypnal (Chloralantipyrin).
Hypophysin (Organpräparat).
Ixotin (Organpräparat).
Jodaethylformin (Urotropinpräparat).
Jodocol (Jodguajakol).
Jodoformin (Jodoform und Urotropin).
Jodophen - Nosophen.
Jodophenin (Trijodphenacetin).
Jodopyrin (Jodantipyrin).

Jodothyrin (Organpräparat).
Kelen = Chelen.
Kineurin (glycerinphosphorsaures Chinin).
Kochiin = Tuberkulin.
Kreosol (Homoguajakol).
Lactanin (Bismut. lactotannicum).
Lactol (Milchsäure-β-Naphtylester).
Lienaden (Organpräparat).
Lycetol (urins. Dimethylpiperazin).
Lysidin (Aethylenaethenyldiamin).
Malakin (p-Phenetidin und Salicylaldehyd).
Malarin (Acetophenonphenetidin).
Mallein (Serumpräparat).
Medulladen (Organpräparat).
Menthol-Jodol.
Methacetin (p-Oxymethylacetanilid).
Migränin (Antipyrinabkömmling).
Migrol (Coffeïn u. Natr. guajaceticum).
Mydrin (Ephedrin und Homatropin).
Mydrol (Jodmethylphenylpyrazolon).
Myelen (Organpräparat).
Naphtopyrin (Antipyrin u. Naphtol).
Nasrol (coffeïnsulfosaures Natron).
Nectrianin (Organpräparat).
Neurodin (Oxyphenylacetylurethan).
Nitrosalol (Nitrosalicylsäurephenylester).
Nukleïn (Organpräparat).
Oculin (Organpräparat).
Oophorin (Organpräparat).
Opo-Präparate (Organpräparate).
Orchidin (Organpräparat).
Ossagen u. Ossalin, Ovacin, Ovadin, Ovaraden, Ovarial, Ovarigen, Ovarigin, Ovarin (Organpräparate).
Oxychinaseptol (phenolsulfosaures Oxychinolin).
Oxysparteïn.
Pankreaden, Pankreatin u. Pankreon (Organpräparate).
Pental (Trimethylaethylen).
Peptovarin (Organpräparat).
Phenopyrin (Phenol u. Antipyrin).
Phesin (Sulfoderivat des Phenacetin).
Pikropyrin (Antipyrin u. Pikrinsäure).

Polyformin (Diresorcin-Urotropin).
Prostaden (Organpräparat).
Pulmoform (Methylendiguajakol).
Pulmonin (Organpräparat).
Pyramidon (Dimethylamidophenyldimethylpyrazolon).
Pyrogallopyrin (Antipyrin und Pyrogallol).
Pyrosal (saures acetylsalicylsaures Antipyrin).
Quionin (enthält im Wesentlichen Cinchonidin neben Chinin).
Resalgin (resorcylsaures Antipyrin).
Resopyrin u. Resorcinopyrin (Antipyrin und Resorcin).
Rhachitol (Organpräparat).
Rheumatin (salicyls. Salicylchinin).
Salifebrin (salicylsaures Antifebrin).
Saliformin (salicylsaures Urotropin).
Salipyrin (Antipyrinsalicylat).
Salochinin (salicylsaures Chinin).
Salochinol (durch Einwirkung von Ozon auf Chininsalze erhalten).
Salocoll (salicylsaures Phenokoll).
Salubrol (Brommethylenbisantipyrin).
Sedatin (Valeryl-p-phenetidin).
Serum antidiphthericum.
Sidonal (chinasaures Piperazin).
Silberol (sulfophenolsaures Silber).
Somnal (Urethan und Chloral).
Sozal (phenolschwefels. Aluminium).
Spermin (Organpräparat).
Sphygmogenin (Organpräparat).
Spleniferrin u. Splenin (Organpräparat).
Stypticin (Narcontinderivat).
Styrakol (Guajacolum cinnamylic.).
Supradin u. Suprarenadin (Organpräparat).
Symphorol (coffeïnsulfosaures Na, Li oder Sr).
Tannon und Tannopin (Urotropintannin).
Tartrophen (Weinsäure u. p-Phenetidin).
Testaden, Testidin und Testin (Organpräparat).
Tetanus Antitoxin (Serumpräparat).
Thanatol = Guaethol.

Thermodin (Acetyl-p-Aethoxyphenylurethan).
Thiocol (guajakolsulfosaures Kalium).
Thyraden, Thyreoantitoxin, Thyreoglobulin, Thyreoidin, Thyrogen, Thyroglandin (Organpräparate).
Tolypyrin (p - Tolyldimethylpyrazolon).
Tolysal (salicylsaures Tolypyrin).

Triphenin (Propionyl-p-Phenetidin).
Tuberkulol (Organpräparat).
Tussol (mandelsaures Antipyrin).
Typhase (Typhusantitoxin).
Uralin u. Uralium (Chloralurethan).
Uresin (Urotropinlithiumcitrat).
Uropherin (Theobrominlithium - Lithiumsalicylat).
Valerydin (Valeryl-p-Phenetidin).
Validol (valeriansaures Menthol).

Mit dieser Zusammenstellung, die sich lediglich auf neuere Arzneimittel beschränkt, ist die Zahl der als Salze oder Derivate unter das Verzeichnis B fallenden chemischen Körper natürlich nicht erschöpft. Allein trotz des beträchtlichen Umfanges, den das Verzeichnis B durch die Verordnung vom 22. Oktober 1901 gewonnen hat, machen sich in demselben verschiedene Lücken bemerkbar. So ist es auffallend, dass das Aspirin dem freien Verkehr nicht entzogen ist. Man hat zwar augenscheinlich die Absicht gehabt, die gewiss nicht ganz indifferenten Salze der Salicylsäure in die Apotheken zu verweisen, denn Bismut. salicylic., Cupr. salicyl., Hydrarg. salicylic., Natr. salicylic. sowie Phenylum salicylic. finden sich im Verzeichnis B, dagegen hat man die Acetylsalicylsäure (das Aspirin) sowie das ebenfalls gegen Rheumatismus und Gicht vielfach angewendete salicylsaure Colchicin, sowie das Saligenin (Salicylalkohol) leider nicht aufgenommen.

Analoge Verhältnisse zeigt das Verzeichnis B in Bezug auf verschiedene Hypnotica. Amylenum hydratum und Chloralum hydratum sind dem freien Verkehr als starkwirkende Arzneimittel entzogen. Das Amylenchloral dagegen (Dormiol) fehlt im Verzeichnis B. Auch bei den Jodpräparaten fällt eine gewisse Unsicherheit auf. Die alten Jodalkalien Kal. jodatum und Natr. jodatum sind dem freien Verkehr entzogen, verschiedene ihrer modernen Konkurrenten dagegen sind frei. Doch hat augenscheinlich die Absicht bestanden, alle lediglich zu Arzneizwecken gebrauchten neueren Jodpräparate dem freien Verkehr zu entziehen, wie die Aufnahme von Aristol, Europhen, Losophan in das Verzeichnis B beweist. Dasselbe dürfte für die Brompräparate gelten. Bromalhydrat, Bromoform und Bromkampher sind aufgenommen, Bromipin, Bromeigon, Bromocoll und Bromol (Tribromphenol) dagegen nicht.

Bei dem Vergleich der Wismutpräparate, welche in das Verzeichnis B Aufnahme gefunden haben, zeigt sich, dass ebenfalls nur ein Teil der als Arzneimittel gebräuchlichen modernen Wismutverbindungen berücksichtigt worden ist. Es stehen in dem Verzeichnis Airol, Dermatol und Xeroform, sowie Bismut. bromat., oxyjodat., subsalicylic. und tannicum.

Auffallend ist ferner die Inkonsequenz, welche bei der Auswahl der Eisenpräparate zu Tage tritt. Es stehen 12 verschiedene Eisenpräparate im Verzeichnis B, darunter auch das Ferratin, bekanntlich ein aus der Leber dargestelltes Eisenpräparat. Wenn man dieses aber namentlich aufführte, so gehörten das in neuerer Zeit stark in Aufnahme gekommene Fersan, ein Eisenpräparat des Blutes, sowie die Eisennucleïnpräparate Ferratogen und Triferrin ebenfalls auf die Liste. Vielleicht hat man dieselben als Organpräparate betrachtet, die ja ganz allgemein dem freien Verkehr entzogen sind. Auch von den modernen Silberpräparaten fehlen einige (Albargin, Ichthargan, Nargol usw.), obgleich man augenscheinlich die Absicht gehabt hat, sämtliche lediglich Arzneizwecken dienenden Silberverbindungen dem freien Verkehr zu entziehen.

Ganz besonders überraschend aber ist das Verhältnis der freigegebenen und nicht freigegebenen Aluminiumpräparate zu einander. Das Alsol (Alumin. acetico-tartaric.), welches wohl hauptsächlich in den Apotheken zur Darstellung eines Surrogates für den Liquor Aluminii acetici gebraucht wird und schon aus diesem Grunde kaum irgend welchen praktischen Wert für den Kleindrogenhandel bietet, hat man in das Verzeichnis B aufgenommen. Das Boral (Alumin. boro-tartaric.) aber, sowie Cutol (Alumin. borotannicum), Tannal (Alumin. tannic.) und Alumnol (naphtholsulfosaures Aluminium) sind der Zensur entschlüpft.

Wie weit das Verbot auch auf Zubereitungen auszudehnen ist, welche Stoffe des Verzeichnisses B enthalten, und welche Zubereitungen dabei hauptsächlich in Frage kommen, wurde bereits bei der Besprechung von § 2 der Verordnung, Seite 45, ausführlich behandelt.

Verhältnis der Verordnung zu anderen Gesetzen.

Die Verordnung vom 22. Oktober 1901 wird durch verschiedene Gesetze ergänzt. Es sind dies hauptsächlich: das Giftgesetz (auf Grund eines Bundesratsbeschlusses vom 29. November 1894 in den einzelnen Staaten erlassen), das Nahrungsmittelgesetz (Reichsgesetz vom 14. Mai 1879) und einzelne Polizeiverordnungen über die Ankündigung von Geheimmitteln.

Giftgesetz. Dieses im Anhang abgedruckte Gesetz bestimmt in § 1:

Giftgesetz. Abgabe von Gift als Heilmittel. 115

„Der gewerbsmässige Handel mit Giften unterliegt den Bestimmungen der §§ 2 bis 18. Als Gifte im Sinne dieser Bestimmungen gelten die in Anlage I aufgeführten Drogen, chemischen Präparate und Zubereitungen."

Diese Anlage enthält in drei Abteilungen eine Anzahl Gifte, von denen einige auch im Verzeichnis B der kaiserl. Verordnung stehen, während die übrigen zu den dem freien Verkehr überlassenen Apothekerwaren gehören. Es ist nun, da die kaiserl. Verordnung als Reichsgesetz gemäss Artikel 2 der Verfassung für das deutsche Reich, dem als Landesgesetz erlassenen Giftgesetz vorangeht, klar, dass die Gifte ersterer Art von Drogisten, mögen sie Giftkonzession besitzen oder nicht, entspechend der weitergehenden Bestimmung der kaiserl. Verordnung überhaupt nicht (im Kleinhandel) verkauft werden dürfen.

Bei der Abgabe der dem freien Verkehr überlassenen Gifte müssen jedoch die näheren Bestimmungen des Giftgesetzes beachtet werden. (Über die zum Handel mit Giften nötige Konzession siehe Teil IV: das Drogistengewerbe.) Hierfür sind vor allen Dingen bedeutungsvoll die §§ 12 und 16. Ersterer sagt:

„Gift darf nur an solche Personen abgegeben werden, welche als zuverlässig bekannt sind und das Gift zu einem erlaubten gewerblichen, wirtschaftlichen, wissenschaftlichen oder künstlerischen Zweck benutzen wollen. Sofern der Abgebende von dem Vorhandensein dieser Voraussetzungen sichere Kenntnis nicht hat, darf er Gift nur gegen Erlaubnisschein abgeben."

Vier Zwecke sind also namhaft gemacht, zu denen Gift verabfolgt werden darf. Die Verwendung als Heilmittel befindet sich nicht darunter. Und da der § 16 nur die „Abgabe von Giften als Heilmittel in den Apotheken" nicht unter die Bestimmungen des § 12 gestellt wissen will, so ergibt sich hieraus die Tatsache, dass in Drogenhandlungen Gifte im Sinne des Giftgesetzes als Heilmittel nicht abgegeben werden dürfen. Höchstens gegen Erlaubnisschein wie dies möglich, wobei dem Abgebenden eine nähere Prüfung des Verwendungszweckes nicht mehr obliegt.

Dass dieser Zustand nicht nur aus rechtlichen, sondern auch aus sanitären Gründen durchaus nötig ist, zeigt eine einfache Überlegung. Wäre die Abgabe von Giften als Heilmittel den Drogisten erlaubt, so stünde es, während für den Verkehr starkwirkender Arzneimittel in Apotheken die umfassendsten Vorsichtsmassregeln getroffen sind, jedem Drogenhändler auch ohne Giftkonzession frei, z. B. Sublimat, das bei gewissen Krankheiten Verwendung als Gurgelwasser findet, zu diesem Zwecke in Pulverform an jedermann ohne weiteres abzugeben.

Es ist gleichwohl wiederholt der Versuch gemacht worden,

aus dieser klaren Rechtslage einen Konflikt zwischen der kaiserl. Verordnung und dem Giftgesetz zu konstruieren. Ein solcher ist jedoch keineswegs vorhanden, wenn man sich vor Augen hält, dass die betreffenden Stoffe dadurch dem freien Verkehr, d. h. dem Verkehr ausserhalb der Apotheken, durchaus nicht entzogen werden, sondern dass ihr freier Verkehr nur geregelt wird. In diesem Sinne hat auch die Rechtsprechung ausnahmslos entschieden.

Sehr gründlich behandelt folgendes Urteil die allgemeinen Beziehungen des Giftgesetzes zur Kaiserl. Verordnung:

L.G. Braunschweig 23. Mai 1898.

Ein Konflikt zwischen den beiden Bestimmungen besteht nicht. Indem die Gewerbeordnung durch § 6 Abs. 2 der kaiserlichen Verordnung die Bestimmung darüber überlässt, welche Apothekerwaren dem freien Verkehr zu überlassen seien, und indem sie durch § 34 Abs. 3 den Landesgesetzen die Befugnis einräumt, den Handel mit Giften von einer Genehmigung abhängig zu machen, behandelt sie zwei Materien, deren Regelung durch zwei voneinander unabhängige Stellen Widersprüche überhaupt nicht enthalten kann. Solche Widersprüche liegen auch tatsächlich nicht vor. Die kaiserliche Verordnung und das Landesgesetz stehen sich nicht gegenüber, sondern gehen nebeneinander. Das Verhältnis wird klar, wenn man den Fall setzt, dass die Landesgesetzgebung von ihrer Befugnis, zum Handeln mit Giften Genehmigung vorzuschreiben, keinen Gebrauch macht. Dann finden die allgemeinen Grundsätze der Gewerbeordnung Anwendung, und es darf also jedermann ohne weiteres mit Giften handeln. Niemand wird aber bezweifeln, dass die Gewerbefreiheit des Händlers dann trotzdem Schranken hat, nämlich diejenigen der kaiserlichen Verordnung. Genau so liegt die Sache, wenn die Landesgesetzgebung von jener Befugnis Gebrauch macht, der Händler die vorgeschriebene Genehmigung aber erhalten hat. Er darf dann zwar den Gifthandel betreiben, aber auf den Umfang und die Art des Handels hat die kaiserliche Verordnung Einfluss. Umgekehrt darf der Drogenhändler, welcher die Erlaubnis zum Gifthandel nicht hat, auch in den von der kaiserlichen Verordnung gestatteten Grenzen nicht mit Giften im Sinne des Landesgesetzes handeln. Nach der Regelung, welche für die beiden Materien zur Zeit durch die oben erwähnten Vorschriften getroffen ist, ergiebt sich für den Drogenhändler folgender Rechtszustand:

1. Hat er die Erlaubnis zum Gifthandel nicht, dann darf er zufolge des Landesgesetzes mit den in dessen Anlagen aufgeführten Giften nicht handeln, wohl aber darf er zufolge der kaiserlichen Verordnung von allen anderen in deren Anlagen aufgeführten Apothekerwaren sämtliche im Grosshandel, ferner im Kleinhandel diejenigen des Verzeichnisses A zu anderen Zwecken als zu Heilzwecken und diejenigen des Verzeichnisses B an Apotheken verkaufen.

2. Hat er die Erlaubnis zum Gifthandel, dann darf er zufolge des Landesgesetzes mit den in dessen Anlagen aufgeführten Giften, soweit sie in den Anlagen der kaiserlichen Verordnung nicht aufgeführt sind, nach

Giftgesetz. Abgabe von Gift als Heilmittel. 117

Massgabe der näheren Vorschriften des Landesgesetzes handeln, ebenfalls darf er dann zufolge jenes Landesgesetzes und der kaiserlichen Verordnung von den in den Anlagen der kaiserlichen Verordnung aufgeführten Waren sämtliche im Grosshandel, ferner im Kleinhandel sämtliche des Verzeichnisses A zu anderen Zwecken als zu Heilzwecken und sämtliche des Verzeichnisses B an Apotheken verkaufen.

Die hierdurch begründete Tatsache, dass die dem freien Verkehr überlassenen Gifte ausserhalb der Apotheken zu Heilzwecken nicht (oder höchstens gegen Erlaubnisschein, wenn die Polizei einen solchen ausstellt) abgegeben werden dürfen, auch wenn die Verkäufer im Besitze der Giftkonzession sind, hat das K.G. in verschiedenen Urteilen bestätigt, bei denen das als Heilmittel am meisten gebräuchliche Gift dieser Art, das chlorsaure Kali, den Gegenstand der Anklage bildete.

K.G. 30. Januar 1899.

Die Behauptung der Revision, der § 12 der Verordnung vom 24. August 1895 sei ungültig, weil er gegen § 6 Abs. 2 der Reichsgewerbeordnung und die kaiserliche Verordnung vom 27. Januar 1890 verstosse, ist unzutreffend. Allerdings sind nach diesen Bestimmungen die nicht in den Verzeichnissen A und B zur kaiserlichen Verordnung vom 27. Januar 1890 aufgeführten Apothekerwaren dem freien Verkehr überlassen. Das erleidet jedoch nach § 34 Abs. 3 der Reichsgewerbeordnung für diejenigen Apothekerwaren, die gleichzeitig Gifte sind, eine Ausnahme. Denn nach der erwähnten Bestimmung können die Landesgesetze vorschreiben, dass zum Handel mit Giften besondere Genehmigung erforderlich ist. Darnach sind — sofern die Landesgesetzgebung, wie in Preussen, von jener Befugnis Gebrauch gemacht hat — diejenigen Apothekerwaren, welche gleichzeitig Gifte sind, dem freien Verkehr nicht unterworfen. Inbetreff dieser Waren ist daher die Landesgesetzgebung befugt, auch weitere beschränkende Bestimmungen zu erlassen, ohne hieran durch § 6 R.G.O. und die kaiserliche Verordnung vom 27. Januar 1890 gehindert zu sein. Darnach ist § 12 der Verordnung vom 24. August 1895 rechtsgültig.

K.G. 8. Mai 1899.

Dass die Ministerial-Polizeiverordnung vom 24. August 1895 gemäss § 34 Abs. 3 der Reichsgewerbeordnung rechtsgültig erlassen ist und gegen die K. V. vom 27. Januar 1890 nicht verstösst, ist vom Vorderrichter zutreffend dargelegt und vom Kammergericht in feststehender Rechtsprechung anerkannt. Die Strafkammer hat ferner bedenkenfrei festgestellt, dass der Angeklagte gegen § 12 der Verordnung von 1895 dadurch verstossen hat, dass er an die Zeugin M. das in Abt. 3 des Giftverzeichnisses aufgeführte Kali chloricum zum Gurgeln gegen Halsentzündung, also zu Heilzwecken und nicht zu einem erlaubten gewerblichen, wissenschaftlichen, wirtschaftlichen oder künstlerischen Zweck abgegeben hat.

In den übrigen Urteilen ist die Sachlage insofern etwas anders, als es sich dabei um Personen handelt, die keine Konzession zum Gifthandel besassen. Sie hatten Gifte nur zu Heilzwecken abgegeben und sich dazu berechtigt gehalten, weil dieselben durch die Kaiserl. Verordnung dem freien Verkehr überlassen seien. Auch hier entschied das K.G. konform seinem früheren Standpunkt in den Erkenntnissen vom 12. Juli 1894, 1. Oktober 1894 (in beiden Fällen gegenüber früheren Giftverordnungen) und 11. Dezember 1899, in letzterem unter folgender Begründung:

K.G. 11. Dezember 1899.

Die Revision des Angeklagten, welche Verletzung materieller Rechtsgrundsätze rügt, konnte keinen Erfolg haben. Allerdings sind nach § 6 Abs. 2 der Reichsgewerbeordnung in Verbindung mit der kaiserlichen Verordnung vom 27. Januar 1890 die nicht in den Verzeichnissen A und B zu letzterer Verordnung aufgeführten Apothekerwaren dem freien Verkehr überlassen. Dies erleidet jedoch nach § 34 Abs. 3 der Reichsgewerbeordnung eine Ausnahme für diejenigen Apothekerwaren, welche gleichzeitig Gifte sind. Nach der erwähnten Bestimmung können die Landesgesetze vorschreiben, dass zum Handel mit Giften besondere Genehmigung erforderlich ist. Dies ist für Preussen geschehen durch § 49 des Gesetzes vom 22. Juni 1861 (Ges.-Samml. S. 442), welcher ebensowenig wie § 34 Abs. 3 der Gewerbeordnung den Gifthandel zu Heilzwecken von dem zu anderen Zwecken erfolgenden Gifthandel scheidet. Der Angeklagte besitzt unstreitig eine solche Konzession nicht. Aus § 34 Abs. 3 der Gewerbeordnung ergibt sich auch, dass die Landesgesetze zu bestimmen haben, welche Stoffe als Gifte gelten sollen (vgl. von Landmann, Komm. 3. Aufl. S. 328 Anm. 10 zu § 34). Für Preussen ist das geschehen durch die Ministerialverordnung vom 24. August 1895 (Ministerialbl. f. inn. Verw. S. 265) und das dieser Verordnung angehängte Giftverzeichnis, in dessen Abteilung III das vom Angeklagten unstreitig verkaufte Kalium chloratum (chlorsaures Kali) aufgeführt ist. Der Angeklagte G. ist daher mit Recht aus § 367[3] St.G.B. bestraft worden.

Der Unterschied zwischen beiden Handlungen kommt darin zum Ausdruck, dass im ersteren Fall die Bestrafung wegen Nichtbeachtung der Giftvorschriften gemäss § 367[5] St.G.B. in letzterem wegen Verkaufs von Gift ohne Konzession gemäss § 367[3] St.G.B. erfolgt.

Durch diese mehrmalige übereinstimmende Rechtsprechung des K.G. dürfte die Frage der Abgabe von Giften als Heilmittel in Drogenhandlungen endgültig geregelt sein.

Nahrungsmittelgesetz. In den Fällen, wo der Versuch gemacht wird, Arzneimittel, um sie dem freien Verkehr zuzuführen, unter der Bezeichnung als Genussmittel in den Handel zu bringen, kann auf den Vertrieb derselben auch das Reichsgesetz betreffend den Verkehr mit Nahrungsmitteln, Genussmitteln und Gebrauchsgegenständen vom 14. Mai 1879 Anwendung finden, sofern das Mittel gegen die Bestimmungen dieses Gesetzes ver-

Nahrungsmittelgesetz und Polizeiverordnungen. 119

stösst und sich als gesundheitsschädlich erweisen sollte. Ebenso kann aber auch umgekehrt bei zu Heilzwecken empfohlenen Genussmitteln die Gesetzgebung über den Verkehr mit Arzneimitteln gleichzeitig herangezogen werden.

Dies hat das R.G. in einem Urteil gegen einen Likörfabrikanten, der einen gesundheitsschädlichen Lebensbittern sowohl als Mittel gegen verschiedene Krankheiten wie als Hausmittel angepriesen hatte, bestätigt. Er wurde wegen Übertretung beider Gesetze verurteilt.

R.G. 13. Juli 1881.

Die Anpreisung eines Präparats als Arzneimittel schliesst dessen gleichzeitige Auffassung als Genussmittel nicht aus. Stehen der Herstellung und dem Vertrieb nach beiderlei Richtung verschiedene gesetzliche Verbote entgegen, so enthält die den Verboten zuwider erfolgte Herstellung etc. auch eine Verletzung der mehreren Strafgesetze.

Polizeiverordnungen. Wie das Giftgesetz die Abgabe der dem freien Verkehr überlassenen Mittel, soweit sie Gifte darstellen, regelt und von besonderen Bedingungen abhängig macht, so existieren auch besondere Polizeiverordnungen, welche über das Ankündigen und Feilhalten bestimmter Stoffe weitergehende Anordnungen treffen. Veranlassung zu gerichtlichen Entscheidungen haben besonders die in fast allen Provinzen oder Bezirken erlassenen Polizeiverordnungen betreffend die Ankündigung von Geheimmitteln gegeben, die häufig auch das Feilhalten und Verkaufen von Geheimmitteln verbieten. Wie bei der Behandlung dieses Gegenstandes (Teil III) ausführlich dargelegt ist, hat sowohl das R.G. (u. a. am 21./28. November 1882) wie auch das K.G. des öfteren entschieden, dass Bestimmungen, welche den Verkauf und das Feilhalten von Geheimmitteln schlechthin untersagen, betreffs der nicht unter die Verzeichnisse A und B der Kaiserl. Verordnung fallenden Geheimmittel rechtsungültig sind.

Dagegen erklärte das L.G. Memel am 6. Dezember 1899 eine Polizeiverordnung, welche den Verkauf von reinem oder mit anderen Substanzen vermischtem Schwefeläther, soweit die Abgabe nicht auf schriftliche Anweisung eines Arztes in den Apotheken erfolgte, zu Genusszwecken verbot und zu anderen Zwecken nur gegen eine polizeiliche Bestätigung des Verwendungszweckes gestattete, für rechtsgültig.

II. Strafbestimmungen.

1. Verkehr mit Arzneimitteln.

§ 367³ Str.Ges.B.

Mit Geldstrafe bis zu 150 M. oder mit Haft wird bestraft: 3. Wer ohne polizeiliche Erlaubnis Gift oder Arzneien, soweit der Handel mit denselben nicht freigegeben ist, zubereitet, feilhält, verkauft oder sonst an Andere überlässt.

Dieser die strafrechtliche Ergänzung der Verordnung über den Verkehr mit Arzneimitteln bildende Paragraph des Str.Ges.B. muss zum richtigen Verständnisse in die zwei Bestimmungen zerlegt werden:
1. Wer ohne polizeiliche Erlaubnis Gift zubereitet. etc. wird bestraft;
2. Wer Arzneien, soweit der Handel mit denselben nicht freigegeben ist, zubereitet etc., wird bestraft.

Der Passus „ohne polizeiliche Erlaubnis" bezieht sich also nur auf den Handel mit Giften, da hierzu auf Grund der bestehenden Vorschriften (§ 34 der Gew.-Ordg.) eine polizeiliche Konzession erforderlich ist; dagegen steht der Polizei ein Recht zur Erteilung der Erlaubnis zum Handel mit Arzneien nirgends zu, kann daher auch nicht erteilt werden.

a. Begriff der Arznei.

Was unter Arzneien im Sinne des Str.Ges.B. zu verstehen ist, ist durch Erkenntnisse der höchsten Gerichts-Behörden festgestellt. Die wichtigsten dieser Urteile sind folgende:

R.G. 15. Dezember 1881.

Unter Arzneien im Sinne des § 367³ des Str.Ges.B. sind alle Mittel zu verstehen, die in einer derjenigen Erscheinungsformen als Heilmittel dargeboten werden, welche in dem Verzeichnisse Anlage A bezeichnet werden, ohne Rücksicht auf ihre Bestandteile und arzneiliche Wirksamkeit.

Begriff der Arznei. Zubereiten von Arzneien. **121**

O.L.G. München 15. Mai 1880.

Dadurch, dass die Verordnung vom 4. Januar 1875 in §§ 1 u. 2 das Feilhalten und den Verkauf der im Verzeichnisse Anlage A aufgeführten Zubereitungen als Heilmittel, sowie das Feilhalten und den Verkauf der im Verzeichnisse Anlage B benannten Drogen und chemischen Präparate nur in Apotheken gestattet und im § 1 besagt, es mache hinsichtlich des Feilhaltens und des Verkaufes der eben bezeichneten Zubereitungen keinen Unterschied, ob solche aus arzneilich wirksamen oder aus Stoffen bestehen, die an und für sich zum medizinischen Gebrauche nicht geeignet sind, hat dieselbe den Begriff der im § 367 Ziff. 3 des Reichs-Straf-Gesetz-Buchs behandelten Arzneien näher festgestellt, indem sie bestimmt, wie weit der Handel mit Arzneien nicht freigegeben und was unter diesen Arzneien im Sinne des § 367 Ziff. 3 des Reichs-Straf-Gesetz-Buchs zu verstehen ist. Hiernach sind aber hierunter nicht blos Stoffe zu verstehen, die in der medizinischen Wissenschaft und Praxis als Heilmittel gelten, sondern alle im Verzeichnisse lit. A aufgeführten Zubereitungen, sofern sie als Heilmittel verabreicht werden, gleichviel ob sie medizinisch wirksame Stoffe enthalten oder nicht.

Ganz in demselben Sinne hatte sich schon früher das vormalige preussische Obertribunal in mehreren Entscheidungen geäussert, so am 19. April 1872, 15. November 1873, 7. Oktober 1874 und 18. März 1875.

Auf diesen Erkenntnissen, namentlich auf dem zuerst angeführten Urteile des R.G. fussen die meisten Entscheidungen, welche in Sachen einer Übertretung der Kaiserlichen Verordnung resp. des § 367³ des St.G.B. ergangen sind.

b. Zubereiten von Arzneien.

Der § 367³ bedroht auch den mit Strafe, welcher Arzneimittel der genannten Art zubereitet. Dabei darf jedoch nicht übersehen werden, dass auch für dieses Verbot die einschränkende Bestimmung „soweit der Handel mit denselben nicht freigegeben ist" Bezug hat. Als freigegeben sind anzusehen:

1. Der Handel mit solchen Arzneimitteln, welche nicht unter die Zubereitungen des Verzeichnisses A oder die Stoffe des Verzeichnisses B fallen.
2. Der Handel mit den in § 1 der Kaiserl. Verordnung generell ausgenommenen Zubereitungen.
3. Der Grosshandel, Verkauf der Stoffe des Verzeichnisses B an Apotheken etc.
4. Der Handel mit solchen Zubereitungen, welche nicht als Heilmittel dienen sollen.

In allen diesen Fällen ist daher auch das Zubereiten nicht verboten und daraus folgt ganz von selbst, dass die im § 1 der Gewerbeordnung gewährleistete (und im § 6 nur hinsichtlich des

Verkaufs von Arzneimitteln beschränkte) Freiheit des Gewerbebetriebes in Bezug auf die gewerbsmässige Herstellung von arzneilichen Präparaten und Heilmitteln in chemischen Fabriken und sonstigen Betrieben durch den § 367³ des St.G.B. in keiner Weise betroffen wird. Sehr deutlich gelangt diese Anschauung in folgendem Urteil zum Ausdruck.

O.L.G. Dresden 12. Juli 1900.

Obwohl vom Berufungsgericht offenbar nicht bezweifelt worden ist, dass der Angeklagte die von ihm hergestellten Schweizer Alpen-Kräuter-Pastillen nur im Wege des Grosshandels in den Verkehr gebracht habe, so hat es die von ihm ohne polizeiliche Erlaubnis bewirkte Zubereitung der Pastillen doch für strafbar erachtet, weil es davon ausgegangen ist, es sei die Bestimmung in § 367³ dahin auszulegen, dass es entscheiden solle, ob der Handel mit einer Arznei grundsätzlich und vollständig freigegeben sei oder nicht, und dass also die Freigabe für den Grosshandel allein keine Freigabe im Sinne des § 367³ bedeute. Dem hat nicht beigetreten werden können. Diese Auslegung widerspricht dem insoweit an sich klaren Wortlaut der bezeichneten Gesetzesnorm. Nach ihr ist die Zubereitung von Arzneien ohne polizeiliche Erlaubnis nur insoweit verboten, als der Handel mit ihnen nicht freigegeben ist. Daraus folgt, dass, soweit der Handel mit ihnen freigegeben ist, auch ihre Zubereitung an eine polizeiliche Erlaubnis nicht gebunden sein soll. Ist daher der Grosshandel mit Arzneien freigegeben, so kann auch die Zubereitung von solchen, soweit sie für den Grosshandelverkehr bestimmt sind und im Wege des Grosshandels in den Verkehr gebracht werden, von einer polizeilichen Erlaubnis nicht abhängig gemacht werden.

Ganz ebenso entschied das preussische O.V.G. vom 3. März 1900.

Da ferner nur das Zubereiten verboten ist, soweit der Handel nicht freigegeben ist, kann auch die Anfertigung einer Arzneimischung zum Zwecke des Selbstverbrauchs nicht strafbar sein. Der Patient, der das vom Arzt besonders verordnete Jodkali in einer Medizinflasche mit Wasser auflöst, bereitet damit zweifellos eine Arznei zu, aber nicht um einen nicht freigegebenen Handel mit derselben zu treiben. In diesem Sinne ist folgendes Urteil ergangen:

O.L.G. Celle 7. Februar 1893.

Als verbotenes „Zubereiten" kann nicht angesehen werden, wenn solche Materien von Patienten mit derlei indifferenten Stoffen wie Wasser zusammengegossen oder zusammengekocht werden, bei welchen diese Art der Verabreichung herkömmlich nicht schon in den Apotheken, sondern gerade im Haushalte der Patienten behufs Ermöglichung des alsbaldigen Genusses vorgenommen wird, und daher von dem Arzte wie vom Apotheker als erst dort vorzunehmen ins Auge gefasst wird.

Man wird daher das Zubereiten von Arzneien insonderheit dann als verboten ansehen müssen, wenn es zum Zweck eines unerlaubten Feilhaltens, Verkaufens oder Überlassens an Andere erfolgt.

Anfertigung von Rezepten in Drogenhandlungen.

In der Praxis richtet sich das Verbot des Zubereitens hauptsächlich gegen das unbefugte Rezeptieren, das pharmaceutischkunstmässige Präparieren einer gebrauchsfertigen Arznei ausserhalb der Apotheken. Zu diesem Verbot des Rezeptierens in § 367³ St.G.B., welches sich seinem Wortlaut entsprechend nur auf Mittel, die dem freien Verkehr nicht überlassen sind, bezieht, kommt noch eine andere denselben Gegenstand betreffende Strafbestimmung. Dieselbe ist enthalten in § 147¹ der Reichsgewerbeordnung und richtet sich gegen gewerbsmässige Übertretungen.

§ 147 Gew.O.

Mit Geldstrafe bis zu 300 M. und im Unvermögensfalle mit Haft wird bestraft: 1. Wer den selbständigen Betrieb eines stehenden Gewerbes, zu dessen Beginn eine besondere polizeiliche Genehmigung (Konzession, Approbation, Bestallung) erforderlich ist, ohne die vorschriftsmässige Genehmigung unternimmt oder fortsetzt, oder von den in der Genehmigung festgesetzten Bedingungen abweicht.

Unter diesen Paragraph fällt die unbefugte Ausübung des Apothekergewerbes durch einen Nicht-Apotheker, nicht aber die unbefugte Errichtung einer Apotheke durch einen Approbierten, da die Reichsgesetzgebung nur für die Erteilung der Approbation zuständig ist, während die Konzessionierung von Apotheken Landessache ist. In diesem Sinne entschied das K.G. in einem Erkenntnis vom 27. April 1899.

Kann demnach der § 147¹ der Gewerbeordg. für das gewerbsmässige unbefugte Rezeptieren in Drogenhandlungen in Betracht kommen, so fragt es sich, ob er ebenso wie § 367³ des St.G.B. nur dann anwendbar ist, wenn es sich um nicht freigegebene Mittel handelt, oder ob er überhaupt die Anfertigung von Arzneien auf ärztliche Rezepte, gleichgiltig ob dem freien Verkehr überlassen oder nicht, als die eigentliche pharmaceutische Tätigkeit unter seinen Schutz stellen wollte. Die erstere Anschauung hat das K.G. vertreten.

K.G. 19. Oktober 1899.

Inwieweit der Verkauf und das Feilhalten von Arzneimitteln und anderen zur Förderung der Gesundheit dienenden Stoffen nur in Apotheken stattfinden darf, ist reichsgesetzlich, nämlich durch die kaiserliche Verordnung vom 27. Januar 1890, erschöpfend bestimmt. In dieser Verordnung ist aber nicht vorgeschrieben, dass Arzneimittel, die von einem Arzt mittelst Rezepts verschrieben sind, nur in Apotheken bereitet und verkauft werden dürfen. Vielmehr können Arzneimittel, soweit deren Verkauf nach §§ 1 und 2 der erwähnten Verordnung freigegeben ist, auch in Drogenhandlungen verkauft werden, ohne dass es einen Unterschied macht, ob der Händler sie im Handverkauf oder auf Grund eines Arztrezepts abgibt. Nun hat das Berufungsgericht nicht festzustellen vermocht, dass Angeklagter das betreffende Mittel als Heilmittel abgegeben hat. Das Verbot des § 1 der erwähnten Verordnung greift daher nicht Platz. Es ist ferner weder in dem angefochtenen Urteil festgestellt noch sonst aus dem Sachverhalt zu entnehmen, dass einer der Stoffe, aus denen das verkaufte Mittel sich zusammensetzt, in dem Verzeichnis B zur kaiserlichen Verordnung von 1890 enthalten ist; somit war der Verkauf auch nicht durch § 2 der Verordnung verboten. Demgemäss war der Angeklagte als Nichtapotheker zur Abgabe des erwähnten Mittels auf Grund eines Arztrezepts berechtigt. Der Angeklagte hat sich somit durch diesen Verkauf auch nicht des unbefugten selbständigen Betriebes des Apothekergewerbes schuldig gemacht, da nur der ohne polizeiliche Genehmigung erfolgte gewerbsmässige Verkauf der den Apothekern vorbehaltenen Mittel unter § 147[1] der Gewerbeordnung fällt. (Vgl. von Landmann, Kommentar, 3. Aufl. Bd. 2 S. 408.)

Wesentlich weitergehend fasst jedoch ein Urteil der Strafkammer zu Lyck den Begriff der Ausübung des pharmaceutischen Betriebes auf: Ein Drogist hatte mehrere in seine Hände gelangte Rezepte in der Weise angefertigt, dass er die einzelnen Stoffe abwog. und getrennt den Patienten verabfolgte, die dann selbst die Lösung oder Mischung zu Hause vorzunehmen hatten. Die einzelnen Ingredienzien gehörten zu denjenigen, die in Drogenhandlungen verkauft werden dürfen. Das Landgericht hat gleichwohl in diesem Verhalten den unerlaubten Betrieb eines stehenden Gewerbes erblickt und seine Anschauung wie folgt begründet:

L.G. Lyck 30. Juli 1901.

Das Apothekergewerbe ist begrifflich das gewerbsmässige pharmaceutisch-kunstgemässe Herstellen und Verkaufen einer Arznei, wobei es unwesentlich ist, ob die Arznei nur aus solchen Bestandteilen zusammengesetzt ist, welche für den Drogenhandel freigegeben sind. Der Angeklagte hat alles dasjenige vorgenommen, was speziell die Tätigkeit eines Apothekers ausmacht und ausmachen soll. Er hat die Rezepte aufgelöst, aus ihnen die Art und die Mengen der einzelnen Bestandteile der verschriebenen Arznei festgestellt und alsdann den Kunden angewiesen, die Bestandteile zu vermengen und nach Vorschrift des Rezepts zu gebrauchen. Dadurch, dass er die rein mechanische Tätigkeit des Vermengens der einzelnen Rezeptbestandteile nicht selber vorgenommen, sondern den Kunden überlassen hat, kann seiner Tätigkeit nicht der Charakter des unbefugten Rezeptierens und Zubereitens einer Arznei, wie solches ausschliesslich den Apothekern vorbehalten ist, genommen werden. Das rein mechanische

Feilhalten und Verkaufen.

Vermischen der Arzneibestandteile kann auch ein Apotheker durch einen dritten vornehmen lassen; allein wesentlich ist dagegen diejenige Tätigkeit, welche, wie das Lesen und Auflösen des Rezepts und das Feststellen der Mengen der einzelnen Bestandteile, besondere Kenntnisse und Fähigkeiten voraussetzt. Gerade die Approbation als Apotheker soll die Garantie für den Besitz der hierzu notwendigen Sachkunde gewähren, und diese Garantie vermag ein Drogenhändler ohne weiteres nicht zu bieten.

Das Tun des Angeklagten enthält somit das pharmaceutische Zubereiten und Verkaufen einer bis auf das mechanische Zusammenmischen gebrauchsfertigen Arznei, mithin die Ausübung des Apothekergewerbes, wie auch von dem Sachverständigen Dr. v. G., freilich im Gegensatz zum Dr. Y., angenommen worden ist. Der Angeklagte hat auch aus der fortgesetzten Verübung dieser Art Tätigkeit sich eine dauernde Erwerbsquelle verschaffen wollen, hat mithin auch den Betrieb eines wirklichen Apothekergewerbes unternommen.

Es war daher festzustellen, dass der Angeklagte den selbständigen Betrieb eines stehenden Gewerbes, nämlich des Apothekergewerbes, zu dessen Beginn eine besondere polizeiliche Genehmigung (Approbation) erforderlich ist, ohne diese vorschriftsmässige Genehmigung unternommen hat. (Vergehen gegen §§ 29, 147 Abs. 1, Nr. 1 der Gewerbeordnung.)

Nach diesem Urteil müsste also die gewerbsmässige Anfertigung auch solcher Rezepte, welche auf freigegebene Mittel lauten, in Drogenhandlungen als eine Übertretung des § 147[1] der Gewerbeordnung angesehen werden. Von derselben Ansicht geht nachstehender an die Krankenkassenvorstände gerichteter Erlass des Polizeipräsidenten von Hannover aus:

Polizei Präs. in Hannover 17. März 1899.

Es ist bei mir zur Sprache gebracht worden, dass verschiedene hiesige Krankenkassen ihren Mitgliedern den Bezug von ärztlich verordneten Arzneien auch aus Drogenhandlungen gestatten und sogar vorschreiben. Die Kassenvorstände mache ich deshalb darauf aufmerksam, dass es den Drogenhändlern verboten ist, Rezepte anzufertigen, sowie Arzneimittel, deren Verkauf nach der kaiserlichen Verordnung vom 27. Januar 1890 auf Apotheken beschränkt ist, in ihren Geschäften feilzuhalten oder abzugeben.

c. Feilhalten und Verkaufen.

Das „Feilhalten" musste in das Str.G.B. aufgenommen werden, weil nicht jeder ungesetzmässige Arzneiverkauf im Augenblick seiner Vollendung selbst konstatiert werden kann. Das Feilhalten von dem freien Verkehre nicht überlassenen Arzneien wird somit als eine vorbereitete Handlung für den Verkauf angesehen werden und ebenfalls bestraft. Was unter Feilhalten zu verstehen ist, ist unter Heranziehung der wichtigsten darüber ergangenen Gerichtsentscheidungen bei der Verordnung vom 22. Oktober 1901 selbst auf Seite 29 erörtert.

Vertrieb von Arzneien durch Agenten.

Ausser durch direktes Feilhalten und Verkaufen sind Arzneien bisweilen auch durch Agenten in der Weise verbreitet worden, dass diese Bestellungen auf die Waren aufsuchten und annahmen, diese dem eigentlichen Fabrikanten oder Händler übermittelten und eventuell den Betrag für das Mittel einzogen. Nach einem Erkenntnis des O.L.G. Darmstadt vom 12. Januar 1883 ist eine solche Tätigkeit als gleichbedeutend mit dem Verkaufen und Feilhalten der Ware anzusehen und in den Fällen, in denen solches Feilhalten oder Verkaufen verboten ist, als „strafbare Mittäterschaft" an der betreffenden Übertretung in Gemässheit des § 47 des Reichsstrafgesetzes, nicht bloss gemäss § 49 „als straflose Beihilfe" dazu zu beurteilen.

O.L.G. Darmstadt 12. Januar 1883.

Durch die Feststellung des angefochtenen Strafurteiles, wonach der Angeklagte auf die Brandtschen Schweizerpillen, zu deren Bestellung er sich als Agent des Apothekers Brandt öffentlich und speziell in dem vorliegenden konkreten Fall bereit erklärt, auch nach Empfangnahme des Kaufgeldes gemachte Bestellungen angenommen und effektuiert hat, erscheint der Angeklagte sowohl im Sinne des gemeinen Lebens als auch im rechtlichen Sinne als Verkäufer einer Zubereitung, die nur in Apotheken verkauft werden darf, und darum als Übertreter der Strafbestimmung der pos. 3 des § 367 des Strafgesetzes. Dass er nicht für sich, sondern für einen anderen oder im Auftrag als Agent eines anderen verkauft hat, ändert an dieser Sachlage nichts. Mag man nun im Falle, dass für einen dritten verkauft wird, das zwischen diesem und dem Käufer hierdurch entstandene Rechtsverhältnis als aus der Obligation eines dritten, oder infolge einer rechtlichen Fiktion erwachsen annehmen, der, der den Verkauf geschlossen hat, also hier der Angeklagte, erscheint immer tatsächlich als der Verkäufer. Ein Strafgesetz in den Wortsinn restringierender Weise auszulegen, ist an sich unzulässig, umsomehr aber hier, wo die Absicht des Gesetzes aus naheliegenden Gründen offenbar dahin geht, das Inverkehrsetzen solcher Zubereitungen ausser in Apotheken im weitesten Sinne zu verbieten. Unter diesen Umständen braucht nicht weiter untersucht zu werden, ob der Angeklagte die fraglichen Pillen im Sinne des Strafgesetzes etwa auch feilgehalten, oder sonst an andere überlassen hat. Die eine Alternative der Übertretung, das unbefugte Verkaufen, erscheint festgestellt.

Ein weiteres Erkenntnis liegt seitens des O.L.G. Breslau vor. Dasselbe war gegen einen Gastwirt ergangen, welcher als Agent in der Weise tätig war, dass er Bestellungen auf Schweizerpillen einer bestimmten Apotheke zur direkten Übersendung an die Besteller übermittelte. Die Strafkammer hatte in der Tätigkeit ein verbotenes Feilhalten gesehen und den Angeklagten auf Grund des § 367³ St.G.B. zu einer Geldstrafe verurteilt. Auf seine Revision hob jedoch das O.L.G. Breslau

Agenten und Zwischenhändler. 127

am 25. November 1882 das Urteil auf, da ein Feilhalten überhaupt nicht stattgefunden habe. Ob ein Verkaufen vorliege, war nicht erörtert worden, da sich die Anklage lediglich auf das Feilhalten gerichtet hatte.

Zu beachten ist, dass beide Entscheidungen insonderheit das verurteilende Darmstädter Erkenntnis sich nur auf den § 367³ des St.G.B. gründen und keinen Bezug nehmen auf die Bestimmung in § 56⁹ der Gewerbeordnung, nach welcher Arznei- und Geheimmittel vom Ankauf und Feilbieten im Umherziehen überhaupt ausgeschlossen sind. Wie in Teil IV „das Drogistengewerbe" näher dargelegt ist, kann diese Bestimmung auf das blosse Aufsuchen von Bestellungen auf Arznei- oder Geheimmittel nicht Anwendung finden, da das Feilbieten das Vorhandensein der Waren beim Anbieten voraussetzt. Die Tätigkeit der Agenten, welche sich auf das Annehmen von Bestellungen beschränken, lässt sich daher nur aus § 367³ des St.G.B. beurteilen.

Für den an sich freigegebenen Grosshandel, also den Verkauf an Zwischenhändler ist naturgemäss auch das Aufsuchen von Bestellungen jeder Beschränkung entrückt.

Verkauf von Arzneien durch Zwischenhändler.

Eine weitere Modifikation eines unerlaubten Feilhaltens resp. Verkaufens liegt vor, wenn Drogisten oder andere Gewerbetreibende Arzneien auf ärztliche Verordnung hin in einer Apotheke anfertigen lassen und in dieser Form an ihre Kundschaft abgeben. Ein solcher Tatbestand liegt einem Urteil des O.L.G. Köln vom 16. Juni 1888 zu Grunde, welches die genannte Handlungsweise als unzulässig bezeichnet.

O.L.G. Köln 16. Juni 1888.

Dadurch, dass der Angeklagte (Drogist) vermöge der ihm ausgehändigten Rezepte die Arzneien (in einer Apotheke) bereiten liess und auch sofort bezahlte, hat er dieselben angeschafft und zwar zufolge vertraglicher Bestimmung zur Weitergebung an die Arbeiter der W.'schen Krankenkasse, welche sie ihm zu einem Preise bezahlte, der 20—30% unter der Medizinaltaxe stand. Hiernach liegt ein Vertrag auf Lieferung von Medikamenten vor zwischen der Krankenkasse und dem Angeklagten, dessen vielfache Betätigung das Berufungsurteil nachweist. Diese Überlassung von Arzneien auf Grund eines solchen gegen bestimmte Preissätze heisst und ist Verkaufen ohne Rücksicht darauf, ob der Empfänger oder ein anderer für ihn die Bezahlung leistet.

Ganz ebenso entschied das O.L.G. München am 30. Dezember 1893 gegen einen Agenten, der als Vertreter des Grafen Mattei in Bologna sog. Matteische elektrophysiopathische Streukügelchen den ihn konsultierenden Personen ausgehändigt hatte. Der Einwand, dass er die Mittel jedesmal erst aus einer Apotheke besorgt habe, wurde vom O.L.G. mit folgender Begründung als belanglos bezeichnet:

O.L.G. München 30. Dezember 1893.

Es wird in der Revisionsausführung geltend zu machen gesucht, dass die Überlassung solcher Mittel an andere dann nicht strafbar sei, wenn der Abgebende die verabreichten Zubereitungen seinerseits aus einer Apotheke entnommen hat, und da das angefochtene Urteil auch für den Fall des Bezuges aus einer Apotheke deren Weitergabe als unstatthaft erachtet habe, sei der Schuldausspruch nicht gerechtfertigt. Allein diese Auslegung der Vorschrift des § 367 Nr. 3 des R.St.G.B., wonach derjenige bestraft wird, wer Arzneien, soweit der Handel mit denselben nicht freigegeben ist, an andere überlässt, rechtfertigt weder der Wortlaut des Gesetzes, noch der mit demselben verfolgte Zweck, welcher den Schutz des Publikums gegen die Gefahren, die durch Missbrauch medizinischer Substanzen für Leben und Gesundheit der Menschen entstehen können, im Auge hat, und solche Gefahren erstehen dem Publikum nicht allein aus der Zubereitung von Heilmitteln durch Unkundige, sondern in gleichem Maße durch Verabreichung der von sachverständiger Hand gefertigten Medizinen durch Unberechtigte, welche in Verkennung der Wirkung von Heilmitteln, durch unzutreffende Verwendung oder Bestimmung der Mengen und dergleichen die menschliche Gesundheit zu schädigen vermögen. Die hier einschlägigen Reichstagsverhandlungen lassen keinen Zweifel darüber aufkommen, dass durch die hier massgebenden Bestimmungen gerade verhindert werden wollte, dass sich zwischen den Heilmittel Bedürfenden und den zur Abgabe derselben Befugten nicht jene Zwischenpersonen — gewöhnlich Kurpfuscher genannt — hineindrängen, um im eigenen Namen selbständig bei Abgabe von Heilmitteln zu handeln.

Haftbarkeit für Übertretungen.

Nach dem Wortlaut des § 367³ wird derjenige bestraft, der die verbotenen Mittel feilhält oder verkauft. Wie das R.G. in einem Urteil bestätigte, findet diese Bestimmung auch auf Handlungsgehilfen eines Geschäftsinhabers Anwendung, welche in dem Geschäftslokale Gifte oder nicht freigegebene Arzneien für Rechnung ihres Prinzipals verkaufen.

R.G. 8. April 1895.

Mit einem gewissen Schein von Berechtigung könnte der Einwand erhoben werden, dass nicht der angeklagte Gewerbsgehilfe, sondern der Inhaber des Drogengeschäftes der wirkliche Verkäufer gewesen sei, da jener nur als Beauftragter des Geschäftsinhabers dessen Verkaufswillen vollzog und für die zivilrechtlichen Wirkungen des Geschäftes, abgesehen von dem hier nicht mehr fraglichen Titel der Verschuldung, ausschliesslich die Personen des Geschäftsinhabers und des Käufers in Betracht kommen. Für sie war der Angeklagte nur Mittelsperson. Allein dieses zivilrechtliche Verhältnis ist in den strafgesetzlichen Bestimmungen nicht berücksichtigt.

Die polizeiliche Natur des Verbotes des Verkaufes gewisser Arzneimittel ausserhalb von Apotheken schliesst jedes Eingehen auf Unterscheidungen aus, die in der tatsächlichen Erscheinung nicht hervortreten. Nicht nur der gemeine Sprachgebrauch, sondern auch die Gesetzgebung bezeichnet die Handlungen der Gewerbsgehilfen, die sich unter den Formen des Verkaufes vollziehen, schlechtweg als Verkäufe (vgl. Art. 50 Handelsgesetzbuches) und dieser Begriff des Verkaufens ist daher jedenfalls dann zu Grunde zu legen, wenn gerade solche Handlungen in Frage stehen.

Danach können in allen Fällen, wo Gehilfen von Drogisten verbotene Arzneiwaren abgegeben haben, auch diese bestraft werden.

Andererseits ist aber auch wiederholt von den O.L.G. die gleichzeitige Haftbarkeit des Geschäftsinhabers festgestellt worden. Dieselbe gründet sich auf § 151 der Gew.O., welcher folgenden Wortlaut hat:

§ 151 Gew.O.

Sind bei der Ausübung des Gewerbes polizeiliche Vorschriften von Personen übertreten worden, welche der Gewerbetreibende zur Leitung des Betriebes oder eines Teiles desselben oder zur Beaufsichtigung bestellt hatte, so trifft die Strafe denselben. Der Gewerbetreibende ist neben denselben strafbar, wenn die Übertretung mit seinem Vorwissen begangen ist, oder wenn er bei der nach den Verhältnissen möglichen eigenen Beaufsichtigung des Betriebes, oder bei der Auswahl oder der Beaufsichtigung der Betriebsleiter oder Aufsichtspersonen es an der erforderlichen Sorgfalt hat fehlen lassen.

Ist an eine solche Übertretung der Verlust der Konzession, Approbation oder Bestallung geknüpft, so findet derselbe auch als Folge der von dem Stellvertreter begangenen Übertretung statt, wenn diese mit Vorwissen des verfügungsfähigen Vertretenen begangen worden. Ist dies nicht der Fall, so ist der Vertretene bei Verlust der Konzession, Approbation etc. verpflichtet, den Stellvertreter zu entlassen.

Darnach kann nur bei Übertretungen der Personen, welche zur Leitung des Betriebes oder eines Teiles desselben eingesetzt sind, der Gewerbetreibende selbst unter Umständen straflos bleiben.

Über die Haftbarkeit des Gewerbetreibenden sind folgende Urteile bekannt geworden:

O.L.G. Posen 21. November 1896.

Wenn das Berufungsgericht Fahrlässigkeit gegen den Angeklagten selbst als vorliegend angenommen hat, trotzdem der Verkauf der nicht freigegebenen Heilmittel durch den Gehilfen M. ohne Wissen und Wollen des Angeklagten geschehen ist, so ist dies nicht rechtsirrtümlich. An erster Stelle ist der Gewerbetreibende selbst für die Beobachtung der gesetzlichen und polizeilichen Vorschriften in seinem Betriebe haftbar und verantwortlich. Durch die Vorschriften im § 151 Abs. 1 der Gew.O. wird der Angeklagte nicht geschützt, weil M. nicht sein Stellvertreter gewesen ist, der Angeklagte es auch bei der nach den Verhältnissen möglichen eigenen Beaufsichtigung des Betriebes an der erforderlichen Sorgfalt hat fehlen lassen. Es war Sache des Angeklagten, in seinem Geschäft solche Veranstaltungen zu treffen, dass die Befolgung der polizeilichen Vorschriften gesichert war. Dadurch, dass der Angeklagte dies unterlassen hat, hat er fahrlässig gehandelt und sich strafbar gemacht.

Ebenso verurteilte das K.G. am 15. September 1898 einen Drogenhändler wegen unordnungsgemässer Führung des Giftbuches, trotzdem sich derselbe damit zu verteidigen suchte, dass in seinem zweiten Geschäft, um das es sich handelte, der dort angestellte Gehilfe die Verantwortung allein tragen müsse.

Sehr deutlich sprach sich ferner über die Haftbarkeit des Geschäftsinhabers das O.L.G. Celle aus.

O.L.G. Celle 1892.

Die gesetzlichen Bestimmungen sind dahin aufzufassen, dass nicht lediglich diejenige Person, welche selbst unzulässiger Weise Heilmittel verkauft, bestraft werden soll, sondern vor allem auch der Inhaber desjenigen Geschäftes, aus welchem derlei verkauft — bezw. sonst verabfolgt — wird. Von ihm muss angenommen werden, dass er das in seinem Geschäftslokale verkaufte Mittel als Verkaufsartikel führt und er dadurch seine Angestellten in den Stand setzt, es an andere Personen zu verabfolgen. In diesem Sinne kann gesagt werden, dass er für seine Leute — strafrechtlich — haftet. Wenn also in seinem Geschäftslokale dergleichen Artikel wie andere in demselben geführte verkauft werden, so wird er bestraft als derjenige, welcher sie verkauft hat. Die Haftung für seine Leute ist indessen keine absolute. Er ist frei von Strafe, wenn er alles getan hat, was er tun konnte, um einen derartigen unstatthaften Geschäftsbetrieb zu verhindern.

Auch die Berufung auf den guten Glauben kann die Haftbarkeit der Gewerbetreibenden nicht beeinflussen. Sie könnte höchstens einige Bedeutung haben, wenn sich der gute Glaube auf rein tatsächliche Umstände stützt. In diesem Sinne stellte das R.G. in einem Prozess, bei dem es sich um Verletzung des Gesetzes zum Schutze der Warenbezeichnungen vom 12. Mai 1894 handelte, folgenden auch hier anwendbaren Rechtsgrundsatz auf:

R.G. 13. April 1901.

Auf seinen guten Glauben würde der Angeklagte nur dann und insoweit sich mit Erfolg berufen können, als dieser gute Glaube sich klar erkennbar auf Umstände bezogen hätte, die zweifellos rein auf tatsächlichem Gebiete liegen. Sollte der gute Glaube sich darauf bezogen haben, dass der Angeklagte der Meinung gewesen sei, der von ihm angeführte Zweck der Verwendung habe seine Handlungsweise zu einer berechtigten gemacht oder andererseits, er sei nicht haftbar aus dem Gesetze vom 12. Mai 1894, weil er keine Täuschung der Käufer beabsichtigt habe, so würde dieser Irrtum lediglich das Gebiet der rechtlichen Meinungen und Würdigungen berührt haben, als solcher aber nach

Haftbarkeit für Übertretungen. 131

bekannten strafrechtlichen Grundsätzen nicht geeignet gewesen sein, den Angeklagten von seiner strafrechtlichen Verantwortung zu entlasten.
Dagegen nahm das L.G. Zwickau am 14. April 1899 mit Rücksicht auf den guten Glauben eines Angeklagten, der sich in diesem Falle allerdings auf rein tatsächliche Umstände bezog, von einer Bestrafung desselben Abstand. Das L.G. entschied, dass im Prinzip eine Übertretung der Verordnung vorliege, gleichwohl bestätigte es das freisprechende Urteil des Schöffengerichts, weil der Drogist nach einer früheren Entscheidung desselben Schöffengerichts annehmen musste, dass er sich durch die gewählte Art der Abgabe des betreffenden Mittels nicht strafbar mache, sich also im guten Glauben befunden habe.

Eine besondere, verschärfte Art der Haftbarkeit ergibt sich bei denjenigen Anklagen, die nicht nur auf eine Übertretung des § 367³ Str.Ges.B., sondern auch auf fahrlässige Körperverletzung oder fahrlässige Tötung, die durch Abgabe des betreffenden Mittels herbeigeführt ist, lauten. In diesen Fällen kommen die §§ 230 und 222 Str.Ges.B. in Frage.

§ 230 Str.Ges.B.

Wer durch Fahrlässigkeit die Körperverletzung eines Anderen verursacht, wird mit Geldstrafe bis zu 900 Mark oder mit Gefängnis bis zu zwei Jahren bestraft.

War der Täter zu der Aufmerksamkeit, welche er aus den Augen setzte, vermöge seines Amtes, Berufes oder Gewerbes besonders verpflichtet, so kann die Strafe auf drei Jahre Gefängnis erhöht werden.

§ 222 Str.Ges.B.

Wer durch Fahrlässigkeit den Tod eines Menschen verursacht, wird mit Gefängnis bis zu drei Jahren bestraft.

Wenn der Täter zu der Aufmerksamkeit, welche er aus den Augen setzte, vermöge seines Amtes, Berufes oder Gewerbes besonders verpflichtet war, so kann die Strafe bis auf fünf Jahre Gefängnis erhöht werden.

Fälle, in denen eine fahrlässige Körperverletzung (oder Tötung) sich in einheitlichem Zusammentreffen mit einer Übertretung des § 367³ des Str.Ges.B. befindet, gelangen häufig zur Aburteilung. Es kann in diesen Fällen nach Abs. 2 der genannten Paragraphen auf die erhöhte Strafe erkannt werden, da bei Drogisten auch dann die Ausserachtlassung einer Aufmerksamkeit, zu der sie durch ihr Gewerbe besonders verpflichtet sind, vorliegt, wenn sie einen ihnen gesetzlich nicht gestatteten Handel betreiben. Diesen wichtigen Grundsatz hat das R.G. am Anfang seiner schon oben zitierten Entscheidung vom 8. April 1895 aufgestellt.

R.G. 8. April 1895.

Wenn auch das Anfertigen ärztlicher Rezepte und der Verkauf von Morphium nicht zum erlaubten Gewerbebetriebe eines Drogisten gehört, so ergibt sich doch aus dem Urteile, dass in dem Geschäfte Morphium gewerbsmässig verkauft wurde. Unter dem „Gewerbe", dessen Betrieb nach §§ 222 Abs. 2 und 230 Abs. 2 Str.Ges.B. die strafrechtliche Verantwortlichkeit für Fahrlässigkeit ohne Strafantrag begründet, ist — entsprechend der Entwickelung des Gewerbewesens und im Einklange mit der Gewerbeordnung — nicht ein gesetzlich umschriebener Kreis von Befugnissen, sondern jede fortgesetzte auf Erwerb gerichtete Tätigkeit zu verstehen. Verbote können also zwar selbständige Strafbarkeit des verbotenen Gewerbebetriebes oder einzelner Handlungen begründen, aber keinen Einfluss auf dessen Begriff und die Natur der Handlung üben. Sonst würde der verbotene Gewerbebetrieb in Beziehung auf die Anwendbarkeit der §§ 222², 230² Str.Ges.B. günstiger gestellt sein als der ordnungsmässige.

Gegen die Annahme, dass auch ein Gehilfe zu der in seinem Gewerbe erforderlichen Aufmerksamkeit besonders verpflichtet ist, hat die Revision nichts eingewendet, und sie ist rechtlich unanfechtbar.

d. Überlassen an Andere.

Durch die Aufnahme des Begriffes „Überlassen an Andere" in § 367³ des Str.Ges.B. ist ausdrücklich ausgesprochen — und die Kommentare zum Str.Ges.B., wie die Rechtsprechung haben es anerkannt —, dass nicht lediglich die Abgabe von Arzneien gegen Entgelt, sondern überhaupt jede unerlaubte Arzneiabgabe an Andere, gleichviel in welcher Form sie geschieht, strafbar ist.

„Zweck und Wortlaut des § 367³ lassen mit Sicherheit annehmen, dass jeder ohne polizeiliche Erlaubnis betriebene Verkehr der in der kaiserlichen Verordnung vom 4. Januar 1875 aufgeführten Arzneien aus polizeilichen Sicherheitsmassregeln verboten werden soll, indem § 367 sagt: „Wer ... Arzneien ... oder sonst an Andere überlässt" (Erk. des bayr. Obersten Gerichtshofes).

Für den Verkehr mit Arzneimitteln ausserhalb der Apotheken hat diese Bestimmung eine besondere Bedeutung gewonnen in Bezug auf das Dispensierrecht der Ärzte und Krankenkassen.

Dispensierrecht der Ärzte.

Das Recht, Arzneien selbst anzufertigen und ihren Patienten zu verabfolgen, ist für Ärzte (Homöopathen) im allgemeinen in allen deutschen Staaten von einer Genehmigung abhängig gemacht, die entweder nur im Einzelfalle z. T. nach Ablegung einer besonderen Prüfung oder auch generell erteilt wird. Die auf diese Weise konzessionierten ärztlichen Hausapotheken fallen in rechtlicher Beziehung durchaus unter den Begriff der „Apotheken"

Dispensierrecht der Ärzte.

im Sinne der kaiserlichen Verordnung, und die zu ihrem Betriebe berechtigten Medizinalpersonen sind demnach hinsichtlich des Verkehrs mit Arzneimitteln, soweit nicht bei der Konzessionserteilung etwas anderes gesagt ist, den öffentlichen Apotheken gleichgestellt. Die Verhältnisse dieser Hausapotheken kommen daher bei § 367³ Str.Ges.B. kaum in Betracht und sollen nur kurz erwähnt werden.

In Preussen besagt bezüglich der Ärzte § 51 der Apothekenbetriebsordnung vom 18. Februar 1902 folgendes:

„Die Genehmigung zum Halten einer ärztlichen Hausapotheke wird von dem Regierungspräsidenten auf Antrag nach Prüfung der Verhältnisse widerruflich erteilt; derselbe stellt auch nach Anhörung des Regierungs- und Medizinalrats das Verzeichnis der für eine ärztliche Hausapotheke zulässigen Arzneimittel fest."

Feste Grundsätze, nach denen die Genehmigung zur Errichtung solcher Apotheken zu erteilen ist, fehlen. Hierüber war in § 14 der revidierten Apothekerordnung vom 11. Oktober 1801 gesagt:

„Dagegen erfordert auch das allgemeine Beste, dass Ärzte etc. an solchen Orten, wo keine öffentliche Apotheke vorhanden oder in der Nähe befindlich ist, mit den notwendigsten Arzneimitteln versehene kleine Hausapotheke sich halten können, jedoch lediglich nur zum Gebrauch in ihrer Praxis nicht aber zum Wiederverkauf an andere Personen."

Den etwas unbestimmten Ausdruck „in der Nähe" kommentierte ein Gutachten der wissenschaftlichen Deputation für das Medizinal-Wesen vom 28. Januar 1852 wie folgt:

„Nur an Orten, die wenigstens eine Meile von der nächsten Apotheke entfernt sind, ist dem Arzt ausnahmsweise gestattet, Arzneimittel für seine Kranken zu dispensiren."

Und eine Ministerialverfügung vom 2. September 1840 bestimmte:

„Die Befugnis zum Halten einer Hausapotheke fällt weg, sobald an dem betreffenden Orte eine selbständige Apotheke errichtet worden ist."

Für die selbstdispensierenden Homöopathen ist das Reglement über die Befugnis der approbierten Medizinalpersonen zum Selbstdispensieren der nach homöopathischen Grundsätzen bereiteten Arzneimittel vom 20. Juni 1843 massgebend (siehe Böttger, Apothekengesetze S. 355), welches diese Befugnis von dem Bestehen einer Prüfung sowie von einer ministeriellen Erlaubnis abhängig macht. Zur Erläuterung des Reglements erging ein Ministerialerlass vom 19. Januar 1897.

Über Zahnärzte bestehen keine besonderen Bestimmungen.

Ebenso besteht über das Dispensierrecht der Tierärzte eine eigentliche Gesetzgebung nicht; der gegenwärtige Zustand basiert auf nachstehender Verfügung:

Preuss. Minist.-Erlass vom 23. Juli 1833.

Auf den Bericht vom 4. d. M., das Dispensieren von Medikamenten von seiten der Tierärzte betreffend, wird der königlichen Regierung hierauf eröffnet, dass die Arzneiverordnungen der Tierärzte in der Gesetzgebung über das Apothekenwesen bisher noch nicht mit einbegriffen gewesen sind, weil der Zweck dieser strengen Vorschriften, die Sicherung des Lebens und der Gesundheit der Menschen vor Gefährdung, bei Viehkuren von selbst wegfällt. Es würde daher erst eines besonderen Gesetzes bedürfen, wenn die Tierärzte, deren Gewerbe auch bisher überhaupt keinen so gemessenen Beschränkungen in der Ausübung unterlegen hat, als das Gewerbe der übrigen Medizinalpersonen, gezwungen werden sollten, alle ihre Arzneien aus der Apotheke zu verschreiben. Hiernach sind auch die Bestimmungen der Positionen 15 b, 17 und 18 pag. 15 Nr. VI der Medizinaltaxe vom 21. Juni 1815 zu verstehen, bei denen es sein Bewenden umsomehr behalten muss, als hierdurch allein diejenige Wohlfeilheit der Arzneien für kranke Tiere erzielt werden kann, welche notwendig ist, wenn die Besitzer kranker Haustiere nicht überhaupt davon abgeschreckt werden sollen, die Hilfe der Tierärzte zu suchen. Es steht daher allen Tierärzten frei, die von ihnen für Heilung kranker Tiere zu verwendenden Arzneien selbst zu dispensieren und resp. einzusammeln, und nur die Gifte müssen hiervon ausgeschlossen bleiben.

Unter „Giften" im Sinne jener Verfügung sind natürlich nicht die zur Vertilgung schädlicher Tiere dienenden Venena, sondern alle starkwirkenden, in der Tierarzneikunde gebräuchlichen Arzneimittel gemeint.

Der Inhalt dieser Verordnung wurde später in einzelnen Bezirken seitens der Regierungspräsidenten in besonderen Verfügungen nochmals veröffentlicht, so in Düsseldorf unter dem 11. Juni 1888, in Arnsberg unter dem 30. August 1888 und in Kassel am 28. April 1894. Die Verfügungen sind untereinander vollkommen übereinstimmend und haben auch fast den gleichen Wortlaut. Die Kasseler Verfügung lautet:

Reg.-Präs. in Kassel 28. April 1894.

Nach den bestehenden Vorschriften über das Selbstdispensieren der approbierten Tierärzte dürfen letztere nur die in ihrer eigenen Praxis anzuwendenden Arzneien selbst zubereiten und dispensieren und die zu diesem Behufe erforderlichen Arzneiwaren in einer für diesen Zweck ihnen verstatteten Hausapotheke vorrätig halten.

Hiervon ausgenommen sind jedoch alle direkten Gifte. Tierärztliche Verordnungen, welche derartige Stoffe enthalten, müssen daher in den Apotheken zubereitet werden.

Nur zum äusserlichen Gebrauche bestimmte Mittel, welche direkte Gifte mit anderen Stoffen vermengt enthalten, dürfen Tierärzte zwar vorrätig halten, die Zubereitung auch dieser Mittel muss jedoch stets in einer Apotheke erfolgen.

Zusammengesetzte Arzneien zum inneren Gebrauche dagegen dürfen,

Dispensierrecht der Tierärzte. 135

falls sie direkte Gifte enthalten, unter keinen Umständen von Tierärzten zubereitet und vorrätig gehalten werden.

Geheim- und Reklamemittel zur Heilung von Tierkrankheiten dürfen auch Tierärzte zum Verkaufe weder öffentlich ankündigen noch anpreisen. Solches wird unter Hinweis auf § 367 3 u. 5 R.Str.Ges.B., sowie auf die Bezirkspolizei-Verordnung vom 20. Oktober 1893 hiermit in Erinnerung gebracht.

In den übrigen deutschen Bundesstaaten ist das Selbstdispensierrecht der genannten Medizinalpersonen meist in ähnlicher Weise wie in Preussen geregelt.

In Bayern ist den Tierärzten durch das „Organische Edikt über das Veterinärwesen" vom 1. Februar 1810 das Dispensierrecht gewährleistet. Der § 17 der Verordnung vom 1. September 1858 erklärt, dass bezüglich der Abgabe von Medikamenten in der Veterinärpraxis es bei den dermaligen Anordnungen bewenden bleibt, wonach den Tierärzten das Selbstdispensieren zusteht. Für die von den Tierärzten in ihren Hausapotheken dispensierten Arzneimittel besteht eine amtliche Arzneitaxe.

Auch in Sachsen sind die Tierärzte im Besitz des Dispensierrechts. Die Ausübung desselben regelt in eingehender Weise die Verordnung vom 29. September 1869, betr. den Einfluss der Gewerbeordnung auf die Gesetzgebung über die Tierheilkunde. Eine amtliche Taxe für Tierarzneien wird periodisch herausgegeben.

In Württemberg dürfen Tierärzte Hausapotheken nicht halten, auch Medikamente ausser in Fällen dringender Not für die von ihnen behandelten Tiere nicht abgeben. Näheres hierüber enthält § 9 der Verfügung, betr. die Verordnung und Abgabe von Arzneimitteln vom 30. Dezember 1875. Die tierärztlichen Arzneimittel werden mit 20 Prozent Abzug nach der allgemeinen Taxe berechnet.

In Baden existiert ein für Tierärzte allgemein gültiges Recht zum Selbstdispensieren nicht; doch hat die Apothekenordnung vom Jahre 1806 Ärzten und Tierärzten gestattet, mit besonderer Genehmigung des Ministeriums Hausapotheken dort zu halten, wo die Entfernung von einer Apotheke oder die Schwierigkeit, dieselbe zu erreichen, gross sind. Seit Einführung der deutschen Gewerbeordnung ist die Haltung von Hausapotheken, unter Entscheidung von Fall zu Fall, auch Tierärzten an Orten gestattet, an welchen Apotheken sich befinden. Ein Erlass vom 31. Oktober 1877 spricht sich dahin aus, dass die Abgabe der im Verzeichnis A der kaiserlichen Verordnung vom 4. Januar 1875 bezeichneten Zubereitungen zum Gebrauch für Tiere den Tierärzten gestattet ist, da hierin ein Verkauf als „Heilmittel" nicht liegt, dass dagegen die im Verzeichnis B angeführten Drogen und Präparate nur von solchen Tierärzten abgegeben werden dürfen, welche die Erlaubnis zur Haltung einer Hausapotheke besitzen. Eine besondere Tierarzneitaxe besteht nicht.

In Hessen ist den Tierärzten auf Grund des letzten Absatzes des § 37 der Med.Ordg. vom 26. Juni 1861 das Selbstdispensieren von Arzneien und die Haltung von Hausapotheken untersagt. Nur für dringende Fälle darf der Tierarzt einen kleinen, aus Apotheken zu beziehenden Arzneivorrat (z. B. Morphium, Eserin etc.) bei sich führen.

In Anhalt, Braunschweig, Bremen, Koburg-Gotha, Hamburg, beiden Mecklenburg, Oldenburg, Reuss, Schaumburg-Lippe und Schwarzburg-Rudolstadt besitzen die Tierärzte teils gesetzmässig, teils gewohnheitsmässig das Recht zum Selbstdispensieren von Arzneien; im Grossherzogtum Weimar ist es denselben bedingungsweise zugestanden (an Orten ohne Apotheken); im Herzogtum Meiningen nur für Notfälle.

Diejenigen Ärzte, Homöopathen und Tierärzte, welche in dieser Weise teils auf Grund einer ihnen für ihre Person erteilten Genehmigung, teils infolge der generellen Erlaubnis das Dispensierrecht in den ihnen gestatteten Grenzen ausüben, stehen auf gesetzlichem Boden. Nur das ohne Befugnis betriebene Dispensieren ist aus § 367³ Str.Ges.B. strafbar.

Von besonderer Wichtigkeit ist dabei zunächst die Frage, ob die dem freien Verkehr überlassenen Mittel nun auch von allen Ärzten ohne weiteres dispensiert werden dürfen, oder ob die für Ärzte in den meisten Staaten bestehenden **weitergehenden Beschränkungen** der Landesgesetzgebung, welche den Ärzten die Enthaltung vom Arzneidispensieren überhaupt zur besonderen Berufspflicht machen, noch in Kraft sind.

Das nachstehende Urteil bejaht diese Frage.

O.L.G. Kolmar 21. Februar 1893.

Die Befugnis der Landesgesetzgebung, den Ärzten die gewerbsmässige Verabreichung von Arzneimitteln ohne vorgängige Erlaubnis des Bezirkspräsidenten zu untersagen, kann mit Grund nicht bestritten werden. **Dadurch, dass den Ärzten die gewerbsmässige Verabreichung auch solcher Arzneimittel, welche dem freien Verkehr überlassen sind, ohne Erlaubnis untersagt wird, werden diese Arzneimittel dem freien Verkehr nicht entzogen; es wird nur den Ärzten die Berufspflicht auferlegt, sich der gewerbsmässigen Verabreichung auch solcher Arzneimittel zu enthalten**; gemäss § 144 der Gewerbeordnung ist es aber nach den darüber bestehenden Gesetzen und zwar gemäss § 6 daselbst bei Ärzten auch nach den Landesgesetzen zu beurteilen, inwiefern Zuwiderhandlungen derselben gegen ihre Berufspflichten, ausser den in der Gewerbeordnung erwähnten Fällen, einer Strafe unterliegen.

Entstehungsgeschichte, Tendenz und Sinn, sowie Wortlaut der Verordnung vom 25. März 1872 (22. Oktober 1901) beweisen diese Annahme. Die Verordnung hat und soll lediglich die Aufgabe haben: im Anschluss an § 6 Al. 2 der Gew.O. die Grenzen des pharmaceutischen Arzneimonopols gegenüber der **allgemeinen Handelsfreiheit** (nicht gegenüber den Ärzten und Tierärzten) zu fixieren, also diejenigen Arzneiwaren festzustellen, welche dem „freien Verkehr" überlassen sind. Die Verordnung zieht also die Grenze zwischen Arzneiwaren überhaupt und

Handelsartikeln und bestimmt, welche der bisher zu ersteren gerechneten Stoffe aus dieser Kategorie ganz ausscheiden und zu den dem freien Verkehr überlassenen Handelswaren gehören. Sie setzt mit anderen Worten die Rechte der Apotheker und Kaufleute auseinander. Anders liegt aber die Sache zwischen Apothekern und Ärzten. Letztere gehören keineswegs zu den gewöhnlichen Gewerbetreibenden oder Kaufleuten, auf welche die Freigabe gewisser Apothekerwaren in einer Verordnung über Feilhalten und Verkauf von Arzneien Anwendung findet, vielmehr sind deren Berufspflichten besonders festgestellt.

Für Ärzte müssten also die in den einzelnen Landesgesetzen enthaltenen weitergehenden Beschränkungen der Arzneiabgabe noch als bestehend gelten.

Indessen hat die Rechtsprechung der letzten Zeit diesen Standpunkt verlassen. Von prinzipieller Bedeutung ist hier ein Urteil des K.G. vom 7. Mai 1900, worin im Gegensatz zu der bisher üblichen Anschauung ausgesprochen wird: Landesrechtliche Vorschriften, welche den Ärzten die Zubereitung, das Feilhalten und den Verkauf von Heilmitteln untersagen, sind nur noch bezüglich derjenigen Heilmittel in Kraft, welche durch die kaiserl. Verordnung vom 27. Januar 1890 und die ergänzenden Verordnungen den Apotheken vorbehalten sind.

K.G. 7. Mai 1900.

Der Angeklagte, welcher Arzt ist, hat in einer Reihe von Fällen Arzneimittel, die zu den nach der kaiserlichen Verordnung vom 27. Januar 1890 den Apothekern vorbehaltenen nicht gehören, an Patienten verkauft. Nun verordnet allerdings das Medizinaledikt vom 25. September 1725 (Corpus constitutionum Marchicarum Teil V, Abteil. IV, Kap. 1, S. 224): „Das innerliche Kurieren bleibt den Ärzten allein, dahingegen sie sich aller äusserlichen Kuren wie auch des Dispensierens derer medicamentorum officinalium gänzlich enthalten und damit den Apothekern keinen Abbruch tun müssen." Nach § 460, Teil II, Titel 8 des allgemeinen Landrechts müssen Ärzte an Orten, wo Apotheken sind, sich der eigenen Zubereitung der den Kranken zu reichenden Arzneien der Regel nach enthalten. Ebenso gestattet der § 14 der revidierten Apothekerordnung vom 11. Oktober 1801 den Ärzten das Halten einer Hausapotheke nur an den Orten, an denen eine öffentliche Apotheke nicht vorhanden ist; damit wird ihnen an den Orten, an denen eine Apotheke vorhanden ist, jeder Arzneimittelverkauf untersagt; dasselbe geschieht durch § 20 des Edikts über die Einführung der allgemeinen Gewerbesteuer vom 2. November 1810. **Diese Bestimmungen sind jedoch gegenwärtig nur noch betreffs der den Apotheken vorbehaltenen Arzneimittel in Kraft.** Nach § 6 Abs. 2 der Gewerbeordnung wird durch kaiserliche Verordnung bestimmt, welche Apothekerwaren dem freien Verkehr zu überlassen sind. Dies ist durch die kaiserliche Verordnung vom 27. Januar 1890 und die hierzu ergangenen ergänzenden Verordnungen in der Weise geschehen, dass dort die den Apotheken vorbehaltenen Waren aufgezählt werden. Die übrigen dort nicht aufgezählten Waren sind daher freigegeben. Landesrechtliche Bestimmungen, welche den Verkehr mit diesen freigegebenen Waren beschränken, sind somit aufgehoben; diese Waren dürfen von jedem, also auch von Ärzten, ohne irgend welche Einschränkung verkauft werden. Somit ist die Handlungsweise des Angeklagten straflos. Verfehlt ist es, wenn die Revision zur Begründung der entgegenstehenden Auffassung darauf hinweist, dass die Gewerbeordnung in die Medizinalverfassung der einzelnen Bundesstaaten nicht habe weiter eingreifen wollen, als es notwendig war, um für das ärztliche und Apothekergewerbe die Freizügigkeit herzustellen. Denn der § 6 der Gewerbeordnung mit den hierzu ergangenen kaiserlichen Verordnungen hat insofern weiter in die Medizinalverwaltung eingegriffen, als diese Bestimmungen die früheren landesrechtlichen Apothekenprivilegien auf die den Apotheken vorbehaltenen Waren beschränken. Die oben erwähnten Vorschriften des preussischen Rechtes aber sind nicht medizinalpolizeilicher Natur; sie wollten nicht die vorschriftsmässige Herstellung der Heilmittel sichern und den Verkauf vorschriftswidrig bereiteter Arzneien verhüten, sondern sie bilden einen Bestandteil des Apothekerprivilegiums und sollten die Apotheker von einer Konkurrenz durch die Ärzte schützen. Das ergibt der klare Wortlaut und Sinn der erwähnten Bestimmungen, insbesondere der Umstand, dass den Ärzten an denjenigen Orten, wo eine Apotheke nicht besteht, das Halten von Hausapotheken gestattet ist.

Dieses Urteil ist allerdings sehr anfechtbar. Als im Jahre 1870 das Str.Ges.B. für den Norddeutschen Bund die unbefugte Ausübung der ärztlichen Praxis ausser Verfolgung stellte und hieraus die logische Schlussfolgerung gezogen worden war, dass nunmehr auch der Apotheker wie jeder andere Mensch das Recht der Behandlung von Kranken habe, trat die Verwaltungsbehörde dieser Anschauung alsbald entgegen. Denn durch § 144 der Gew.O. seien alle besonderen „Berufspflichten", welche in Form landesrechtlicher Bestimmungen erlassen worden seien, aufrecht erhalten worden; zu den Berufspflichten der Apotheker gehöre aber das Verbot der Ausübung ärztlicher Verrichtungen. Diese Anschauung wurde in zwei Urteilen des R.G. vom 3. Februar 1887 und 18. Februar 1889 und einer preussischen Ministerialverfügung vom 23. September 1871 (s. Böttger, Apothekengesetze, S. 40) bestätigt. Andererseits kann aber auch die dem Apotheker in § 14 der Apothekerordnung untersagte Vornahme ärztlicher oder chirurgischer Verrichtungen aus den gleichen Gründen, wie sie das K.G. für das Dispensierrecht der Ärzte annimmt, als „nicht medizinalpolizeilicher Natur" angesprochen werden; auch sie sollte nur da gelten, wo in der Nähe bis auf zwei Meilen im Umkreise kein Arzt sich befindet. Trotzdem haben Verwaltung und Rechtsprechung hier entgegen-

Dispensierrecht der Ärzte. 139

gesetzt entschieden. Das Urteil des K.G. steht mit der bisherigen Praxis unleugbar im Widerspruch, und es erscheint fraglich, ob der Grundsatz bestehen bleiben kann, dass zwar die allgemein freigegebene Betreibung der Arztpraxis die Apotheker nicht berührt, die Freigabe des Handels mit Arzneimitteln aber auch den Ärzten zu Gute kommt. Entweder die besonderen Berufspflichten gelten nach § 144 der Gew.O. noch für beide Stände oder sie gelten für beide nicht mehr.

Ebenso wie das K.G. hatte schon vorher das O.L.G. Dresden gegenüber einem die Tierheilkunde ausübenden Praktiker entschieden.

O.L.G. Dresden 23. Juni 1898.

Es ist eine notwendige Folge der Freigabe des Verkaufs von Arzneien, soweit er nicht den Apotheken vorbehalten ist, durch die Reichsgesetzgebung, dass daneben nicht ein landesgesetzliches Verbot der Abgabe aller Heilmittel und Arzneien fortbestehen kann.

Mehr Einheitlichkeit herrscht über die andere wichtige Frage, die sich bezüglich des Dispensierrechts der Ärzte an § 367³ knüpft, nämlich, wie weit Ärzte oder andre Heilpraktiker auch die dem freien Verkehr nicht überlassenen Mittel in ihrer Praxis verwenden dürfen. Massgebend ist hier die Erläuterung des Überlassen an Andere, die das R.G. in einem Urteil vom 16. Juni 1900 gegeben hat.

R.G. 16. Juni 1900.

Der § 367³ Str.Ges B. verbietet, Gift oder Arzneien, soweit der Handel mit ihnen nicht freigegeben ist, zuzubereiten, feilzuhalten, zu verkaufen oder an Andere zu überlassen. Der Angeklagte hat nun Stoffe besessen, die unter jene Bezeichnung fallen, aber es wird nichts anderes für bewiesen angenommen, als dass er jene Stoffe in den Sprechstunden bei der Behandlung von Kranken benutzt hat, und darin ein Überlassen an Andere nicht gefunden. Die Revision hält das für irrig, da auch die Übertragung der Stoffe an den Körper Anderer durch Einreiben und dergleichen als ein „Überlassen" im Sinne des Gesetzes sich darstelle. Das würde zutreffen können, wenn es sich um die Stoffe handelte, die auch nach der Verwendung bei der Behandlung der Kranken ihre sachliche Selbständigkeit behalten und der Verfügung der Kranken, bei denen sie verwendet werden, unterliegen. Davon kann jedoch nicht die Rede sein bei den Präparaten, deren Verwendung im angefochtenen Urteil festgestellt ist. Die Lösungen und Salben, deren Gebrauch dem Angeklagten nachgewiesen ist, wurden dadurch verbraucht, mithin nicht den Kranken überlassen.

Ebenso entschied das

K.G. 19. Juni 1899.

Ein Verkauf oder eine sonstige Überlassung ist nur dann anzunehmen, wenn jemand die rechtliche oder tatsächliche Verfügungsgewalt über eine Sache aufgiebt und dieselbe gleichzeitig einem anderen einräumt (vgl. Urteil des R.G. vom 19. März 1888, Entsch. Bd. 17 S. 257 ff., bes. S. 258; Oppenhoff, Komm. Anm. 23 b zu § 367³ S. 949 der 13. Aufl.). Das ist im vorliegenden Falle nicht geschehen, die hier in Frage kommenden Stoffe gingen in dem Augenblick, wo der Angeklagte durch Verwendung derselben bei Behandlung der Pferde den Gewahrsam aufgab, als solche unter und gelangten nicht in die Verfügungsgewalt der Pferdeeigentümer. Auch ein „verschleierter" Verkauf liegt nicht vor; aus dem Sachverhalt ergibt sich nicht, dass in Wirklichkeit ein Übergang der Mittel in die Verfügungsgewalt der Pferdeeigentümer beabsichtigt war, und die Verwendung bei Behandlung der Pferde lediglich zur Verdeckung des erwähnten Rechtsgeschäfts vereinbart worden ist.

Es kann aber immer nur der unmittelbare Verbrauch des Mittels straflos bleiben, nicht die mittelbare Verwendung durch Übergabe an Dritte, welche im Auftrage des verabfolgenden Arztes den Verbrauch des Mittels bewirken sollen. Das beweist ein Urteil des A.G. Hamburg vom 23. Mai 1901, durch welches ein Arzt zu 150 Mk. Geldstrafe verurteilt wurde, weil er ein Pulver, welches er sonst bei der Behandlung einer Frau selbst zum Verband benutzte, ausnahmsweise deren Ehemann übergeben hatte, damit dieser zu Hause den Verband besorgen sollte.

Ebenso bestätigte das O.L.G. Dresden am 8. November 1900 die Verurteilung eines Arztes, der einem Patienten mehrfach Mullbinden übersandt hatte, auf welche ein dem freien Verkehr nicht überlassenes Pulver lose aufgestreut war.

Auch das O.L.G. Karlsruhe hatte am 28. Februar 1898 einen Arzt, welcher in kleinen Ortschaften bei Wirten je einen Notverbandskasten mit verschiedenen Mitteln, darunter Morphiumpulver, bereit gestellt hatte, der Übertretung des § 367³ unter folgender Begründung für schuldig erklärt:

O.L.G. Karlsruhe 28. Februar 1898.

Es kann mit dem L.G. dahingestellt gelassen werden, ob die Handlungsweise des Angeklagten als ein „Feilhalten" zu charakterisieren ist, jedenfalls ist aber in derselben ein „Überlassen an andere" im Sinne des § 367³ zu finden. Nach der vom Angeklagten den Wirten, bei denen die Kästen niedergelegt waren, gegebenen Gebrauchsanweisungen sollten diese die Stoffe, insbesondere auch das Morphium, an die Patienten (oder für diese an deren Angehörige) abgeben und hatten zu diesem Zweck, da ein anderes nicht vereinbart wurde, auch selbst darüber zu befinden, ob die in der Gebrauchsanweisung für die Abgabe bezeichneten Voraussetzungen vorlagen. Hiernach hatte der Angeklagte die rechtliche Verfügung über die Morphiumpulver den Wirten, die keineswegs blosse Verwahrer sein sollten, eingeräumt. Die Übertretung war schon mit Überlassung des Kastens bezw. des in Nr. 8 desselben befindlichen Morphiumpulvers an die Wirte vollendet und ist es diesbezüglich gleichgültig, ob seitens der Wirte auch die weitere Abgabe an oder für die Patienten stattgefunden hat oder nicht.

Eine Verurteilung eines Arztes wegen unerlaubter Abgabe von Medikamenten wurde ferner vom L.G. Bautzen am 11. Juli 1901 bestätigt, und das K.G. verurteilte mehrfach (10. Oktober 1901, 28. November 1901) einen eine Heilanstalt betreibenden Chemiker wegen Abgabe nicht freigegebener Mittel.

Dagegen erklärte das L.G. Hildesheim im Gegensatz zur vorstehend angeführten Rechtsprechung das gelegentliche unentgeltliche Überlassen eines Arzneimittels nicht für strafbar.

L.G. Hildesheim 14. Juli 1898.

Die Verabfolgung von Arzneien ist nur dann strafbar, wenn sie im Wege des Handels erfolgt, nicht aber, wenn jemand einmal gelegentlich eine Arznei unentgeltlich ablässt. Die im angefochtenen Urteil für erwiesen erachteten Tatsachen rechtfertigen nicht die Anwendung des § 367 Nr. 3 des Str.Ges.B. Die zitierte Strafbestimmung kommt nur dann zur Anwendung, soweit der Handel mit Giften und Arzneien nicht freigegeben ist; es ist hiernach nur strafbar der Handel mit Giften und Arzneien, also der gewerbsmässige Vertrieb, das gewerbsmässige Feilhalten und Verkaufen.

Dieselben Grundsätze, welche für das ohne Erlaubnis erfolgte Dispensieren der Ärzte in Betracht kommen, gelten naturgemäss auch für ärztliche Heilanstalten. Ob die Patienten lediglich die Sprechstunde des Arztes besuchen oder Insassen einer von ihm geleiteten Krankenanstalt sind, ist für die Auslegung des Begriffes Überlassen an Andere völlig irrelevant. In diesem Sinne entschied das O.L.G. Braunschweig am 23. Juni 1888 gegen zwei Ärzte, Besitzer einer Heilanstalt für Gemüts- und Nervenkranke, welche daselbst die verschiedensten Medikamente zubereitet, vorrätig gehalten und bei der Behandlung der Kranken benutzt hatten.

O.L.G. Braunschweig 23. Juni 1888.

Wenn der Arzt, falls er ohne besondere polizeiliche Erlaubnis dispensiert, sich nach § 367[3] cit. strafbar macht, so ist nicht einzusehen, warum ein Familienvater für seine Familienmitglieder oder Dienstboten anders gestellt sein sollte, und ebensowenig ist ein Grund dafür ersichtlich, weshalb ein Arzt für solche Patienten, welche sich in seiner Anstalt oder selbst in seiner Familie befinden, andere Rechte für sich sollte in Anspruch nehmen dürfen. Wenn in manchen Fällen tatsächlich von diesen Grundsätzen abgewichen sein mag, so ändert das an der Geltung des Gesetzes nichts. Wenn Anklagen in solchen Fällen nicht erhoben sind, so wird der Grund davon in dem Mangel erfolgter Strafanzeigen zu erblicken sein. Es ist daher der § 367[3] cit. unrichtig angewandt worden, und zwar sowohl hinsichtlich des Überlassens von Arzneien an Andere, als auch hinsichtlich des Zubereitens derselben, da letzteres zum Zwecke des Überlassens an Andere erfolgt ist.

Krankenhäuser, welche für ihre Insassen Arzneien selbst zubereiten und dispensieren wollen, bedürfen hierzu der Genehmigung zur Errichtung einer Krankenhausapotheke, welche gemäss § 51 der Apothekenbetriebsordnung vom 18. Februar 1902 von dem Regierungspräsidenten auf Antrag nach Prüfung der Verhältnisse widerruflich erteilt wird. Ohne eine solche Genehmigung fällt die Verabfolgung nicht freigegebener Arzneien an die Kranken des Hauses ebenso wie in den vorher genannten Fällen unter § 367³.

Dispensierrecht der Krankenkassen und Vereine.

Weniger einheitlich und auch ungleich schwieriger gestaltet sich die Anwendung des Begriffes „Überlassen an Andere" auf Krankenkassen und solche Vereine, welche den Bezug und die Verteilung von Arzneimitteln zur Aufgabe haben, insonderheit die sog. homöopathischen Vereine. Während bei der Abgabe von Arzneien durch Ärzte an Patienten ein Zweifel, dass es sich hier um „Andere" handelt, nicht entstehen kann, haben bei Kassen und Vereinen einzelne Gerichte auf das civilrechtliche Verhältnis des einzelnen Mitgliedes zu dem Verein resp. der Kasse, auf ihren Anteil am Vereinsvermögen und den auf gemeinsame Kosten angeschafften Arzneien besonderes Gewicht gelegt, und aus diesen Erwägungen, sicherlich nicht im Sinne des Gesetzgebers, die Folgerung gezogen, dass die Mitglieder einer solchen Gemeinschaft dem die Medikamente verabfolgenden Beamten nicht als Andere gegenüberstehen. Die Deduktion ist objektiv zweifellos richtig. Als durchaus verfehlt aber muss das subjektive durch nichts begründete Hineinziehen civilrechtlicher Verhältnisse in eine Vorschrift, die rein medizinalpolizeilichen Charakters ist, erscheinen. Dem den Verkehr mit Arzneimitteln und Giften regelnden § 367³ des Str.Ges.B. liegt lediglich die „Sicherung der leiblichen Wohlfahrt des Volkes" (Olshausen) zu Grunde. Die Auffassung eines selbstdispensierenden Vereins als eine Personen-Gemeinschaft und der Verteilung von Arzneimitteln innerhalb dieser Gemeinschaft als eine den strafrechtlichen Bestimmungen entrückte, vollkommen zulässige Verkehrsart muss aber in logischer Konsequenz zur vollkommenden Freigabe des Arznei- und Gifthandels, sofern dieser Handel in der Form eines gemeinsamen Einkaufs der betreffenden Mittel seitens einer eingetragenen Genossenschaft und einer Verteilung derselben an die Vereinsmitglieder besteht, also zur beliebigen Gründung von Vereinsapotheken führen. Ein halbes Hundert „Haushaltungsvorstände" kann in jedem Ort zu einer Genossenschaft zusammentreten, als

Dispensierrecht der Krankenkassen und Vereine. 143

deren Zweck gemeinsamer Einkauf von Arzneimitteln im Grossen und Verteilung dieser Mittel an die Mitglieder im Kleinen angegeben wird, kann ihre Eintragung in das Genossenschaftsregister verlangen und dann aufs herzhafteste darauf los arbeiten, da nach dieser Auffassung der Tätigkeit eines solchen Vereins die Verordnung über den Verkehr mit Arzneimitteln keine Schranken zieht.

Diese Konsequenzen kann aber der Gesetzgeber nicht beabsichtigt haben, sonst hätte er nicht neben das Feilhalten und Verkaufen das „oder sonst an Andere überlassen" gestellt. Damit sollte der Verkehr der nicht freigegebenen Mittel ausserhalb der Apotheken in weitestem Masse beschränkt werden und deshalb stehen dem dispensierenden Beamten eines Vereins, einer Kasse alle dritten Personen als „Andere" gegenüber, mögen sie nun, was in medizinalpolizeilicher Beziehung völlig irrelevant ist, zufällig Anteil am gemeinsamen Vermögen besitzen oder nicht. Da jedoch gerade das K.G. regelmässig die entgegengesetzte Ansicht vertreten hat, so ist die Rechtsprechung über das Dispensierrecht der Kassen und Vereine sehr zersplittert. Aus den bis jetzt bekannt gewordenen Urteilen höherer Gerichtshöfe ergibt sich, dass folgende Oberlandesgerichte die Arzneimittelabgabe durch Krankenkassen oder Vereine als ein unerlaubtes Überlassen an Andere angesehen haben:

O.L.G. Kiel 1887
„ Dresden . . . 26. September 1889
„ Stuttgart . . . 12. Juli 1893
„ Hamm . . . . 17. April 1899
„ Celle. . . . . 29. Mai 1899
„ Breslau . . . . 29. August 1900.

Dieser Ansicht von sechs deutschen Oberlandesgerichten stehen folgende Entscheidungen entgegen, nach denen Kassen- oder Vereinsmitglieder nicht als „Andere" zu betrachten sind:

K.G. . . . . 5. Mai 1884
„ . . . . 16. Januar 1893
„ . . . . 10. November 1898
„ . . . . 20. Juni 1901.
O.L.G. Frankfurt . . . 15. Januar 1896
„ Köln . . . . . 23. April 1897
„ Jena . . . . . 12. Dezember 1899.

Ausser diesen Urteilen sind mehrere Entscheidungen der Verwaltungsbehörden ergangen, die sämtlich den Kassen und Vereinen das Recht, nicht freigegebene Mittel selbst zu dispensieren, absprechen. Handelt es sich nur um Mittel, die dem freien Verkehr überlassen sind, so hört natürlich die Beschränkung auf, wie auch in folgenden Ministerialerlassen ausgedrückt ist:

Preuss. Minist.-Erlass 6. Januar 1898.

Die Herren Minister für Handel und Gewerbe und der geistlichen Unterrichts- und Medizinalangelegenheiten haben durch Erlass vom 6. Januar d. J. verfügt, dass den Krankenkassen nicht gestattet werden könne, die Arzneimittel aus ausländischen Apotheken zu beziehen, da als Apotheken im Sinne des Krankenkassengesetzes nur solche Verkaufsstätten für Arzneien zu verstehen seien, deren Einrichtungen den für das Inland erlassenen Vorschriften entsprächen und deren Geschäftsbetrieb der Aufsicht inländischer Behörden unterliege. Im übrigen wird diesen Krankenkassen nicht verwehrt werden können, Zubereitungen, Drogen und chemische Präparate, die nach der kaiserlichen Verordnung vom 27. Januar 1890 auch in anderen Geschäften als Apotheken feilgehalten und verkauft werden dürfen, auch aus Nichtapotheken zu beziehen und ihren Mitgliedern zu verabreichen, jedoch dürfe ein Zwang zum Bezuge dieser Heilmittel aus bestimmten Drogengeschäften den Kassenmitgliedern nicht auferlegt werden, da nach §§ 6 a Ziffer 6, 26 a Ziffer 2 b des Krankenversicherungsgesetzes ein solcher Zwang nur für Apotheken ausgesprochen werden dürfe.

Erlass d. preuss. Med. Minist. 18. Februar 1897.

Auf die Eingabe vom 15. Dezember v. J. erwidere ich der Betriebskrankenkasse, dass Verbandstoffe direkt von den Fabrikanten bezogen werden können, da diese nach § 1 Abs. 2 der kaiserlichen Verordnung vom 27. Januar 1890 (R.G.Bl. S. 9), betreffend den Verkehr mit Arzneimitteln, dem freien Verkehr überwiesen sind. Dagegen sind Eisenpeptonpräparate Heilmittel und als solche Zubereitungen, die nach § 1 Verzeichnis A Nr. 5 der gedachten Verordnung nur in Apotheken feilgehalten oder verkauft werden dürfen.

Über das Dispensieren nicht freigegebener Mittel erliess das sächsische Ministerium der Justiz nach Veröffentlichung eines freisprechenden Erkenntnisses des O.L.G. Dresden vom 20. Dezember 1882 in Sachen der homöopathischen Genossenschaften an die Staatsanwaltschaften unterm 6. April 1883 ein Schreiben, in dem u. a. folgendes ausgeführt wurde:

Sächs. Minist. der Justiz 6. April 1883.

Nach der Ansicht des Justizministeriums kommt auf die juristische Natur der Genossenschaft überhaupt nichts an. Das Str.Ges.B. § 367[3] verbietet, Arzneien, soweit der Handel mit denselben nicht freigegeben ist, ohne polizeiliche Erlaubnis zuzubereiten, feilzuhalten, zu verkaufen oder sonst an Andere zu überlassen. Erscheinen auch auf die erwähnten homöopathischen Vereine die Begriffe des Feilhaltens und des Verkaufens nicht zweifellos zutreffend, so geht doch aus der Fassung der strafgesetzlichen Bestimmung klar hervor, dass nicht nur die entgeltliche geschäfts-

und gewerbsmässige Darbietung und Hingabe, sondern auch jede in irgend welcher Form und sogar die im rein privaten und vertraulichen Verkehr erfolgende Überlassung von einer physischen Person an die andere hat getroffen werden sollen. Die Worte „oder sonst an Andere überlässt" lassen eine engere Interpretation nicht zu. Nun kommen aber für das Strafrecht überhaupt fiktive Personen nicht, sondern nur physische Personen in Betracht, und die letzteren bleiben auch als Mitglieder einer juristischen Korporation für das Strafrecht individuell verantwortlich und greifbar. Ein an alle physischen Personen gerichtetes Verbot des öffentlichen Rechts kann nicht dadurch alteriert werden, dass eine Anzahl solcher Personen sich in einer privatrechtlichen Figur zusammenschliessen. Sie hören in dieser Figur nicht auf, individuell zu existieren, individuell zu handeln, von den übrigen Personen als Andere sich zu unterscheiden und als Individuen nach wie vor den allgemeinen Gesetzen zu unterstehen. Wollte man diesen Grundsatz nicht festhalten, so würde man den Umgehungen der Gesetze Tür und Tor öffnen.

Eine an die Kreishauptmannschaften gerichtete Verfügung des sächs. Ministeriums des Innern vom 13. September 1881 ging von der gleichen Ansicht aus.

Zufolge dieser Anschreiben änderte das O.L.G. Dresden seine Meinung und hob das freisprechende Erkenntnis der Vorinstanz gegen den Lagerhalter eines homöopathischen Vereins unter folgender Begründung auf:

O.L.G. Dresden 26. September 1889.

Der Begriff des Überlassens an Andere im Sinne von § 367 Ziff. 3 des St.G.B. ist nicht nach streng civilrechtlichen Grundsätzen zu bestimmen. Vielmehr hat das erwähnte Strafgesetz bei der Ausdrucksweise: „Wer etc. an Andere überlässt" offenbar physische Personen vor Augen, so dass ein Überlassen an Andere im strafrechtlichen Sinne schon dann anzunehmen ist, wenn Geber und Empfänger verschiedene physische Personen sind. Eine solche Verschiedenheit der physischen Person zwischen Geber und Empfänger liegt aber unter den festgestellten Umständen unzweifelhaft vor.

Auch das O.L.G. Kiel hatte sich in einem Urteil vom Jahre 1887 auf diesen Standpunkt gestellt, und auch ein badisches Landgericht (Ärztl. Mitteil. aus Baden, Dezbr. 1889) in demselben Sinne entschieden.

In Württemberg bestanden selbst in kleinen Dörfern „homöopathische Vereine", die anfingen, sich eine homöopathische Vereinsapotheke anzuschaffen und Arzneimittel daraus abzugeben.

Hierin schuf das O.L.G. Stuttgart durch folgendes ausgezeichnet begründete Urteil Wandel:

O.L.G. Stuttgart 12. Juli 1893.

Das von der Verteidigung behauptete „gemeinschaftliche Eigentum" der Vereinsmitglieder wäre jedenfalls von ganz eigenartiger Beschaffenheit.

Aus den Gründen des Berufungsurteils und dem darin wiedergegebenen Vorbringen der Verteidigung ist zu entnehmen, dass jedes Mitglied nur im Falle des Bedarfes Heilmittel aus der Vereinsapotheke von deren Verwalter verlangen darf; wird es also nicht krank, so erhält es nichts von dem „gemeinschaftlichen Eigentum". Auf der anderen Seite muss ein krankes Mitglied ̔im Bedürfnisfalle das Vielfache der auf dasselbe nach Bruchteilen entfallenden Quote einzelner oder aller Heilmittel erhalten. Ein Recht der Vereinsmitglieder, auf Teilung des Arzneivorrates zu klagen, muss als ausgeschlossen gelten, weil hiermit der Zweck der Vereinsapotheke nicht verträglich wäre. Ebensowenig lässt sich denken, dass im Falle des Austrittes oder des Konkurses eines Mitgliedes ein Anspruch desselben auf einen Teil der Vereinsapotheke oder ihres Wertes dem Vereinsstatut entspräche (vergl. § 3 desselben: „Bei einem etwaigen Austritt erlöschen alle Ansprüche an das Vereinsvermögen"). Sollten daher auch die einzelnen Vereinsmitglieder als Miteigentümer der Vereinsapotheke anzusehen sein, so wäre dies doch — ähnlich wie das Reichsgericht (C.-S. Bd. 9; M. 32) bezüglich des Miteigentums der Teilhaber einer offenen Handelsgesellschaft am Gesellschaftsvermögen ausgeführt hat — ein unfruchtbarer Begriff, aus dem keinerlei Rechtsfolgen gezogen werden könnten. Denn dieses Miteigentum wäre keines im gewöhnlichen Sinne, die ideellen Teile der Miteigentümer wären unpraktisch; das Recht der einzelnen betreffs der Vereinsapotheke tritt nur in der Form in Erscheinung, dass der einzelne gegen den Verein, bezw. die übrigen Mitglieder Anspruch darauf hat, so viel von den in der Vereinsapotheke enthaltenen Zubereitungen zu erhalten, als er bedarf, — also in der Gestalt eines Forderungsrechtes des einzelnen gegen die Gesamtheit der übrigen Vereinsmitglieder. Bei dieser Sachlage erhält das Mitglied, das ein Heilmittel aus der Vereinsapotheke holen lässt, nicht einen Gegenstand in seinen Besitz, an dem es schon zuvor Eigentum hatte, sondern es erlangt erst Eigentum hieran, nachdem ihm der Gegenstand auf Grund des ihm an den Verein, bezw. die Gesamtheit der Vereinsmitglieder zustehenden Anspruches ausgefolgt ist. Indem der Verwalter der Vereinsapotheke kraft der ihm von dieser Gesamtheit erteilten Vollmacht das Heilmittel verabreicht, gibt er damit seinen Gewahrsam an demselben zu gunsten des betreffenden Mitgliedes auf, das durch die Ausfolge ein zuvor nicht bestehendes Eigentum an dem Heilmittel erwirbt: hierin liegt aber ein „Überlassen" des Heilmittels an einen „Anderen".

Unter dem gleichen Datum entschied das O.L.G. Stuttgart noch in einer zweiten derartigen Sache in derselben Weise.

Sehr klar und präzise vertritt ferner das O.L.G. Hamm denselben Standpunkt.

O.L.G. Hamm 17. April 1899.

Der Revision war der Erfolg zu versagen. Gerügt wird die Verletzung des § 367 Ziff. 3 St.G.B. mit Unrecht. Diese Bestimmung bedroht mit Strafe denjenigen, welcher ohne polizeiliche Erlaubnis die dem freien Verkehr entzogenen Arzneien zubereitet, feilhält, verkauft oder sonst an Andere überlässt. Diese Schlussworte „oder sonst an Andere überlässt" lassen erkennen, dass der Gesetzgeber im weitesten Sinne jegliches Über-

Dispensierrecht der Krankenkassen und Vereine. 147

lassen, d. h. die Einräumung der bis dahin nicht bestehenden Verfügungsgewalt an einen Anderen verbieten wollte. Dies entspricht auch dem Zwecke dieser Strafbestimmung, welche dahin geht, dass die Abgabe der Arzneien nur durch solche Personen erfolgen soll, welche dem Staate die Kenntnis von der Natur und den Wirkungen der Arzneien nachgewiesen haben, um Gesundheitsbeschädigungen Anderer zu verhüten. Von diesem Gesichtspunkte aus muss die vom Angeklagten ohne polizeiliche Genehmigung geschehene Verabreichung solcher Arzneien an die Mitglieder eines homöopathischen Vereins als ein „Überlassen an Andere" angesehen werden. Denn wenn auch die vom Vereine angeschafften Arzneien im Miteigentum sämtlicher Vereinsmitglieder sich befanden, so stand doch dem einzelnen Mitgliede nicht die freie Verfügung über diese Arzneien zu, sondern lediglich ein gegen den Verein bezw. dessen übrige Mitglieder gerichteter obligatorischer Anspruch auf Übertragung des ausschliesslichen Eigentums an der von ihm verlangten Arznei. Erst indem der Verein dieser Verpflichtung gemäss durch den Angeklagten als seinen Lagerhalter und insofern Vertreter die betreffende Arznei verabreichen liess, erlangte das einzelne Mitglied ausschliessliches Eigentum und die Verfügungsgewalt über einen mit seiner Quote nicht identischen Teil des gemeinschaftlichen Eigentums. Der Verein hat mithin dem einzelnen Mitgliede durch seinen Vertreter Arzneien überlassen. Unerheblich ist es, dass dies in Erfüllung einen obligatorischen Verpflichtung geschehen ist; denn eine derartige civilrechtliche Verpflichtung berechtigt niemanden, der nicht die erforderliche polizeiliche Erlaubnis zur Überlassung von Arzneien erhalten hat, die obige Gesetzesbestimmung ausser Acht zu lassen.

Die Verurteilung des Angeklagten, welcher selbständig als Vertreter des Vereins handelte und daher für seine Handlungen strafrechtlich verantwortlich ist, ist daher zu Recht erfolgt. Die Revision war demnach als unbegründet zu verwerfen.

Dieses Urteil ist deshalb besonders bedeutungsvoll, weil es anlässlich einer ähnlichen Streitfrage in Schlesien auf Veranlassung des preussischen Justizministers den dortigen Ersten Staatsanwälten zur Beachtung mitgeteilt wurde, wie aus folgender dem Verein oberschlesischer Apotheker auf eine dahin gehende Eingabe seitens der Regierung in Oppeln zugegangenen Antwort hervorgeht:

Reg.-Präs. in Oppeln 4. November 1899.

Es ist neuerdings eine Entscheidung des O.L.G. in Hamm (vom 17. April 1899) ergangen, welche das „an Andere überlassen" anders auslegt wie das K.G. In diesem Falle hatte ein homöopathischer Verein auf gemeinsame Rechnung Arzneien eingekauft und an seine Mitglieder abgegeben. Dieses „Überlassen" wurde für strafbar angesehen, da dem einzelnen Mitglied zwar ein obligatorischer Anspruch auf Übertragung des ausschliesslichen Eigentums an der von ihm verlangten Arznei zustehe, nicht sei der Teil aber übereinstimmend mit dem Anteil, der ihm als Miteigentümer an den gesamten Vermögenswerten und somit auch an den Arzneimitteln des Vereins ideell zustehe.

10*

Diese Entscheidung ist auf Veranlassung des Herrn Justizministers sämtlichen Ersten Staatsanwälten des diesseitigen Bezirks zur Beachtung mitgeteilt worden, und es ist in etwa neuen zur Entscheidung stehenden Fällen abzuwarten, ob die Gerichte des diesseitigen Bezirks, namentlich das O.L.G. in Breslau, sich der Auslegung desjenigen in Hamm anschliessen werden. Hiernach erledigt sich Ihr Antrag, dem Herrn Justizminister über den Sachverhalt Vortrag zu halten.

Ihrem zweiten Antrag, dem Herrn Kultusminister den Erlass einer Regelung des Dispensierrechts der Krankenkassen und der Regelung der Rechte und Pflichten der Apotheker in Krankenhäusern in Erwägung zu geben, wird event. näher zu treten sein, falls das Breslauer O.L.G. zu der vorliegenden Frage abweichend von dem O.L.G. in Hamm Stellung nehmen sollte.

Das Urteil des O.L.G. Breslau erging unter dem 29. August 1900 und begründete in sehr gründlicher und sachkundiger Weise die Unzulässigkeit des Selbstdispensierens der Krankenkassen. Vorher war jedoch auch aus Celle eine in dem gleichen Sinne erfolgte Entscheidung gegen Mitglieder eines landwirtschaftlichen Vereins wegen Dispensierens homöopathischer Arzneien bekannt geworden.

O.L.G. Celle 29. Mai 1899.

Der Sinn des Gesetzes erhellt deutlich aus seinem Zwecke. Der Gesetzgeber wollte im weitesten Umfange denjenigen Gefahren vorbeugen, die daraus entstehen können, dass Personen, die ihre einschlägige Sachkunde dem Staate nicht nachgewiesen haben, Gifte oder Arzneien an Andere überlassen, wie ein gleicher oder ähnlicher gesetzgeberischer Gedanke den Bestimmungen des § 324 St.G.B. und des § 12 des Nahrungsmittelgesetzes zu Grunde liegt. In wie weitem Sinne der Gesetzgeber den Begriff des Überlassens aufgefasst wissen wollte, erhellt auch daraus, dass er schon die Vorbereitungshandlungen zu dem Überlassen, nämlich das Feilhalten, ja schon das blosse Zubereiten der Gifte und der dem Handel nicht freigegebenen Arzneien, also Handlungen, durch welche der Konsument noch nicht einmal die Verfügungsgewalt über die gefährlichen Stoffe erlangt, unter Strafe stellt.

Wenn nun die Angeklagten die vom Verein angeschafften Arzneien an Vereinsmitglieder verabreicht oder bei der Verabreichung mitgewirkt haben, so liegt in diesen Handlungen ein Überlassen an Andere. Ob die Vereinsmitglieder bereits Miteigentümer der Arzneien waren, kann ganz dahingestellt bleiben; denn es kommt nur darauf an, ob ihnen durch die Angeklagten die Verfügungsgewalt über die Arzneien übertragen war; nicht jedem Eigentümer oder Miteigentümer steht aber schon die Verfügungsgewalt über sein Eigentum oder Miteigentum zu. Diese Verfügungsgewalt stand aber dem einzelnen Vereinsmitgliede an sich nicht zu. Diese wurde vielmehr unmittelbar durch die Angeklagten als die Lagerhalter des Vereins ausgeübt. Erst dadurch, dass das verlangte Heilmittel aus dem Lagerbestande ausgeschieden und dem einzelnen Mitgliede ausgeantwortet wurde, wurde jene Verfügungsgewalt von den Angeklagten auf dieses übertragen, es wurde also das Heilmittel an einen Anderen überlassen.

Die gegenteilige Ansicht scheint wesentlich dadurch mit hervorgerufen zu sein, dass die hier vertretene Ansicht zu Konsequenzen zu führen scheint, die den Vertretern der anderen Ansicht unannehmbar erscheinen. An diesen Konsequenzen darf man indessen keinen Anstoss nehmen, wenn man im Auge behält, dass der Gesetzgeber in möglichst weitgreifender Weise den oben bezeichneten Gefahren hat begegnen wollen. Dabei ist aber nicht ausser Acht zu lassen, dass manche von den von den Vertretern der gegenteiligen Ansicht aus der hier entwickelten Ansicht gezogenen Konsequenzen als solche nicht anerkannt werden können. So schliesst der Fall, dass ein zum Holen von Medikamenten aus der Apotheke gesandter Dienstbote sie dem Herrn aushändigt, kein Überlassen an Andere in sich; denn der Dienstbote, der im Auftrage seines Herrn das Medikament vom Apotheker in Empfang nimmt, erwirbt damit zugleich für seinen Herrn die Verfügungsgewalt, der Herr erlangt dieselbe also nicht erst später bei der Übergabe an ihn. Ebensowenig liegt ein Überlassen an Andere vor, wenn der Vater aus seiner Hausapotheke seinen Kindern Arzneien abgibt, weil hier die Familie als in der Verfügungsgewalt befindlich anzusehen ist. Ein in einem Krankenhause angestellter Arzt, der aus den vorrätigen Medikamenten solche dem Kranken innerlich oder äusserlich beibringt, überlässt sie demselben ebenfalls nicht, sondern wendet sie nur an; wohl aber würde ein Überlassen dann vorliegen, wenn er dem Kranken das Medikament zur selbständigen Verwendung übergibt.

O.L.G. Breslau 29. August 1900.

Richtig ist, dass die Worte „an Andere überlassen" in der Rechtsprechung eine verschiedene Auslegung gefunden haben, eine einschränkende im Sinne der Revision durch die Entscheidungen des K.G. vom 5. Mai 1884 (Johow, Jahrbuch für Entsch. d. K.G. V S. 39) und vom 16. Januar 1893 (Goltdammers Archiv für Strafrecht 40 S. 352), der Oberlandesgerichte zu Frankfurt a. M. vom 15. Januar 1896 (abgedruckt in der Pharmazeut. Zeitung vom 22. April 1896 Nr. 33) und zu Jena (abgedruckt in der Pharmazeut. Zeitung vom 28. April 1900 Nr. 34), und eine ausdehnende im Sinne der Anklage durch die Entscheidungen der Oberlandesgerichte zu Hamm (c/a H.) vom 17. April 1899 und zu Celle (c/a K. und Genossen) vom 29. Mai 1899. Das Revisionsgericht schliesst sich der letzteren Auffassung an.

Für eine ausdehnende Auslegung des Strafgesetzes spricht einmal der Wortlaut „oder sonst an Andere überlässt", welcher, wie das L.G. treffend hervorhebt, so allgemein wie möglich gehalten ist und der, wie das R.G. ausführt, in anscheinend noch umfassenderer Form gewählt ist, als die gleichbedeutende Fassung des Nahrungsmittelgesetzes vom 14. Mai 1879 § 12[1] „in Verkehr bringen" (R.G.Entsch. III, 122). Das R.G. versteht sonach mit dem Berufungsgericht unter „überlassen an Andere" jede Handlung, wodurch ein Mensch auf den anderen die tatsächliche Verfügungsgewalt überträgt. Ob die Kassenmitglieder, an welche der Angeklagte die Arzneimittel überlassen hat, Miteigentum an diesen gehabt haben oder ob, wie das Revisionsgericht annimmt, dies nicht der Fall war, erscheint hiernach gleichgültig. Zu dieser ausdehnenden Auffassung zwingt aber auch der Sinn des Gesetzes, welches wesentlich den Charakter einer vorbeugenden gesundheitspolizeilichen Vorschrift hat, um das Publikum ausgiebig vor den Gefahren zu schützen, welche aus der unbeaufsichtigten Verabreichung von Arzneimitteln durch Personen ohne ausreichend geprüfte Sachkenntnis entstehen können. Zu diesem Zwecke hat das Gesetz die Verabreichung der nach Form oder Inhalt sich als Heilmittel darstellenden Zubereitungen oder Stoffe, wie sie die kaiserl. Verordnung vom 27. Januar 1890 zu A und B aufführt, d. h. die Verabreichung aller unter Umständen gefährlichen Heilmittel lediglich den staatlich beaufsichtigten Apotheken vorbehalten. Abgesehen hiervon ist die Überlassung dieser Heilmittel nur auf Grund polizeilicher Erlaubnis gestattet, um so die Polizeibehörde in den Stand zu setzen, durch die Auswahl der geeigneten Personen und die Überwachung ihrer Tätigkeit einer Gefährdung des Publikums vorzubeugen. Die Gefahren aber, die sich aus der unmittelbaren Verabreichung von Heilmitteln unter Umgehung der Apotheken im einzelnen Falle ergeben, bestehen hauptsächlich einmal in dem Mangel an jeder Kontrole über die gehörige Aufbewahrung und äussere Kenntlichmachung der Heilmittel und ferner in der fehlenden Gewähr für gute, unverdorbene Beschaffenheit sowie für die richtige Menge der zu verabreichenden Arznei. Für alles dies hat der auf diesem Gebiete sachverständige Apotheker aufzukommen; die der staatlichen Konzession voraufgegangene Prüfung und die regelmässige Überwachung durch staatliche Organe bürgt für die gehörige Erfüllung dieser unumgänglichen Anforderungen. Ein wesentliches Kontrolmittel endlich ist das ärztliche Rezept, in welchem der Arzt für den einzelnen Fall die Verordnung erteilt, die der Apotheker auszuführen hat. Das Zusammenwirken beider, ein jeder auf seinem Gebiete, sachverständigen Personen verbürgt die Verabreichung des im besonderen Falle nach Beschaffenheit und Menge geeigneten Heilmittels. Diese für Arzt und Apotheker wesentliche Kontrole fällt fort, wenn der Arzt aus dem Vorrate bereits fertiggestellter Heilmittel selbst verabreicht. Mit Recht hat daher schon das Obertribunal — gestützt auf das eingehende Gutachten der wissenschaftlichen Deputation für das Medizinalwesen vom 28. Januar 1852 (Ges.-S. S. 175) — in seinem Erkenntnis vom 5. Mai 1854 (Ges.-S. S. 278) das sogen. „Selbstdispensieren" der Ärzte ohne polizeiliche Erlaubnis für strafbar erachtet und den § 345[2] des früheren preussischen St.G.B. (wörtlich übereinstimmend mit § 367[3] R.St.G.B.) angewendet. Die Annahme der Revision, dass die persönliche Eigenschaft des Angeklagten als Arzt jede Gefährdung im vorliegenden Falle ausschliesse, widerlegt sich nach den vorstehenden Ausführungen von selbst, welche die Notwendigkeit der Trennung der Geschäfte des Arztes von denen des Apothekers zeigen. Dass bei dieser ausdehnenden Auslegung der Strafvorschrift unter Umständen sich Härten ergeben können, ist nicht zu leugnen. Das von der Revision aufgeführte Beispiel, wonach auch das Abholenlassen von Arzneien aus der Apotheke durch Boten unter das Strafgesetz falle, erledigt sich freilich durch den Hinweis, dass der Bote unmittelbar für den Auftraggeber die Verfügungsgewalt erwirbt, sie also nicht erst später auf ihn überträgt. Wohl aber wird durch diese Auslegung die Zulässigkeit der sogen. Hausapotheke des Familienvaters auf die in der kaiserl. Verordnung zu A und B nicht erwähnten Heilmittel eng beschränkt. Denn auch ihm gegenüber sind Familienangehörige und Gesinde „Andere". Aber diese Beschränkung

Dispensierrecht der Krankenkassen und Vereine. 151

hat der Gesetzgeber, unbekümmert um etwaige Unbequemlichkeiten und Mehrkosten des Publikums, aus höheren Gründen der öffentlichen Sicherheit gewollt in Anbetracht der grossen Gefahr, die die Verabfolgung gefährlicher Heilmittel aus vorhandenen Vorräten durch Nichtsachverständige und ohne regelmässige Kontrole im Gefolge haben kann. Etwaige Härten aber — durch Erteilung von Erlaubnis zum Arzneimittelverkehr unter besonderen Bedingungen an einzelne Personen — zu vermeiden, ist der Polizeibehörde überlassen.

Die Fassung des § 115 der Gewerbeordnung sodann beweist nichts für die Zulässigkeit der unmittelbaren Arzneiabgabe durch Gewerbetreibende an Arbeiter, da dieser Paragraph selbstverständlich die Verabfolgung nur unter Einhaltung der sonstigen gesetzlichen Vorschriften, also auch des hier streitigen § 367³ St.G.B. gestattet. Wenn der Angeklagte die Kassenmitglieder für Miteigentümer, somit nicht für „Andere" und deshalb die Überlassung von Heilmitteln an sie für erlaubt hält, so befindet er sich nicht nur in einem zivilrechtlichen Irrtum, insofern er den Kassenmitgliedern statt der juristischen Person der Kasse das Eigentum beilegt, er irrt vielmehr auch über die Tragweite des Ausdrucks „an Andere überlassen", mithin über die Bedeutung des Strafgesetzes. Unkenntnis des Strafgesetzes schützt aber nicht vor Strafe. Aus diesen Erwägungen, und da auch sonst die Entscheidung des Berufungsgerichts nicht auf Rechtsirrtum beruht, war die Revision des Angeklagten zu verwerfen.

Im Sinne dieses in letzter Zeit ergangenen Urteils wird man die Angelegenheit vorläufig als erledigt ansehen können.

Denselben Standpunkt vertritt auch folgender preussischer Ministerialerlass:

Erlass der Minist. der Med. Angeleg. und für Handel und Gewerbe vom 31. Januar 1902.

Einzelne Krankenkassenvorstände sind in neuerer Zeit dazu übergegangen, die Lieferung von Arzneimitteln an die Kassenmitglieder unter Übergehung der bestehenden Arzneiabgabestellen selbst zu bewirken. Insoweit es sich dabei um Arzneistoffe handelt, welche neben den Apotheken auch in anderen Geschäften feilgehalten und verkauft werden dürfen, wird sich gegen dieses Verfahren nichts einwenden lassen. Dagegen dürfen alle nach der kaiserlichen Verordnung vom 27. Januar 1890, bezw. vom 1. April d. J. ab nach der kaiserlichen Verordnung vom 22. Oktober 1901 (R.G.Bl. S. 380) den Apotheken vorbehaltenen Arzneimittel sowie Arzneizubereitungen und Mischungen den Mitgliedern nur durch die Apotheken geliefert werden.

Diejenigen Urteile, welche zu einem entgegengesetzten Resultat gelangt sind, sind zwar numerisch nicht schwächer, aber vier von ihnen fallen auf das K.G., welches seit dem Jahre 1884 konsequent die engere Auslegung des Begriffes „Überlassen an Andere" festgehalten und daraus eine Straflosigkeit des Dispensierens innerhalb eines Vereins konstruiert hat. Die vier bekannt gewordenen Urteile des K.G. lauten:

K.G. 5. Mai 1884.

Vorausgesetzt, dass der Einkauf der diätetischen und Arzneimittel auf erlaubtem Wege erfolgt ist, kann die Verteilung dieser Mittel an die Vereinsmitglieder für eine strafbare Handlung nicht erachtet werden. Sind die Mittel durch und für den Verein angeschafft, so sind sie gemeinsames Eigentum der Mitglieder und die Verteilung unter diese fällt nicht unter § 367 Nr. 3 des Strafgesetzbuchs. Dies Gesetz verbietet die Zubereitung, das Feilhalten, Verkaufen und die Überlassung „an Andere" von Giften und Arzneien, deren Handel nicht freigegeben ist. Bei einer Verteilung unter die Mitglieder des Vereins kann von einem Feilhalten und Verkaufen ebensowenig, wie von einem Überlassen an Andere die Rede sein. Die Mitglieder, denen von den gemeinschaftlich angeschafften Mitteln abgelassen wird, sind im Sinne des Gesetzes nicht „Andere", sondern sie entnehmen die Mittel aus den gemeinschaftlichen Vorräten, an denen ihnen das Miteigentum zusteht.

Wenn ferner die kaiserliche Verordnung vom 4. Januar 1875 vorschreibt, dass gewisse Arzneien und Drogen nur aus den Apotheken entnommen werden dürfen, so würde der Verein allerdings gegen diese Verordnung verstossen, wenn er die darin aufgeführten Mittel nicht von einem Apotheker entnehmen sollte. Dass dies aber in der Absicht des Vereins liege, ergibt § 2 des Statuts nicht und deshalb bedarf derselbe auch nicht eines diese Art der Verteilung ausschliessenden Zusatzes. Sollte der Verein gegen die Verordnung vom 4. Januar 1875 bei der Verteilung der Arzneien verstossen, so macht er sich strafbar und wird sich auch nicht damit schützen können, dass in dieser Verordnung der Grosshandel mit den dort aufgeführten Stoffen gestattet ist. Der Verein treibt nicht Grosshandel, wenn er auch im grossen einkaufen will. Nur wenn er das Eingekaufte wieder im grossen verkaufte, wäre er von den beschränkenden Vorschriften der Verordnung befreit.

K.G. 16. Januar 1893.

Der Angeklagte hat der verehelichten L. für deren erkranktes Kind aus dem von ihm für den Verein . . . verwahrten homöopathischen Arzneimitteln Pulver, wie solche im Verzeichnis A Nr. 9 der Verordnung vom 27. Januar 1890 aufgeführt sind, verabreicht. Die Arzneimittel, welche Angeklagter verwahrte, waren auf Kosten des genannten Vereins, dem auch der Ehemann L. angehörte, beschafft und standen daher im Miteigentum der Mitglieder. Diese hatten sonach das Recht, aus dem Vorrat Medikamente unentgeltlich zu beziehen, sie konnten aber auch den Auftrag, für sie die geeigneten Mittel auszuwählen, erteilen, und insbesondere den Lagerhalter dieses Vereins zu diesem Zwecke in Anspruch nehmen. Letzterer war demnach wohl befugt, die von ihm verwahrten Arzneien den Empfangsberechtigten auf deren Ersuchen auszuhändigen. Das schon bestehende Eigentumsrecht der Mitglieder ist durch ihn nur äusserlich in die Erscheinung getreten. Ein strafbares „an Andere Überlassen" liegt daher nicht vor und wird auch dadurch nicht herbeigeführt, dass der Angeklagte selbst das Mittel bestimmte; denn dieser Umstand ist für den Begriff das „an Andere Überlassen" ohne Bedeutung.

Dispensierrecht der Krankenkassen und Vereine.

K.G. 10. November 1898.
Die Revision der königlichen Staatsanwaltschaft, welche Verletzung des § 367 Nr. 3 Str.Ges.B. rügt, ist unbegründet. Die genannte Bestimmung verbietet neben dem Zubereiten, Feilhalten und Verkaufen von Arzneimitteln ohne polizeiliche Erlaubnis auch das Überlassen von Giften etc. an Andere. Unter diesem „Überlassen an Andere" ist nicht, wie die Anklagebehörde behauptet, ganz allgemein jedes „Übertragen der Verfügungsgewalt" zu verstehen. Vielmehr erfordert es die ratio der Bestimmung, dass das „Überlassen" restriktiv als „in Verkehr bringen" zu interpretieren ist. Wollte man der von der Anklagebehörde vertretenen Auffassung folgen, so würde man zu Konsequenzen kommen, welche der Gesetzgeber zweifellos nicht beabsichtigt hat. Es würde sich z. B. der Dienstbote strafbar machen, welcher im Auftrage seiner Herrschaft aus der Apotheke Arznei holt und diese der Herrschaft übergibt, und es müsste der Vater bestraft werden, welcher aus seiner Hausapotheke seinen Kindern Arzneimittel abgibt etc.

Ein „in den Verkehr bringen" von Arzneimitteln ist aber in der Tätigkeit des Angeklagten nicht zu erblicken. Die Arzneimittel, welche derselbe verwahrte, waren von dem homöopathischen Verein zum Zwecke der Verteilung an die Vereinsmitglieder aus einer staatlich genehmigten Apotheke auf gemeinsame Kosten angeschafft und standen somit im Miteigentum der Vereinsmitglieder. Es entsprach daher lediglich dem Zweck dieser Anschaffung, dass die Mitglieder sich aus dem Vereinsvorrat unentgeltlich ihren Bedarf entnahmen. Wenn daher der Angeklagte von diesem ihm lediglich zur Verwahrung übergebenen, im Miteigentum der Vereinsmitglieder bereits stehenden Arzneimittelvorrat gewisse Arzneimengen den zum Empfang berechtigten Personen auf deren Ersuchen ausgehändigt hat, so hat er die Arzneimittel nicht in den Verkehr gebracht, sondern lediglich als Bevollmächtigter des Vereins beziehentlich seiner Mitglieder die bereits durch ihren Bezug aus der Apotheke „in Verkehr gebrachten" Arzneimittel dem unmittelbaren Zwecke dieses Bezuges zugeführt.

Die Vereinsmitglieder können demnach auch als „Andere" im Sinne des zitierten Paragraphen nicht angesehen werden (vgl. Entscheid. d. R.G. Bd. III S. 123, Rheinisches Archiv Bd. 71 S. 9, Olshausen, Kommentar zum Str.Ges.B. Note f zu § 367[3] 5. Auflage und Urteil des K.G. vom 16. Januar 1893). Ein strafbares „an Andere" Überlassen ist darnach in der Tätigkeit des Angeklagten nicht zu finden, und folglich ist § 367[3] Str.Ges.B. nicht verletzt.

K.G. 20. Juni 1901.
Die Revision der Staatsanwaltschaft gegen das Urteil des Landgerichts zu Guben vom 10. April 1901, welche Verletzung materieller Rechtsgrundsätze rügt, kann keinen Erfolg haben. Zutreffend und in Übereinstimmung mit der Rechtsprechung des Kammergerichts (vgl. bes. die Urteile vom 5. Mai 1884, Johow Bd. 5 S. 39 und vom 10. November 1898, Goltd. Arch. Bd. 46 S. 356) und der Literatur (vgl. bes. Olshausen 6. Aufl. S. 1364 Anm. f 3) hat der Vorderrichter in der Abgabe von Arzneien seitens eines Vereins oder eines Vereinsbeamten an Mitglieder dieses Vereins ein Überlassen an Andere im Sinne des § 367[3] Str.Ges.B. nicht

gefunden, denn die Vereinsmitglieder sind keine „anderen" im Sinne dieser Bestimmung; sie sind vielmehr die Personen selbst, für welche der Verein oder dessen Bevollmächtigter die Arzneimittel angeschafft hat.

Die allgemeinen Gründe, weshalb diese Anschauung als unhaltbar erscheinen muss, sind bereits am Eingange dieses Kapitels dargelegt worden. In rechtlicher Beziehung setzt sich das K.G., wenn es, wie in dem Urteil vom 10. November 1898 die Worte „überlassen an Andere" durch Gleichstellung mit dem Begriff „in Verkehr bringen" einschränken will, in direkten Gegensatz zu der Rechtsprechung des R.G., welches diesem letzteren Begriff ausdrücklich durch Identifizierung mit „überlassen an Andere" eine erweiterte Interpretation beilegte. In einem Urteil vom 13. Dezember 1880 betreffend das Nahrungsmittelgesetz vom 14. Mai 1879 sagt das R.G.:

R.G. 13. Dezember 1880.

Die Vergleichung des Reichsgesetzes vom 14. Mai 1879 § 12 (vgl. § 15) mit den sonstigen Paragraphen desselben Gesetzes ergibt unzweideutig, dass die allgemeine Klausel am Schlusse der Nr. 1 des § 12 bewusst gewählt ist, um eine dem Zwecke des Gesetzes widerstreitende zu enge Auslegung zu verhüten, das „in Verkehr bringen" ist der generelle Rahmen für die bedrohten Handlungen, zu dem sich die speziell aufgeführten Akte des Verkaufens oder Feilhaltens nur als Einzelarten, als Exemplifikationen verhalten (oder „sonst" in Verkehr „bringt"), ähnlich wie Str.Ges.B. §§ 146 flg. bei den Münzverbrechen von „gebrauchen oder sonst in den Verkehr bringen" redet. Im Sinne des Reichsgesetzes vom 14. Mai 1879 § 12 Nr. 1 ist daher ein „in den Verkehr bringen" — abgesehen vom Feilhalten — gleichbedeutend mit „Anderen überlassen".

Das R.G. rechnet daher unter diesen Begriff das entgeltliche und das unentgeltliche, das einmalige und das gewerbsmässige Überlassen und begründet diese Auffassung überzeugend durch den gesundheitlichen Zweck des Gesetzes, der eine andere Auslegung nicht zulasse. Schliesslich nimmt es direkt Bezug auf § 367³ Str.Ges.B. und sagt darüber:

Ein Bedenken wider die vorentwickelte Auslegung könnte vielleicht aus Str.Ges.B. § 367 Nr. 3 hergeleitet werden, insofern daselbst, in anscheinend noch umfassenderer Form, wegen Übertretung bestraft wird: „wer ohne polizeiliche Erlaubnis Gift zubereitet, feilhält, verkauft oder sonst an Andere überläst". Allein dieses Bedenken schwindet, wenn man erwägt, dass das Reichsgesetz sich in § 12 gerade an den seiner Satzung materiell am nächsten liegenden § 324, wie ausdrücklich in den Materialien bemerkt wird, anschliessen wollte und dessen Wortausdruck beibehalten durfte, ohne mit Rücksicht auf die Motive und den Zusammenhang des Gesetzes befürchten zu müssen, dass das „in Verkehr bringen" des § 12 Nr. 1 a. a. O. anders aufgefasst werde, als das „Überlassen" in Nr. 3 des § 367 Str.Ges.B.

Und nun kommt das K.G. und tut gerade den entgegengesetzten Schritt, indem es den vom R.G. erweiterten Begriff des „Inverkehrbringens" wieder zurückdrückt und dann als Massstab benutzt für den an sich von vornherein feststehenden Ausdruck „oder sonst an Andere überlassen"!
Aber auch die privatrechtlichen Verhältnisse, die hauptsächlich den Standpunkt des K.G. bedingt haben, hat das R.G. wiederholt (u. a. am 21./28. November 1887 und am 23. September 1887) für die Strafbarkeit einer Übertretung als vollkommen irrelevant erklärt. Schlagender kann die Anschauung des K.G. kaum widerlegt werden, als es durch das zu zweit genannte Urteil des R.G. geschehen ist. Die erste Instanz hatte ganz in dem Ideengang des K.G. in dem Verteilen eines finnigen Schweines an die Mitbesitzer desselben kein unerlaubtes „Inverkehrbringen" gesundheitsschädlicher Nahrungsmittel im Sinne des Nahrungsmittelgesetzes gefunden, weil sich das Schwein im gemeinschaftlichen Eigentum der Personen befunden habe. Diese Auffassung stiess aber das R.G. unter folgender klarer und überzeugender Begründung um:

R.G. 23. September 1887.

Die Bestimmung des § 12 Nr. 1 des Nahrungsmittelgesetzes beruht, wie ihr Inhalt, ihr Verhältnis zum § 324 Str.Ges.B. und die amtlichen Motive ergeben, auf dem Gedanken, dass den Gefahren, welche durch den Verkehr mit gesundheitsschädlichen Nahrungsmitteln dem Gemeinwohle erwachsen, in möglichst wirksamer Weise entgegenzutreten sei. Diesem gesundheitspolizeilichen vorbeugenden Charakter entspricht es, dass das Gesetz jegliches Inverkehrbringen derartiger Waren als Nahrungsmittel absolut und unter Strafandrohung verbietet. Demgemäss hat auch das Reichsgericht bereits mehrfach in veröffentlichten Entscheidungen ausgeführt, dass unter jenem Ausdrucke jedes, wie auch immer geartete, Überlassen oder Zugänglichmachen zum Genusse, jede Handlung zu verstehen sei, durch welche gesundheitsschädigende Gegenstände als Nahrungsmittel an Andere abgegeben und damit zum Gegenstande des Genusses oder der Weitergabe als Nahrungsmittel gemacht werden. Aus der öffentlichrechtlichen Natur des vorliegenden Verbotgesetzes folgt aber weiter mit Notwendigkeit, dass es unerheblich ist, ob und welche civilrechtlichen Verhältnisse dem Überlassen oder der Übergabe jener Waren zu Grunde liegen, ob mithin die Übergabe, wenn jenes dem öffentlichen Rechte angehörende Verbotsgesetz nicht bestände, kraft einer civilrechtlichen Verpflichtung oder Berechtigung erfolgen müsste oder dürfte. Die Sachlage ist also eine ähnliche wie bezüglich der Sprengstoffe; nur dass für diese das Verbot des Überlassens an Andere nicht absolut, der Verkehr vielmehr von der polizeilichen Erlaubnis abhängig gemacht worden ist. Aber für das eine wie für das andere dieser im Interesse des Gemeinwohles erlassenen vorbeugenden Gesetze findet der allgemeine Satz Anwendung, dass derartige

Normen des öffentlichen Rechts nicht durch privatrechtliche Vereinbarungen und deren Konsequenzen berührt und in ihrer Wirksamkeit gehemmt werden können.

Somit befindet sich das K.G. mit seinem beim Dispensierrecht der homöopathischen Vereine eingenommenen Standpunkt nicht nur mit zahlreichen Oberlandesgerichten, sondern auch mit dem höchsten deutschen Gerichtshofe in einem eklatanten Widerspruch.

Gleichwohl ist offenbar wegen der Autorität dieses Gerichtshofes die Anschauung des K.G. von einem L.G. und drei Oberlandesgerichten acceptiert worden. Ganz wie das K.G. und unter analoger Begründung erkannte das O.L.G. Köln am 23. April 1897 freisprechend gegen die Lagerhalter eines homöopathischen Vereins, während gegen Krankenkassen-Vorsteher drei freisprechende Urteile von dem L.G. Halle a. S. unter dem 27. November 1895 einerseits, und den O.L.Gerichten Frankfurt a. M. und Jena andererseits ergingen.

Das Kölner Urteil besagt:

O.L.G. Köln 23. April 1897.

In dem Begriffe des Überlassens ist das Moment der Freiwilligkeit der Handlung, der Möglichkeit sowohl der Vornahme, als auch das Unterlassen derselben enthalten. Dieses Moment liegt aber zufolge der tatsächlichen Feststellung des Landgerichts, dass die Vereinsmitglieder einen Rechtsanspruch auf den ihnen zufallenden durch den Bedarf bestimmten Teil der Heilmittel besessen haben, hier nicht vor. Die Angeklagten haben eine Verfügungsgewalt über die Heilmittel den Mitgliedern nicht einräumen können, weil sie selbst eine solche nicht besassen, da sie nicht nach Gutdünken über dieselben verfügen konnten, sondern den Gewahrsam für die Mitglieder ausübten, an welche sie sie auf Verlangen abgeben mussten und allein abgeben durften.

Das O.L.G. Frankfurt führte in seiner längeren Begründung u. a. folgendes aus:

O.L.G. Frankfurt a. M. 15. Januar 1896.

Würde für die eingeschriebenen Hilfskassen das Vorliegen eines Miteigentums der Kassenmitglieder an den für deren Zwecke angeschafften Gegenständen anzunehmen sein, so würde das Tatbestandsmerkmal des „Überlassens an Andere" bei der Handlungsweise der Angeklagten, wie keiner Ausführung bedarf, ohne weiteres rechtlich entfallen. Allein es erübrigt sich eine Entscheidung dieser zivilrechtlichen Zweifelsfrage, denn selbst wenn nach streng juristischer Konstruktion ein solches Miteigentum abzulehnen und vielmehr ein Eigentum der Kasse als juristischer Person an den angeschafften Vorräten anzunehmen wäre, so würden die Kassenmitglieder bei der für die Auslegung und Anwendung des Strafgesetzes massgebenden natürlichen Auffassung dem Vorstand der Kasse doch nicht als fremde Personen, als „Andere", gegenüberstehen, wenn sie von ihm die

Dispensierrecht der Krankenkassen und Vereine. 157

Darreichung von Arznei begehrten und solche in Erfüllung des der Hilfskasse vorgezeichneten Zweckes — vgl. § 12 Gesetz vom 7. April 1876 in der Fassung der Novelle vom 1. Juni 1884 — überwiesen erhielten. Unter einer sehr merkwürdigen Begründung, deren erster, einwandfreier Teil das entgegengesetzte Resultat erwarten lässt, hat sich das O.L.G. Jena am 12. Dezember 1899 derselben Ansicht angeschlossen und damit eine entgegenstehende Entscheidung der Strafkammer zu Gera vom 2. Oktober 1899 umgestossen.

O.L.G. Jena 12. Dezember 1899.

Das Prinzip der Beschränkung ist das, dass der Einzelverkehr mit Arzneimitteln, welche nicht freigegeben sind, lediglich durch die Apotheken geschehen soll, bei denen eine Gefahr für das Publikum möglichst vermieden war. Gegen dieses Prinzip wird aber verstossen, wenn eine Krankenkasse im Grossen Arzneien einkauft und im Einzelnen an ihre Mitglieder abgibt. Der Umstand, dass die Krankenkassen einem guten Zwecke dienen, dass sie statutenmässig ihren erkrankten Mitgliedern freie Arznei zu gewähren haben, dass sie, wie hier behauptet wird, diese Arzneien nur auf ärztliche Anordnung hin abgeben, darf dabei nicht irre führen. Gesetzliche oder statutarische Verpflichtung zur Gewährung freier Arzneien entbindet nicht von der Einhaltung der gesetzlichen Schranken, die für den Arzmeimittelverkehr gezogen sind. Die behauptete ärztliche Aufsicht bei Abgabe der Arzneimittel ist dem Gesetz gegenüber auch ohne Bedeutung, da dieses nur die polizeiliche Erlaubnis als Befreiungsgrund von der Strafe für den Verkehr mit nicht freigegebenen Arzneimitteln kennt. Diese polizeiliche Erlaubnis kann aber nach Frank, Komm. z. St.G.B. 1897, S. 445, Anm. 3, nur in Gestalt staatlicher Konzession zum Apothekenbetrieb gegeben werden.

Ob ein zivilrechtlicher Anspruch der Kassenmitglieder auf Verabfolgung der Arzneien besteht (bei einer Gesellschaft sogar Miteigentum des Gesellschafters zu ideellem Anteile), das ist gegenüber dem Zwecke des Gesetzes, möglichst jeden zu schutzen, auch ohne Einfluss und kann deshalb die Erörterung über die juristische Persönlichkeit der Ortskrankenkasse, für wen die Arzneimittel angeschafft worden sind, unterbleiben

Das Prinzip der kaiserlichen Verordnung will jedenfalls nicht, dass Arzneimittel, die im Einzelverkehr durch die Apotheken an die einzelnen kommen sollen, auf dem von der Ortskrankenkasse Gera Land eingeschlagenen Wege unter Umgehung der Apotheken an die einzelnen gelangen, namentlich auch, wenn der Kreis der einzelnen ein so grosser ist, wie bei der Ortskrankenkasse Gera-Land.

Aus diesen Erwägungen heraus kann man dazu kommen, der streng logisch und konsequent durchgeführten Ansicht des L.G. den Vorzug vor der auch wohlbegründeten Ansicht des Schöffengerichts zu geben; allein der Strafsenat konnte sich dem nicht verschliessen, dass die Ansicht des L.G. doch schliesslich zu Konsequenzen führt, die man nicht billigen kann. Es würde dann strafbar sein, wenn der Dienstbote dem Dienstherrn die aus der Apotheke für den letzteren geholte Arznei überbringt, es würde strafbar sein, wenn der Vater dem später erkrankten Kinde von dem für den Vater verordneten Tee eingibt, kurz, es würden Fälle strafbar werden, für welche es an einem vernünftigen Grund fehlt, weshalb sie das Gesetz hätte verhüten und unter Strafe stehen wollen. Dieser Gesichtspunkt hauptsächlich, sowie der Umstand, dass die Praxis in Preussen und Sachsen den vom Schöffengericht eingenommenen Standpunkt billigt, der auch von Olshausen II S. 1383 Note 3 zu 3 f als richtig bezeichnet wird, hat den Strafsenat im Gegensatz zu der von ihm im Urteile vom 17. April 1883 in der Strafsache gegen D. und L. eingenommenen Stellung, sowie zu der Praxis des O.L.G. München (Band III, S. 198; Band IV, S. 131) bewogen, die Ansicht des Schöffengerichts zu der seinigen zu machen. Danach ist der Ausdruck „Andere" für den § 367³ Str.Ges.B. einschränkend auszulegen und die Voraussetzung dieses Ausdrucks im vorliegenden Falle zu verneinen.

Die Mitglieder der Krankenkasse, welche die Arzneimittel erhalten und für welche die Anschaffung der Arzneimittel im letzten Endzweck doch nur erfolgt, stehen dem die Arzneien abgebenden Kassierer nicht als derartig fremde Rechtssubjekte als „Andere" gegenüber, dass man in der Abgabe der Arzneien an sie ein Inverkehrbringen, eine Weitergabe an das Publikum, zu dessen Schutz die Bestimmung des Gesetzes getroffen ist, erblicken könnte. Die Handlung des Angeklagten ist daher nicht für eine strafbare Überlassung von Arzneien an Andere angesehen worden.

Eine analoge Entscheidung des L.G. Beuthen vom 23. Januar 1899 ist durch ein später ergangenes entgegengesetztes Urteil desselben Gerichts und vor allem durch das dies letztere Erkenntnis bestätigende Urteil des O.L.G. Breslau vom 29. August 1900 überholt worden.

2. Mittäterschaft, Anstiftung, Beihilfe.

§ 47 Str.Ges.B.

Wenn Mehrere eine strafbare Handlung gemeinschaftlich ausführen, so wird jeder als Thäter bestraft.

§ 48 Str.Ges.B.

Als Anstifter wird bestraft, wer einen Anderen zu der von demselben begangenen strafbaren Handlung durch Geschenke oder Versprechen, durch Drohung, durch Missbrauch des Ansehens oder der Gewalt, durch absichtliche Herbeiführung oder Beförderung eines Irrthums oder durch andere Mittel vorsätzlich bestimmt hat. Die Strafe des Anstifters ist nach demjenigen Gesetze festzusetzen, welches auf die Handlung Anwendung findet, zu welcher er wissentlich angestiftet hat.

Mittäterschaft, Anstiftung, Beihilfe. 159

§ 49 Str.Ges.B.

Als Gehilfe wird bestraft, wer dem Thäter zur Begehung des Verbrechens oder Vergehens durch Rath oder That wissentlich Hilfe geleistet hat. Die Strafe des Gehilfen ist nach demjenigen Gesetze festzusetzen, welches auf die Handlung Anwendung findet, zu welcher er wissentlich Hilfe geleistet hat, jedoch nach den über die Bestrafung des Versuches aufgestellten Grundsätzen zu ermässigen.

In den drei Paragraphen 47, 48 und 49 fasst das Str.Ges.B. als „Teilnahme" die Mittäterschaft, Anstiftung und Beihilfe zusammen. Letztere ist, wie § 49 ergibt, nur bei Verbrechen oder Vergehen strafbar, sie scheidet demnach für die Zuwiderhandlungen gegen § 367³, die sich strafrechtlich nur als Übertretungen darstellen, aus. Beihilfe zu Übertretungen ist straflos. Ebenso wird nach der Natur der Sache Mittäterschaft bei Übertretungen der kaiserl. Verordnung nur sehr selten in Betracht kommen. Dagegen hat die Frage, ob ein Apotheker, welcher zum Zwecke der Anzeige dem freien Verkehr entzogene Arzneiwaren bei einem Drogisten fordert oder fordern lässt und erhält, sich dadurch der Anstiftung zu einer strafbaren Handlung schuldig macht, schon einige Male die Gerichte beschäftigt.

In den beiden bekannt gewordenen Fällen wurde die Frage verneint.

L.G. Landsberg a. W. 21. Oktober 1881.

Aus mehrfachen Erwägungen ergibt sich, dass der Ankauf von Arzneien im Sinne des § 367³ des deutschen Str.Ges.B. als solcher straflos, d. h. als Anstiftungshandlung zu dem allein unter Strafe gestellten Verkaufe überhaupt nicht zu qualifizieren ist, und mit Recht macht Angeklagter geltend, dass die Straflosigkeit des Ankaufs selbst auch die Anstiftung zu einem solchen Ankaufe straflos erscheinen lässt.

Angeklagter betont ferner, dass der p. R. zu dem unbefugten Verkaufe der Arzneien bereits bereit gewesen und überhaupt immer hierzu bereit sei — eine Anführung, die nicht nur nicht widerlegt ist, sondern in der Erwägung, dass R. nach der Feststellung des angegriffenen Urteils Drogist ist, und dass dem P. jun. der Ankauf ohne weiteres möglich gewesen, eine wesentliche Bestätigung findet. Ist diese Annahme richtig, so entfällt damit die Handlungsweise des Angeklagten dem Begriffe der Anstiftung von selbst, da letztere zur begrifflichen Voraussetzung hat, in dem Anzustiftenden den Entschluss zur Verübung eines Deliktes hervorzurufen, und ein bereits vorhandener Entschluss nicht erst erzeugt werden kann.

In dem zweiten Falle hatte der Apotheker zum Zwecke der Anzeige mehrere Rezepte persönlich in eine Drogenhandlung gebracht und dieselben ohne weiteres angefertigt erhalten. Auch war festgestellt worden, dass in dem Geschäft an eine ganze Reihe anderer Personen verbotene Arzneien, ohne dass es eines besonderen Bittens oder Drängens bedurft hätte, ausgehändigt worden waren, und bei einer Revision der Drogerie war eine vollständig eingerichtete Apotheke mit über 50 verbotenen Mitteln daselbst vorgefunden worden. Auf Grund dieser Tatsachen erkannte das Gericht wie folgt:

L.G. Gera 25. März 1889.

Die Inhaber des D.'schen Geschäfts sind dementsprechend regelmässig und ein für allemal willens und entschlossen gewesen, Arzneien und Gifte im einzelnen an das Publikum auszugeben — beim Verkauf von Giften mag eine gewisse Vorsicht insofern beobachtet worden sein, dass hier die Person des Käufers einigermassen in Betracht gezogen wurde. Speziell im vorliegenden Falle ist nach der Überzeugung des Gerichtes Karl D. bei beiden Malen, wo der Angeklagte am 24. August mit demselben verhandelte, von vornherein entschlossen und bereit gewesen, demselben die verlangten Mittel zu verabreichen. Die anfängliche Weigerung desselben, wenn eine solche, insbesondere beim erstenmale, überhaupt ausgesprochen worden ist, war nicht ernst gemeint und geschah gewissermassen bloss anstandshalber und in der Erwartung, dass Angeklagter seine Bitte dringender wiederholen möge, damit p. D. sich alsdann den Anschein geben könne, als erweise er dem Angeklagten mit der schliesslichen Verabreichung des gewünschten einen besonderen Gefallen. Jemand, der zu einer Straftat bereits entschlossen ist, kann aber zu derselben nicht mehr angestiftet werden (vergl. Rechtspr. des R.G.).

Dagegen wurde vom Schöffengericht in Waldheim i. S. am 9. April 1895 ein Drogist, welcher zu denunziatorischen Zwecken bei einem Apotheker während der Sonntagsruhe ein Pfund Speiseöl zu Speisezwecken durch einen Kellner hatte holen lassen, wegen Anstiftung gemäss § 48 Str.Ges.B. zu 30 Mark Geldstrafe verurteilt. Hier nahm das Gericht auf Grund der Beweisaufnahme an, dass der diensthabende Apotheker nicht im voraus entschlossen war, Öl, welches lediglich zu Speisezwecken verlangt wurde, während der Sonntagsruhe zu verabfolgen.

Ebenso erklärte der Polizei-Präsident von Berlin in einer an die Vorstände der dortigen kassenärztlichen Vereinigungen gerichteten Verfügung vom Juni 1901, dass auch in dem blossen Verschreiben solcher Arzneimittel, welche dem freien Verkehr nicht überlassen sind, auf Rezeptformularen, die nur für Drogengeschäfte bestimmt sind, unter Umständen eine strafrechtlich verfolgbare Anstiftung zu Übertretungen des § 367[3] Str.Ges.B. erblickt werden könne. Die Gerichte werden dieser Auffassung indess wohl kaum beitreten.

3. Betrug, unlauterer Wettbewerb.

§ 263 Str.Ges.B.

Wer in der Absicht, sich oder einem Dritten einen rechtswidrigen Vermögensvortheil zu verschaffen, das Vermögen eines Anderen dadurch beschädigt, dass er durch Vorspiegelung falscher oder durch Entstellung oder Unterdrückung wahrer Thatsachen einen Irrthum erregt oder unterhält, wird wegen Betruges mit Gefängniss bestraft, neben welchem auf Geldstrafe bis zu Dreitausend Mark, sowie auf Verlust der bürgerlichen Ehrenrechte erkannt werden kann. Sind mildernde Umstände vorhanden, so kann ausschliesslich auf die Geldstrafe erkannt werden. Der Versuch ist strafbar. Wer einen Betrug gegen Angehörige, Vormünder oder Erzieher begeht, ist nur auf Antrag zu verfolgen. Die Zurücknahme des Antrages ist zulässig.

§ 4 Gesetz vom 27. Mai 1896.

Wer in der Absicht, den Anschein eines besonders günstigen Angebotes hervorzurufen, in öffentlichen Bekanntmachungen oder in Mittheilungen, welche für einen grösseren Kreis von Personen bestimmt sind, über die Beschaffenheit, die Herstellungsart oder die Preisbemessung von Waaren oder gewerblichen Leistungen, über die Art des Bezuges oder die Bezugsquelle von Waaren, über den Besitz von Auszeichnungen, über den Anlass oder den Zweck des Verkaufes wissentlich unwahre und zur Irreführung geeignete Angaben thatsächlicher Art macht, wird mit Geldstrafe bis zu 1500 M. bestraft.

Ist der Thäter bereits ein Mal wegen einer Zuwiderhandlung gegen die vorstehende Vorschrift bestraft, so kann neben oder statt der Geldstrafe auf Haft oder auf Gefängniss bis zu sechs Monaten erkannt werden; die Bestimmungen des § 245 des Strafgesetzbuches finden entsprechende Anwendung.

Eins der wirksamsten Mittel, welche dem Staate gegen Geheimmittelwesen und Kurpfuscherei zu Gebote stehen, wirksamer als alle polizeilichen Geheimmittelankündigungsverbote und Kurpfuschergesetze, ist der Betrugsparagraph. Das Verdienst, seine

Anwendbarkeit auf diesem Gebiete zuerst erkannt zu haben, gebührt der Strafkammer des Landgerichts in Tübingen, welche am 11./12. Juni 1880 den Kurpfuscher Schumacher und seinen Genossen, Jacob Müller, „Chef für Süddeutschland", auf Grund des Betrugsparagraphen zu 18 Monaten Gefängnis verurteilte. Es ist seitdem auf Grund jenes Paragraphen gegen eine ganze Anzahl Heilkünstler und Fabrikanten von Bartwuchsmitteln, Epilepsiemitteln und anderer Wundermittel mit Erfolg eingeschritten worden. Auch den Auswüchsen des Geheimmittelwesens ist wirksam lediglich durch den Betrugsparagraphen beizukommen. Wird ein Mittel gegen alle auch notorisch unheilbaren Krankheiten bombastisch angepriesen, so liegt der Versuch eines Betruges vor, und der Staat ist durch Hilfe des § 263 in der Lage, die Ausbeutung des leidenden Publikums durch gewissenlose Geheimmittelfabrikanten zu verhindern.

Da aber die erfolgreiche Anwendung des Betrugsparagraphen in der Hauptsache drei Voraussetzungen hat, die Absicht der Verschaffung eines rechtswidrigen Vermögensvorteils, eine Vermögensbeschädigung und eine Irrtumserregung, so muss dieses Mittel in allen den Fällen, wo eine dieser Voraussetzungen nicht nachgewiesen werden kann, versagen.

Eine ebenfalls nicht geringe Zahl derartiger Anklagen — so u. a. der am 9. Juli 1900 vor der Strafkammer des L.G. I Berlin verhandelte Prozess gegen die bei Ausübung der Glünickeschen Heilmethode beteiligten Personen — haben mit Freisprechung geendet.

Wegen dieser unverkennbaren Schwierigkeiten, die der Anwendung des Betrugsparagraphen bisweilen entgegenstehen, wird neuerdings gegen unwahre, auf Täuschung berechnete Ankündigungen von Heilkünstlern oder Heilmitteln das Gesetz zur Bekämpfung des unlauteren Wettbewerbs vom 27. Mai 1896 herangezogen.

Eine ausgedehnte Anwendung dieses Gesetzes, von dem hauptsächlich der oben angeführte § 4 in Frage kommt, auf unlautere Anpreisungen von Heilmitteln und Heilmethoden gegen alle möglichen Krankheiten ist durch einen an die Oberstaatsanwälte gerichteten Erlass des preussischen Justizministers vom 21. Dezember 1901 vorgesehen. Der Erlass lautet:

Preuss. Justizminist.-Erlass 21. Dezember 1901.

Nach einer Mitteilung des Herrn Ministers der geistlichen, Unterrichts- und Medizinalangelegenheiten ist aus den Kreisen der Ärzte im Laufe der letzten Jahre wiederholt Klage darüber geführt worden, dass seit der durch die Reichsgewerbeordnung erfolgten Aufhebung des früher in Preussen bestandenen Kurpfuschereiverbotes die Kurpfuscherei in einem solchen Masse zugenommen habe, dass ein Einschreiten im öffentlichen Interesse geboten erscheine. Die aus Veranlassung dieser Beschwerden veranstalteten Erhebungen haben ergeben, dass auf dem Gebiete des Kurpfuschereiwesens, insbesondere durch Anpreisung von Heilmitteln und Heilmethoden gegen alle möglichen Krankheiten durch nicht approbierte Personen, Auswüchse entstanden sind, denen im Interesse des Publikums entgegen getreten werden muss. Zu den für die Bekämpfung der hervorgetretenen Missstände in Vorschlag gebrachten Massregeln gehört auch die Anwendung der Bestimmung des R.G. zur Bekämpfung des unlauteren Wettbewerbs vom 27. Mai 1896. Wie die Entscheidung des R.G. vom 16. Juni 1900 und die dazu erstattete Erklärung des Oberreichsanwaltes vom 23. Oktober 1900 ergibt, hat das R.G. die Bestimmungen des § 4 des genannten Gesetzes auch auf die von den sogenannten Heilkünstlern dargebotenen „gewerblichen Leistungen" für anwendbar erklärt. Nach § 12 a. a. O. ist die Strafverfolgung in den Fällen des § 4 von einem Antrage abhängig, welcher von jedem der in dem § 1 Absatz 1 bezeichneten Gewerbetreibenden und Verbände gestellt werden kann. Zu den Antragsberechtigten werden ausser den Ärzten selbst auch die zur Vertretung der Interessen des ärztlichen Berufes berufenen Ärztekammern bezw. deren Vorstände zu rechnen sein. Ich ersuche, die Ihnen unterstellten Beamten der Staatsanwaltschaft hierauf hinzuweisen und auf eine nachdrückliche Verfolgung der eingehenden Strafanträge hinzuwirken. **Das in dem Erlass erwähnte Urteil des R.G. vom 16. Juni 1900 bestätigte lediglich eine Entscheidung des L.G. Bautzen vom 30. März 1900, welches einen die Heilkunde ausübenden Musterzeichner wegen unwahrer Übertreibung seiner heilgewerblichen·Leistungen zu 400 Mark Geldstrafe verurteilt und damit zum erstenmale das Gesetz über den unlauteren Wettbewerb auf die Ausübung der Heilkunde übertragen hatte. Die Anwendung des Gesetzes bietet weniger Schwierigkeiten wie die des Betrugsparagraphen, nur bedarf es zur Strafverfolgung eines Antrages.**

III. Die Ankündigung von Arzneimitteln.
1. Das geltende Recht.

Während die kaiserl. Verordnung nur das Feilhalten und den Verkauf bestimmter Mittel ausserhalb der Apotheken untersagt, sind seit einer Reihe von Jahren in den einzelnen Staaten, Provinzen und Regierungsbezirken besondere Polizeiverordnungen erlassen worden, welche diese Bestimmung dahin erweitern, dass diejenigen Arzneimittel, deren Feilhalten und Verkauf untersagt oder beschränkt ist, auch nicht öffentlich angekündigt oder angepriesen werden dürfen. Gleichzeitig wurde dies Verbot der öffentlichen Ankündigung auch auf Geheimmittel ausgedehnt. Die Verordnungen gründen sich in Preussen auf das Gesetz betreffend die Polizeiverwaltung vom 11. März 1850, dessen § 6 lautet:

„Zu den Gegenständen der ortspolizeilichen Vorschriften gehören f) Sorge für Leben und Gesundheit."

Die erste derartige Verordnung erschien in Berlin unterm 30. Juni 1887, und sie gab den Anstoss, dass auf Veranlassung des preussischen Medizinalministeriums und später auf Grund einer zwischen den verbündeten Regierungen getroffenen Vereinbarung dies Verbot und zwar in immer mehr erweiterter Gestalt auch anderwärts erlassen wurde. Es bestehen gegenwärtig im Deutschen Reiche folgende Verordnungen betreffend die Ankündigung von Arznei- und Geheimmitteln:

a. Preussen.
1. Ostpreussen*).
a. Prov. Ostpreussen 11. September 1895:

Die öffentliche Ankündigung von Geheimmitteln, welche dazu bestimmt sind, zur Verhütung oder Heilung menschlicher Krankheiten zu dienen, ist verboten.

---

*) Es ist anzunehmen, dass die unter Ostpreussen angeführten drei Verordnungen in sämtlichen preussischen Provinzen in gleicher Weise erlassen worden sind, wenngleich sich im Folgenden nicht für alle derartigen Fälle die betreffenden Daten ermitteln liessen.

b. Prov. Ostpreussen 2. Dezember 1896:

Die öffentliche Ankündigung von Geheimmitteln, welche dazu bestimmt sind, zur Verhütung oder Heilung tierischer Krankheiten zu dienen, ist verboten.

c. Prov. Ostpreussen 13. Februar 1900:

Die öffentliche Ankündigung von Geheimmitteln, welche dazu bestimmt sind, zur Verhütung oder Heilung von Pflanzenkrankheiten zu dienen, ist verboten.

2. *Westpreussen.*

a. Prov. Westpreussen 16. Juli 1892:

Arzneimittel, deren Verkauf gesetzlich untersagt oder beschränkt ist (vergl. kaiserl. Verordnung vom 27. Januar 1890), desgleichen Geheimmittel, dürfen innerhalb der Provinz Westpreussen zum Verkauf weder öffentlich angekündigt noch angepriesen werden.

b. Prov. Westpreussen 17. Juni 1896: § 1 wie 1a.

c. Prov. Westpreussen 20. April 1900: § 1 wie 1c.

3. *Brandenburg.*

a. Prov. Brandenburg 23. Oktober 1895:

§ 1. Die öffentliche Ankündigung von Geheimmitteln, welche dazu bestimmt sind, zur Verhütung oder Heilung menschlicher Krankheiten zu dienen, ist verboten.

§ 2. Übertretungen dieser Polizeiverordnung werden, falls nicht nach den allgemeinen Strafgesetzen eine härtere Strafe eintritt, mit einer Geldstrafe bis zu 60 M. oder im Unvermögensfall mit verhältnismässiger Haft geahndet.

§ 3. Die vorstehender Vorschrift entgegenstehenden Bestimmungen werden hiermit aufgehoben.

Potsdam, den 23. Oktober 1895.

Der Oberpräsident.
Staatsminister von Achenbach.

Vorstehende Polizeiverordnung bringe ich mit dem Bemerken zur Kenntnis, dass die Polizeiverordnung vom 30. Juni 1887, soweit sie das Ankündigen oder Anpreisen von Arzneimitteln verbietet, deren Verkauf gesetzlich untersagt oder beschränkt ist, nicht als aufgehoben anzusehen ist.

Berlin, den 6. November 1895.

Der Polizeipräsident.
von Windheim.

b. Prov. Brandenburg 1. Februar 1897: wie 1b.

c. Prov. Brandenburg 3. Mai 1900: wie 1c.

d. Stadt Berlin 30. Juni 1887:

Arzneimittel, deren Verkauf gesetzlich untersagt oder beschränkt ist (vergl. kais. Verordnung vom 4. Januar 1875 R.G.Bl. S. 4), desgleichen

Geheimmittel, dürfen zum Verkauf in Berlin weder öffentlich angekündigt, noch angepriesen werden. Zuwiderhandlungen gegen dieses Verbot werden mit einer Geldstrafe bis zu 30 M. oder im Unvermögensfall mit verhältnismässiger Haft bestraft, sofern nach den Landesgesetzen keine höhere Strafe verwirkt ist.

e. Rbz. Potsdam 9. Januar 1888: wie 3d.

f. Rbz. Frankfurt 23. Mai 1894:

Aus formalen Gründen wird die Rechtsgültigkeit der diesseitigen Polizeiverordnung vom 30. Dezember 1892, betreffend den Geheimmittelschwindel, abgedruckt im Amtsblatt pro 1893, Seite 2 in Zweifel gezogen. Unter Vermeidung des Formmangels wird die bezeichnete Polizeiverordnung daher nachstehend noch einmal veröffentlicht.

§ 1. Zubereitungen als Heilmittel
a) deren Feilhalten und Verkauf gesetzlich beschränkt ist (kaiserl. Verordnung vom 27. Januar 1890),
b) deren Namen ihre Bestandteile und Zusammensetzung nicht erkennbar macht (Geheimmittel),
c) denen besondere Wirkungen beigelegt werden, um über ihren Wert zu täuschen (Reklamemittel),

dürfen weder in Zeitungen, noch in Zeitschriften, noch mittels Vertriebes von Druckschriften zum Verkaufe feilgeboten oder zwecks desselben angepriesen werden.

§ 2. Die Vorschrift zu § 1a dieser Verordnung findet auf Inhaber von Apotheken keine Anwendung.

4. Pommern.

a. Prov. Pommern 19. September 1895:

§ 1 wie 1a.

§ 3. Die Polizeiverordnung tritt sofort in Kraft.

§ 4. Die Polizeiverordnungen für den Regierungsbezirk Stettin vom 1. Oktober 1890 (Amtsblatt S. 311),

für den Regierungsbezirk Köslin vom 10. Dezember 1889 (Amtsblatt S. 337),

für den Regierungsbezirk Stralsund vom 2. März 1855 (Amtsblatt S. 89)

werden aufgehoben.

b. Prov. Pommern 7. Dezember 1896: wie 1b.

c. Rbz. Stettin 28. März 1895:

Auf Grund der §§ 6, 12 und 15 des Gesetzes über die Polizeiverwaltung vom 11. März 1850, in Verbindung mit den §§ 137 und 139 des Gesetzes über die allgemeine Landesverwaltung vom 30. Juli 1883 (Gesetzsammlung S. 195 ff.), verordne ich mit Zustimmung des Bezirksausschusses unter Aufhebung der Polizeiverordnung vom 5. März 1855 (Amtsblatt S. 69) für den Umfang des Regierungsbezirks Stettin was folgt:

§ 1. Stoffe und Zubereitungen jeder Art, gleichviel ob arzneilich wirksam oder nicht,

Pommern. Posen. Schlesien. **167**

a) deren Feilhalten und Verkauf gesetzlich beschränkt ist (vergl. kaiserl. Verordnung vom 27. Januar 1890),
b) deren Bestandteile und quantitative Zusammensetzung nicht durch ihre Benennung oder Ankündigung erkennbar gemacht oder auf Verlangen bekannt gegeben werden (Geheimmittel),
c) denen besondere Wirkungen beigelegt werden, um über ihren Wert zu täuschen (Reklamemittel),

dürfen als Heilmittel gegen Krankheiten und Körperschäden der Menschen und Tiere weder in den Zeitungen, in Zeitschriften, noch mittels Vertriebes von Druckschriften zum Verkauf feilgeboten oder zwecks desselben angepriesen werden.

§ 2. Stoffe und Zubereitungen der im § 1 unter b gedachten Art dürfen für den Einzelverkauf weder feilgehalten, noch in demselben abgegeben werden.

5. Posen.

a. Prov. Posen 31. Dezember 1895:

§ 1. Die öffentliche Ankündigung von Geheimmitteln, welche dazu bestimmt sind, zur Verhütung oder Heilung von Krankheiten der Menschen oder der Tiere zu dienen, ist verboten.

b. Prov. Posen 27. Februar 1900: wie 1c.

6. Schlesien.

a. Prov. Schlesien 4. September 1895:

§ 1 wie 1a.

§ 2. Alle diesen Gegenstand betreffenden, aber dem Inhalt des § 1 entgegenstehenden Polizeivorschriften werden aufgehoben.

b. Prov. Schlesien 21. Oktober 1896: wie 1b.

c. Prov. Schlesien 22. Mai 1900: wie 1c.

d. Rbz. Breslau 30. Juni 1890:

§ 1. Geheimmittel, sowie Arzneimittel, deren Verkauf gesetzlich untersagt ist, dürfen zum Verkauf weder öffentlich angekündigt, noch angepriesen werden. Dasselbe gilt von Arzneimitteln, deren Verkauf einer gesetzlichen Beschränkung unterliegt (vergl. kaiserl. Verordnung vom 27. Januar 1890), sofern dieselben als Heilmittel gegen Krankheiten feilgeboten werden. Zuwiderhandlungen gegen dieses Verbot werden mit einer Geldstrafe bis zu 60 M. oder im Unvermögensfalle mit verhältnismässiger Haft bestraft, sofern nach den Gesetzen keine höhere Strafe verwirkt ist.

§ 2. Diese Polizeiverordnung tritt mit dem Tage der Publikation in Kraft und die Polizeiverordnung vom 7. Oktober 1889 mit demselben Zeitpunkte ausser Kraft.

e. Rbz. Liegnitz 15. Juli 1898:

Die Polizeiverordnung der königl. Regierung hierselbst vom 26. Oktober 1855 betreffend das Verbot des unbefugten öffentlichen Anpreisens von Stoffen als Heilmittel gegen Krankheiten oder Körperschäden etc. wird hiermit aufgehoben.

f. Rbz. Oppeln 18. Juli 1890:

Auf Grund des § 137 des Gesetzes über die allgemeine Landesverwaltung vom 30. Juli 1883 wird gemäss §§ 6, 12 und 15 des Gesetzes über die Polizeiverwaltung vom 11. März 1850 mit Zustimmung des Bezirksausschusses und unter Aufhebung der Polizeiverordnung vom 9. Juli 1888 (Amtsblatt 1888 S. 215) für den Umfang des Regierungsbezirks Oppeln nachstehendes verordnet: wie 3 d.

7. Sachsen.

a. Prov. Sachsen 21. Mai 1896: wie 1a.
b. Prov. Sachsen 6. März 1897: wie 1b.
c. Prov. Sachsen 22. Februar 1900: wie 1c.
d. Rbz. Magdeburg 21. September 1887:

Arzneimittel, soweit deren Verkauf gesetzlich untersagt oder beschränkt ist — vergl. kaiserl. Verordnung vom 4. Januar 1875, sowie die kaiserl. Verordnung vom 9. Februar 1880 —, desgleichen Geheimmittel, welche gegen Krankheiten empfohlen werden, dürfen zum Verkauf weder öffentlich angekündigt, noch angepriesen werden.

e. Rbz. Merseburg 16. Juni 1891:

§ 1. Stoffe und Zubereitungen
a) deren Feilhalten und Verkauf nur in Apotheken gestattet ist (vergl. kaiserl. Verordnung vom 27. Januar 1890),
b) deren Bestandteile ihrer Menge und ihrer Zusammensetzung nach nicht durch ihre Benennung oder Ankündigung erkennbar gemacht werden (Geheimmittel),
c) denen besondere Wirkungen fälschlich beigelegt werden, um über ihren Wert zu täuschen (Reklamemittel),
dürfen als Heilmittel in Zeitungen, Zeitschriften oder in sonstigen Druckschriften zum Verkauf weder öffentlich angekündigt noch angepriesen werden.

§ 2. Die Vorschrift in dem § 1a findet auf Inhaber von Apotheken, sowie auf den Grosshandel (§ 3 der kaiserl. Verordnung vom 27. Januar 1890) keine Anwendung.

f. Rbz. Erfurt 6. November 1888:

§ 1. Stoffe und Zubereitungen jeder Art, gleichviel ob arzneilich wirksam oder nicht,
a) deren Feilhalten und Verkauf nicht jedermann freigegeben ist (Reichsverordnung vom 4. Januar 1875 R.G.Bl. S. 5),
b) deren Bestandteile und quantitative Zusammensetzung nicht durch ihre Benennung oder Ankündigung erkennbar gemacht oder auf Verlangen bekannt gegeben werden (Geheimmittel),
dürfen als Heilmittel gegen Krankheiten oder Körperschäden von Menschen und Tieren weder öffentlich angekündigt noch angepriesen werden.

§ 2. Stoffe und Zubereitungen der in § 1 unter b gedachten Art dürfen für den Einzelverkauf weder feilgehalten noch in demselben abgegeben werden.

8. Hannover.
a. Prov. Hannover 11. Mai 1888: wie 7d.
b. Prov. Hannover 7. Juni 1900: wie 1c.

9. Schleswig-Holstein.
a. Rbz. Schleswig 7. November 1894:

§ 1. Stoffe und Zubereitungen jeder Art, gleichviel, ob arzneilich wirksam oder nicht,
a) deren Feilhalten und Verkauf nicht Jedermann freigegeben ist (Reichsverordnung vom 27. Januar 1890 R.G.Bl. S. 9),
b) deren Bestandteile und quantitative Zusammensetzung nicht durch ihre Benennung oder Ankündigung erkennbar gemacht oder auf Verlangen bekannt gegeben werden (Geheimmittel),
c) denen besondere Wirkungen beigelegt werden, um über ihren Wert zu täuschen (Reklamemittel),

dürfen als Heilmittel gegen Krankheiten oder Körperschäden der Menschen und Tiere weder öffentlich angekündigt noch angepriesen werden.

§ 2. Stoffe und Zubereitungen der im § 1 unter b gedachten Art dürfen für den Einzelverkauf weder feilgehalten noch in demselben abgegeben werden.

§ 4. Diese Polizeiverordnung tritt mit dem Tage ihrer Verkündigung in Kraft. Mit demselben Zeitpunkt wird die Polizeiverordnung, betreffend das Anpreisen und den Verkauf von Geheimmitteln, vom 27. September 1889 (Amtsblatt S. 557) aufgehoben.

b. Rbz. Schleswig 3. Februar 1900:

Der § 2 der Polizeiverordnung über das öffentliche Anpreisen von Heilmitteln vom 7. November 1894 wird hiermit aufgehoben.

c. Rbz. Schleswig 7. April 1900: wie 1c.

10. Westfalen.
a. Prov. Westfalen 25. Mai 1897:

§ 1. Die öffentliche Ankündigung, Anpreisung oder Feilhaltung von Geheimmitteln, welche dazu bestimmt sind, zur Verhütung oder Heilung menschlicher oder tierischer Krankheiten zu dienen, ist verboten.

§ 2. Zuwiderhandlungen gegen die Vorschrift des § 1 werden, sofern nicht nach den gesetzlichen Bestimmungen eine höhere Strafe verwirkt ist, mit Geldstrafe bis zu 60 M., im Unvermögensfalle mit entsprechender Haft bestraft.

§ 3. Diese Polizeiverordnung tritt mit dem 1. Juli d. J. in Kraft. Mit demselben Zeitpunkte werden die den gleichen Gegenstand behandelnden, im Bereiche der Provinz Westfalen zur Zeit bestehenden Polizeiverordnungen aufgehoben. Dies gilt namentlich:

1. von der Polizeiverordnung für den Regierungsbezirk Arnsberg vom 16. Januar 1891 (A.-Bl. S. 93);
2. von der Polizeiverordnung für den Regierungsbezirk Minden, betreffend das Anpreisen von Geheimmitteln etc., vom 23. November 1893 (A.-Bl. S. 281);

3. von der Provinzial-Polizeiverordnung, betreffend die Ankündigung von Geheimmitteln vom 25. Oktober 1895 (S. 247 d. A.-Bl. der königl. Regierung zu Münster, S. 291 des A.-Bl. der königl. Regierung zu Minden, S. 654 des A.-Bl. der königl. Regierung zu Arnsberg).

b. Prov. Westfalen 26. Juli 1900: wie 1c.

11. Hessen-Nassau.

a. Prov. Hessen-Nassau 4. Mai 1900: wie 1c.

b. Rgb. Kassel 20. Oktober 1893:

§ 1. Stoffe und Zubereitungen jeder Art, gleichviel ob arzneilich wirksam oder nicht,
a) deren Feilhalten und Verkauf gesetzlich beschränkt ist (vergl. kaiserl. Verordnung vom 27. Januar 1890, betreffend den Verkehr mit Arzneimitteln, und Erlass des Herrn Ministers der geistlichen etc. Angelegenheiten vom 4. Dezember 1891, betreffend die Abgabe starkwirkender Arzneimittel),
b) deren Bestandteile und quantitative Zusammensetzung durch ihre Ankündigung oder Benennung nicht für jedermann deutlich erkennbar gemacht oder auf Verlangen bekannt gegeben werden (Geheimmittel),
c) denen besondere Wirkungen fälschlich beigelegt werden, um über ihren Wert zu täuschen (Reklamemittel),

dürfen als Heilmittel gegen Krankheiten und Körperschäden der Menschen und Tiere weder in Zeitungen oder Zeitschriften, noch mittels Vertriebes von Druckschriften, noch anderweit öffentlich angekündigt oder angepriesen werden.

c. Rbz. Wiesbaden 29. Juli 1899:

§ 1. Gegenstände, Stoffe und Zubereitungen jeder Art:
a) deren Feilhalten und Verkauf gesetzlich beschränkt ist (kaiserl. Verordnung vom 27. Januar 1890, R.G.Bl. S. 9),
b) deren Bestandteile und Zusammensetzung weder durch ihre Benennung oder Ankündigung erkennbar gemacht werden, noch allgemein bekannt sind oder
c) denen Wirkungen beigelegt werden, welche sie nicht besitzen,

dürfen als Mittel gegen Krankheiten und Körperschäden bei Menschen und Tieren nicht öffentlich angekündigt oder angepriesen werden.

§ 3. Diese Polizeiverordnung tritt mit dem Tage ihrer Verkündigung in Kraft. Die Polizeiverordnungen vom 14 April 1891 (A.Bl. S. 129) und vom 13. Juni 1893 (A.Bl. S. 255) werden vom gleichen Zeitpunkte ab aufgehoben.

12. Rheinprovinz.

a. Rheinprovinz 3. Oktober 1895:

§ 1 wie 1a.

§ 3. Alle entgegenstehenden Vorschriften werden hierdurch aufgehoben.

b. Rheinprovinz 14. Dezember 1896: wie 1b.

c. Rheinprovinz 28. Juli 1899: wie 1c.

Hessen-Nassau. Rheinprovinz. Hohenzollern. 171

d. Rbz. Düsseldorf 9. Mai 1888:

Unter Aufhebung unserer Polizeiverordnung vom 7. Dezember 1853, wiederholt am 19. März 1887, verordnen wir hiermit auf Grund des § 11 des Gesetzes vom 11. März 1850 für den Umfang unseres Verwaltungsbezirkes:

§ 1. Stoffe und Zubereitungen jeder Art, gleichviel ob arzneilich wirksam oder nicht,
a) deren Feilhalten und Verkauf nicht jedermann freigegeben ist,
b) deren Bestandteile durch ihre Benennung oder Ankündigung nicht für jedermann deutlich und zweifellos erkennbar gemacht sind (Geheimmittel),

dürfen als Heilmittel gegen Krankheiten und Körperschäden von Menschen und Tieren weder öffentlich angekündigt noch angepriesen werden.

e. Rbz. Coblenz 31. Juli 1894:

§ 1. Die öffentliche Ankündigung und Anpreisung zum Verkaufe
a) von Geheimmitteln, d. h. Mitteln, deren Namen ihre Bestandteile und Zusammensetzung nicht für jedermann deutlich erkennbar machen,
b) von Arzneimitteln, deren freier Verkauf gesetzlich untersagt oder beschränkt ist (vergl. kaiserl. Verordnung vom 27. Januar 1890),
c) von Reklamemitteln, d. h. Mitteln, denen in einer über ihren Wert täuschenden Weise besondere Heilwirkungen beigelegt werden,

ist für den Bereich des Regierungsbezirks Koblenz verboten.

§ 3. Die Polizeiverordnung vom 5. September 1854, betr. das Anpreisen von Geheimmitteln, wird hierdurch aufgehoben.

f. Rbz. Coblenz 5. November 1895:

Zur Beseitigung von Missverständnissen mache ich darauf aufmerksam, dass durch die Polizeiverordnung des Herrn Oberpräsidenten der Rheinprovinz vom 3. Oktober 1895, betr. Einschränkung des Geheimmittelunwesens, lediglich die diesbezüglichen Bestimmungen in § 1 Buchstabe a der Polizeiverordnung für den Regierungsbezirk Coblenz vom 31. Juli 1894 aufgehoben sind. Dagegen bestehen die übrigen Bestimmungen derselben, betr. das Verbot eines Anpreisens von Arzneimitteln, deren freier Verkauf gesetzlich untersagt oder beschränkt ist, und von Reklamemitteln noch zu Recht.

g. Rbz. Aachen, 17. März 1896:

Die Polizeiverordnung der hiesigen königlichen Regierung, Abteilung des Innern, vom 17. Januar 1856, betr. das öffentliche Ankündigen und Feilbieten von Arzneimitteln etc. wird hierdurch aufgehoben.

13. Hohenzollernsche Lande.

a. Rbz. Sigmaringen 13. Juni 1892:

§ 1. Zubereitungen, Drogen und chemische Präparate
a) deren Feilhalten und Verkauf gesetzlich beschränkt ist (kaiserliche Verordnung vom 27. Januar 1890, betr. den Verkehr mit Arzneimitteln — R.G.Bl. S. 9);

b) deren Wesen und Zusammensetzung geheim gehalten werden (Geheimmittel);
c) denen besondere Wirkungen fälschlich beigelegt werden, um über ihren Wert zu täuschen (Schwindelmittel),

dürfen als Heilmittel für Menschen und Tiere weder in Zeitungen oder Zeitschriften, noch mittels Vertriebes von Druckschriften, noch anderweitig öffentlich angekündigt oder angepriesen werden.

§ 2. Die Vorschrift des § 1 Abs. a findet auf diejenigen Gewerbebetriebe, denen nach der kaiserlichen Verordnung vom 27. Januar 1890 das Feilhalten und der Verkauf der daselbst bezeichneten Heilmittel gestattet ist, keine Anwendung.

b. Rbz. Sigmaringen 1. Oktober 1895:

Auf Grund der §§ 6, 11 und 12 des Gesetzes über die Polizeiverwaltung vom 11. März 1850 und des § 137 des Gesetzes über die allgemeine Landesverwaltung vom 30. Juli 1883 verordne ich unter Zustimmung des Bezirksausschusses für den ganzen Regierungsbezirk unter Aufhebung aller entgegenstehenden Bestimmungen, insbesondere des Abs. b des § 1 der Polizeiverordnung vom 13. Juni 1892 über die öffentliche Ankündigung von Heil-, Geheim- und Schwindelmitteln (Amtsblatt S. 199), was folgt: wie 1 a.

Zur einheitlichen Gestaltung der Materie wurde durch nachstehendes Gesetz vom 8. Juni 1896 die Aufhebung der im Geltungsbereich des Rheinischen Rechts bestehenden Vorschriften über die Ankündigung von Geheimmitteln verfügt:

Gesetz vom 8. Juni 1896.

Wir Wilhelm, von Gottes Gnaden König von Preussen etc. verordnen, mit Zustimmung der beiden Häuser des Landtages Unserer Monarchie, was folgt:

§ 1. Die Vorschriften des Art. 36 des Gesetzes vom 21. Germinal XI (11. April 1803) und des Gesetzes vom 29. Pluviose XIII (18. Februar 1805) über die Ankündigung von Geheimmitteln werden aufgehoben.

§ 2. Dieses Gesetz tritt an dem Tage seiner Verkündigung in Kraft.

Urkundlich unter Unserer Höchsteigenhändigen Unterschrift und beigedrucktem königlichen Insiegel.

Gegeben Neues Palais, den 8. Juni 1896.

Wilhelm.

Weitere gesetzliche Anordnungen sind in Preussen ausser einigen hauptsächlich an Apotheker gerichteten Verfügungen lediglich instruktiven Inhalts, so seitens der Regierungen in Posen vom 28. Februar 1891, Marienwerder 27. April 1893, Schleswig 17. Mai 1890 nicht bekannt geworden. Das Berliner Polizei-Präsidium hatte bereits unter dem 29. Dezember 1890 eine umfängliche Liste derjenigen Mittel veröffentlicht, die seiner Ansicht nach als Geheimmittel unter das Verbot der Ankündigung fallen.

b. Bundesstaaten.

Von den Bundesstaaten haben die folgenden gleiche Verordnungen wie unter 1a verkündet:

Kgr. Sachsen . . . . 29. Mai und 12. Juni 1895
Württemberg . . . . 26. Juli 1898
Braunschweig . . . . 10. Januar 1901
Mecklenburg-Schwerin . 14. April 1896
Mecklenburg-Strelitz . . 14. April 1896
Sachsen-Koburg-Gotha . 16. August 1895
Sachsen-Altenburg . . 10. Juli 1895
Anhalt . . . . 27. Juni 1895
Schwarzburg-Rudolstadt 26. Juli 1895
Reuss ä. L . . . . . . 19. Juni 1895
Lippe . . . . 14. Juni 1895.

Verordnungen nach dem Wortlaut von 1b haben erlassen:

Kgr. Sachsen . . . . 16. November 1897
Württemberg . . . . 26. Juli 1898
Anhalt . . . . 8. Januar 1897
Braunschweig . . . . 10. Januar 1901.

Verordnungen nach dem Wortlaut von 1c haben erlassen:

Kgr. Sachsen . . . . 31. März 1900
Anhalt . . . . 24. Februar 1900
Braunschweig . . . . 10. Januar 1901.

Ausserdem besteht in Schaumburg-Lippe eine Verordnung vom 12. Juni 1889 wie 7d, während in Sachsen-Weimar-Eisenach unter dem 7. November 1890 und in Reuss j. L. unter dem 16. Dezember 1890 je eine Verordnung wie 3f erlassen worden ist.

Die meisten Bundesstaaten haben sich demnach, wie ersichtlich, dem Vorgehen der preussischen Regierungen angeschlossen. Anders lautende Verordnungen finden sich nur in wenigen Staaten. So hat eine ins einzelne gehende Regelung des Geheimmittelwesens besonders Württemberg vorgenommen.

In *Württemberg* wurde, um die Grundlage für ein detailliertes Ankündigungsverbot für Geheimmittel zu schaffen, durch Gesetz vom 4. Juli 1898 folgender Artikel, 28a, dem Polizeistrafrecht eingefügt:

„Mit Geldstrafe bis zu 150 M. oder mit Haft wird bestraft, wer ausser dem Falle des § 367 Ziffer 3 u. 5 des Strafgesetzbuches den vom Ministerium des Innern zum Schutze gegen Gesundheitsgefährdung oder schwindelhafte Ausbeutung des Publikums erlassenen Vorschriften über die öffentliche Ankündigung und den Vertrieb von Geheimmitteln und anderen in diesen Vorschriften denselben gleichgestellten Stoffen oder Zubereitungen, welche zur Verhütung oder Heilung von Menschen- und Tierkrankheiten zu dienen bestimmt sind, zuwiderhandelt."

Auf der Grundlage dieses Artikels erging zunächst ein allgemeines Verbot:

Württemb. Minist.-Erlass 26. Juli 1898.

Auf Grund der Art. 28a und 51 des Landespolizeistrafgesetzes vom 27. Dezember 1871 (Reg.-Blatt S. 391) und vom 4. Juli 1898 (Reg.-Blatt S. 149) wird Nachstehendes verfügt:

§ 1. Die öffentliche Ankündigung von Geheimmitteln, welche zur Verhütung oder Heilung von Menschen- und Tierkrankheiten zu dienen bestimmt sind, ist verboten.

§ 2. Die von dem Ministerium des Innern den Geheimmitteln im Sinne des § 1 gleichgestellten anderen Stoffe oder Zubereitungen, auf welche das Verbot der öffentlichen Ankündigung gleichfalls Anwendung findet, werden jeweils im Regierungsblatt bekannt gegeben.

Gegenwärtige Verfügung tritt am 15. August dieses Jahres in Kraft.

Stuttgart, den 26. Juli 1898.

Königl. Ministerium des Innern.

gez. Pischek.

In Ausführung des § 2 vorstehender Verordnung erschien dann folgende Ministerialverfügung:

Württemb. Minist.-Erlass 14. Februar 1899.

§ 1. Das Verbot der öffentlichen Ankündigung von Geheimmitteln (§ 1 der Ministerialverfügung vom 26. Juli 1898) findet unbeschadet der Bestimmung in § 2 auf diejenigen zur Verhütung oder Heilung von Menschen- und Tierkrankheiten zu dienen bestimmten Mittel Anwendung, deren Zusammensetzung in der Ankündigung nicht unter genauer Angabe der Bestandteile und ihrer Gewichts- oder Mengenverhältnisse bekannt gegeben wird.

Nicht betroffen von dem Verbot einer ohne Angabe der Zusammensetzung erfolgenden Veröffentlichung sind:
  a) Stoffe und Zubereitungen, deren Zusammensetzung sich unmittelbar aus dem Namen des angekündigten Mittels ergibt;
  b) Stoffe und Zubereitungen, welche in das deutsche Arzneibuch aufgenommen sind und unter der dort angewandten Bezeichnung angekündigt werden;
  c) Stoffe und Zubereitungen, welche in der medizinischen Wissenschaft und Praxis als Heilmittel allgemein anerkannt sind;
  d) Desinfektionsmittel;
  e) kosmetische Mittel;
  f) Nahrungs- und Genussmittel, einschliesslich der als sog. Kräftigungsmittel angebotenen Nährstoffzubereitungen;
  zu lit. d—f unter der Voraussetzung, dass die Mittel nicht als Heilmittel gegen Krankheiten angekündigt werden;
  g) Hustenbonbons.

Die Vorschrift des § 21 der Ministerialverfügung vom 1. Juli 1885, betreffend die Einrichtung und den Betrieb der Apotheken, sowie die Zubereitungen und Feilhaltung der Arzneien (Regierungsblatt S. 305), wonach

Württemberg. Baden. 175

den Apothekern verboten ist, irgend welche Stoffe oder Zubereitungen als Heilmittel gegen Krankheiten oder körperliche Beschwerden öffentlich anzukündigen, bleibt unberührt.

§ 2. Die nachstehend verzeichneten Mittel werden teils wegen ihrer Wirkungslosigkeit, teils wegen der schwindelhaften Art ihrer Anpreisung und ihres Vertriebs gemäss § 2 der Ministerialverfügung vom 26. Juli 1898 dem Verbot der öffentlichen Ankündigung ohne Rücksicht darauf unterstellt, ob ihre Zusammensetzung bekannt gegeben ist oder nicht:

„Antirheumatischer und antiarthritischer Blutreinigungstee" von Franz Wilhelm, Apotheker in Neunkirchen, Niederösterreich,
„Bandwurmmittel" von Th. Konetzky in Säckingen, Baden,
„Bruchheilmittel" von Joh. Wöhrle in Langenargen,
„Dentila" von Geo Dötzer in Frankfurt a. M.,
„Glandulen" von Dr. Hofmann Nachfolger in Meerane i. S.,
„Hämaton" von Apotheker Haitzema in Amsterdam,
„Herba polygonum" (Knöterich) von Emil Gördel in Kolberg,
„Kräutertee, russ. Knöterich" (Polygonum avic.) von Ernst Weidemann in Liebenburg a. Harz,
„Dr. R. Schiffmanns Asthma-Pulver" vermittelt von G. L. Daube & Cie. in Berlin,
„M. Schützes Universal-Heilsalbe" und
„M. Schützes Blutreinigungs-Pulver" von Eduard Wildt in Köstritz, Reuss,
„Volta-Kreuz, Elektro-Volta-Kreuz, Volta-Stern",
„Warners safe cure".

Es bleibt vorbehalten, dieses Verzeichnis nach Bedarf von Zeit zu Zeit zu ergänzen.

Stuttgart, den 14. Februar 1899.

Pischek.

Derartige Ergänzungen sind bereits zwei erfolgt. Die erste vom 9. Oktober 1900 fügte „das unsichtbare Audiphon Bernard" der Liste der verbotenen Mittel ein, die zweite vom 11. November 1901 „Lochers Antineon und Kalosin*)".

In **Baden** lautet der § 84 des Pol. St.G.B.:

„Wer der Verordnung zuwider Arzneimittel, welche dem freien Verkehr entzogen sind, öffentlich zum Verkauf ankündigt oder anpreist, wird an Geld bis zu 150 M. oder mit Haft bestraft."

Auf der Grundlage desselben erging folgende Verfügung:

Bad. Minist.-Erlass 22. Mai 1890.

Die gemäss der kaiserlichen Verordnung vom 27. Januar 1890 (Reichsgesetzblatt Nr. 5) nur in Apotheken verkäuflichen Arzneimittel dürfen, soweit sie zu den Zubereitungen (§ 1 der Verordnung und Ver-

---

*) Die gegen diese letztere Verfügung von Locher eingelegte Beschwerde wurde vom Verwaltungsgerichtshof in Stuttgart durch Urteil vom 9./16. April 1902 kostenpflichtig abgewiesen.

zeichnis A dazu) gehören, nicht als Heilmittel, und soweit sie unter die im Verzeichnis B zu § 2 der Verordnung aufgeführten Drogen und chemischen Präparate fallen, überhaupt nicht öffentlich zum Verkaufe angekündigt oder angepriesen werden.

Von diesem Verbote bleiben unberührt die Ankündigungen der Apotheker inbetreff von Arzneimitteln, deren Handverkauf im Grossherzogtum in den Apotheken gestattet ist.

Karlsruhe, den 22. Mai 1890.

Grossherzogl. Ministerium des Innern.

Turban.

Dieser Verfügung folgte noch in demselben Monat ein ergänzender Ministerial-Erlass, welcher die Verordnung näher paraphrasierte und in der Anlage eine Zusammenstellung der wichtigsten Geheimmittel brachte, deren Ankündigung nach Ansicht des Ministeriums unter das Verbot des Abs. 1 der Verordnung fallen würde.

Über die Ankündigungen der Apotheker wird in diesem Erlass gesagt:

„Was die in Abs. 2 der Verordnung vom 22. d. M. berührten Ankündigungen der Apotheker betrifft, so erschien es angemessen, bezüglich solcher Arzneimittel, welche nach den für das Grossherzogtum bestehenden Vorschriften in den Apotheken im Handverkauf, das ist ohne schriftliche Ordination eines approbierten Arztes oder Tierarztes — vgl. die Verordnung vom 29. Mai 1880, den Geschäftsbetrieb in den Apotheken betreffend, insbesondere den § 18 derselben —, abgegeben werden dürfen, eine Ausnahme von dem Verbote zu schaffen. Es ist aber wohl zu beachten, dass nach der Fassung dieser Ausnahme ein mit der beruflichen Stellung des Apothekers nicht als vereinbarlich zu erachtendes „Anpreisen" von Arzneimitteln oder eine Ankündigung mit Empfehlung des Mittels für bestimmte Krankheiten nicht zugelassen ist; eine solche Empfehlung würde nach wie vor unter das Verbot in § 21 der obenerwähnten Verordnung von 1880 fallen, und gegen marktschreierische Anzeigen eines Apothekers wäre ebenfalls einzuschreiten."

In *Hamburg* erging folgendes Ankündigungsverbot:

Hamburg. Senat. 1. Juni 1900.

§ 1. Öffentliche Anzeigen von nicht approbierten Personen, welche sich mit der Ausübung der Heilkunde befassen, sind verboten, insofern sie über Vorbildung, Befähigung oder Erfolge der genannten Personen zu täuschen geeignet sind oder prahlerische Versprechungen enthalten.

§ 2. Die öffentliche Ankündigung von Gegenständen, Mitteln, Vorrichtungen und Methoden, welche zur Verhütung, Linderung oder Heilung von Menschen- oder Tierkrankheiten bestimmt sind, ist verboten:

1. falls den Gegenständen, Mitteln, Vorrichtungen oder Methoden besondere, über ihren wahren Wert hinausgehende Wirkungen beigelegt werden oder das Publikum durch die Art ihrer Anpreisung irregeführt oder belästigt wird, oder

2. falls die Gegenstände, Mittel, Vorrichtungen oder Methoden ihrer Beschaffenheit nach geeignet sind, Gesundheitsschädigungen hervorzurufen.

Handelt es sich um Geheimmittel oder Geheimkuren, so ist deren öffentliche Ankündigung unter allen Umständen, einerlei ob die unter 1 und 2 genannten Bedingungen zutreffen, verboten.

§ 3. Die öffentliche Ankündigung von Gegenständen, Mitteln, Vorrichtungen und Methoden, welche zur Verhütung der Empfängnis, zum Hervorrufen geschlechtlicher Erregung, zur Beseitigung der Folgen geschlechtlicher Ausschweifungen bestimmt sind, ist verboten.

§ 4. Zuwiderhandlungen gegen die §§ 1—3 werden mit Geldstrafe bis zu 150 M. oder mit entsprechender Haft bestraft.

In *Bremen* wurde unter dem 29. April 1890, ähnlich wie in Baden, die Ankündigung des Verkaufs der im Verzeichnis A der Kaiserl. Verordnung genannten Zubereitungen als Heilmittel ausser den Apotheken sowie die Aufnahme solcher Ankündigungen in öffentliche Blätter verboten.

In *Bayern* besteht bis jetzt kein allgemeines Ankündigungsverbot; hier wurde durch Gesetz vom 22. Juni 1900 folgende Änderung des Polizeistrafgesetzbuches bewirkt, wodurch die strafrechtliche Grundlage für später zu erlassende Geheimmittel-Verordnungen geschaffen wurde:

Gesetz vom 22. Juni 1900.

Wir haben nach Vernehmung des Staatsrates unter Beirat und Zustimmung der Kammer der Reichsräte und der Kammer der Abgeordneten in Ergänzung und Abänderung des Polizeistrafgesetzbuches für Bayern vom 26. Dezember 1871 beschlossen und verordnen, was folgt:

§ 1. Im sechsten Hauptstück des Polizei-Strafgesetzbuches vom 26. Dezember 1871 wird nach Art. 72 folgender neue Art. 72a eingestellt:

Mit Geldstrafe bis zu 150 M. oder mit Haft wird ausser dem Falle des § 367 Abs. 1 Ziff. 5 des Strafgesetzbuches für das Deutsche Reich bestraft, wer den Verordnungen in bezug auf den Verkehr mit Arznei- oder Geheimmitteln, welche zur Heilung oder Verhütung von Krankheiten der Menschen oder Tiere bestimmt sind, zuwiderhandelt.

Gegeben zu München, den 22. Juni 1900.

Luitpold,
Prinz von Bayern.

Allein mit diesen verschiedenen Polizeiverordnungen über die Ankündigung von Geheimmitteln ist die Regelung der Materie noch nicht erschöpft. Ein im Jahre 1898 entstandener, von der Reichsregierung ausgegangener und in wesentlich veränderter Gestalt am 25. Januar 1900 vom Bundesrat angenommener Entwurf von Vorschriften über den Verkehr mit Geheimmitteln, welcher ähnlich wie die württembergische Verfügung eine konkrete Regelung der Frage durch Ausschliessung einer Anzahl bestimmter Geheimmittel und Spezialitäten von der Ankündigung und einer weiteren Zahl derartiger Mittel von dem Verkehr überhaupt bezweckt, harrt z. Z. noch der Erledigung.

2. Die Rechtsprechung.

Eine Gruppierung der in Preussen erlassenen Verordnungen nach ihrer äusseren Form erleichtert den Überblick über die dazu vorliegende Rechtsprechung und zeigt die historische Entwicklung der Materie.

Den Anfang machte die Berliner Verfügung vom 30. Juni 1887 (3 d), der bis zum Jahre 1890 einige gleichlautende nachfolgten. Einzelne Regierungen, z. B. Erfurt (7 f), brachten diese Verordnung in eine etwas andere Form, und aus dieser entwickelten sich unter Einfügung der Reklamemittel unter das Verbot die in den Jahren 1891—94 in zahlreichen Regierungsbezirken erlassenen und später nur z. T. wieder aufgehobenen Verordnungen von der Fassung der Stettiner Verfügung (4 c).

Nur einzelne dieser Polizeiverordnungen enthielten in § 2 den Zusatz, dass die Vorschrift in § 1a (Verbot der Ankündigung nicht freigegebener Mittel) auf Inhaber von Apotheken keine Anwendung findet. Andere dagegen brachten in § 2 sogar folgende die Geheimmittel betreffende weitere Verschärfung des Verbotes:

„Stoffe und Zubereitungen der im § 1 unter b gedachten Art dürfen für den Einzelverkauf weder feilgehalten, noch in demselben abgegeben werden."

Um die durch diese vielgestaltigen Regierungsverfügungen unmöglich gemachte Einheitlichkeit des Rechtszustandes herbeizuführen, erfolgte auf Veranlassung des Ministeriums in den Jahren 1895 und 96 in den meisten (oder allen?) Provinzen der Erlass folgender Oberpräsidialverfügungen:

„Die öffentliche Ankündigung von Geheimmitteln, welche dazu bestimmt sind, zur Verhütung oder Heilung menschlicher Krankheiten zu dienen, ist verboten."

Da das Verbot aber noch nicht zu genügen schien, wurde es in derselben Form in den Jahren 1896 und 97 auf Mittel gegen tierische Krankheiten und im Jahre 1900 auch auf Mittel gegen Pflanzenkrankheiten ausgedehnt. Eine Rechtseinheit ist aber dadurch nicht erreicht worden, da nur sehr wenige dieser Verordnungen die früher erlassenen Verfügungen der Regierungen aufgehoben haben, letztere sogar z. T. ausdrücklich noch als weiter in Kraft bestehend erklärt wurden.

Diese mangelnde Einheit der Rechtsgrundlage hat natürlich auch eine vollkommene Einheitlichkeit der Rechtsprechung nicht zur Folge haben können. Von der enormen Zahl gerichtlicher **Entscheidungen** über die Ankündigung von Geheimmitteln besitzt ein ganzes Teil nur eine lokale oder beschränkte Bedeutung. Im folgenden sind daher vorzugsweise diejenigen Urteile berücksichtigt, die allgemeinere Geltung beanspruchen dürfen.

Die wichtigsten Punkte, die zu Gerichtsverhandlungen Anlass gegeben haben, sind folgende:

a. Ankündigung von Arzneimitteln durch Apotheker.

Bedenklich ist zunächst, dass die früheren Verfügungen nach dem Muster der Berliner meist ohne Ausnahme die Ankündigung aller dem freien Verkehr entzogenen Mittel verbieten. Die Annahme scheint berechtigt, dass das Verbot der An kündigung derartiger Arzneimittel etc. sich eben nur auf dieselben Kategorien von Personen erstreckt, auf welche das Verbot des Feilhaltens und des Verkaufs von Arzneimitteln Bezug hat, während auf diejenigen Arzneihändler, deren Befugnisse zur Abgabe von Arzneien durch die Verordnung vom 22. Oktober 1901 nicht beschränkt sind, die obigen Polizei-Verordnungen keine Anwendung finden können. „Eine Handlung, die reichsgesetzlich an sich nicht strafbar ist, kann auch nicht in ihren vorbereitenden Stadien von Polizeiwegen straffällig erklärt werden; sämtliche Arzneien, die der Apotheker im Handverkauf an das Publikum zu verkaufen berechtigt ist, muss derselbe nach rechtlichen Begriffen auch zum Verkauf anbieten dürfen". Der Grosshandel mit Arzneien unterliegt ausserdem überhaupt keiner Beschränkung und jedes Angebot in dieser Richtung müsste daher vollkommen unbehindert erscheinen. Die obige Anschauung, dass die Verordnungen auf Apotheker nicht Anwendung finden können, hat das L.G. I in Berlin unterm 7. Mai 1888 ausgesprochen und u. a. damit begründet, dass die Sorge für Leben und Gesundheit in diesem Falle nicht als Grund zum Erlass dieser Verordnung gelten könne.

L.G. I Berlin 7. Mai 1888.

Nach § 6 des Gesetzes vom 11. März 1850 über die Polizeiverwaltung gehören zu den Gegenständen der ortspolizeilichen Vorschriften:

a) der Schutz der Personen und des Eigentums;
b) Ordnung, Sicherheit und Leichtigkeit des Verkehrs auf öffentlichen Strassen, Wegen und Plätzen, Brücken, Ufern und Gewässern;
c) der Verkehr und das öffentliche Feilhalten von Nahrungsmitteln;
d) Ordnung und Gesetzlichkeit bei dem öffentlichen Zusammensein einer grösseren Anzahl von Personen;
e) das öffentliche Interesse in Bezug auf die Aufnahme und Beherbergung von Fremden; die Wein-, Bier- und Kaffeewirtschaften

und sonstigen Einrichtungen zur Verabreichung von Speisen und Getränken;
f) Sorge für Leben und Gesundheit.

Dass eines dieser zum Erlass von ortspolizeilichen Vorschriften erforderlichen Reate in dem Falle vorliegt, wo es sich um Anpreisung von Arzneimitteln handelt, deren Verkauf nur den Apothekern zusteht, hat das Gericht verneint; insbesondere kann nicht die Sorge für Leben und Gesundheit als Grund zum Erlass dieser Verordnung gelten. Welche Gefahr für Leben oder Gesundheit kann das Anpreisen von Arzneimitteln im Gefolge haben, wenn selbst deren Verkauf nicht verboten, sondern nur beschränkt ist?

Würde die (Berliner) Verordnung vom 30. Juni 1887 in ihrem ganzen Umfange zu Recht bestehen, so würde ein Apotheker, welcher Arzneimittel, zu deren Verkauf er berechtigt ist, verkauft, wegen dieses Verkaufs nicht strafbar sein, dagegen würde er sich strafbar machen, wenn er solche Arzneimittel öffentlich zum Verkauf ankündigte oder anpriese. Eine solche Beschränkung der Ausübung des Apothekergewerbes führt zu unhaltbaren Konsequenzen. Die in Rede stehende Annonce weist ausdrücklich auf den Verkauf der Pillen in Apotheken hin. Sie enthält also ihrem Gegenstande nach nichts Verbotenes und ist offenbar nicht von Unbefugten ausgegangen. **Wer zum Verkaufe berechtigt ist, muss auch zur Ankündigung seiner Waren für befugt erachtet werden.** Eine polizeiliche Vorschrift darf nach § 15 des Gesetzes vom 11. März 1859 über die Polizeiverwaltung keine Bestimmungen enthalten, welche mit den Gesetzen oder den Verordnungen einer höheren Instanz im Widerspruche stehen. **Die Verordnung vom 30. Juni 1887 geht daher hinsichtlich des Verbots der Ankündigung und Anpreisung von Arzneimitteln zu weit, sie widerspricht reichsgesetzlichen Bestimmungen und überschreitet die für die Zulässigkeit hinsichtlich des Gegenstandes gezogenen Schranken.**

Dagegen hat das K.G. am 28. Mai 1888 und auch späterhin in allen Fällen im gegenteiligen Sinne entschieden und dieser Anschauung in letzter Zeit wieder in folgenden Urteilen Ausdruck gegeben:

K.G. 24. April 1899.

Eine Polizeiverordnung, welche die Ankündigung und Anpreisung von Arzneimitteln verbietet, deren Verkauf gesetzlich untersagt oder beschränkt ist, muss, wie bereits mehrfach vom Kammergericht angenommen worden ist, als materiell rechtsgiltig erachtet werden. Das Verbot ist auch insoweit rechtsgiltig, als es die Ankündigung und Anpreisung eines gesetzlich gestatteten Verkaufs, z. B. des Vertriebs in Apotheken oder im Grosshandel, mit umfasst; denn für die Apotheken und den Grosshandel ist durch die kaiserl. Verordnung vom 27. Januar 1890 zwar der Verkauf und das Feilhalten, aber nicht die Ankündigung und Anpreisung der betreffenden Arzneimittel freigegeben.

KG. 14. Juni 1900.

Die Kaiserl. Verordnung vom 27. Januar 1890 behält allerdings den Apotheken das Feilhalten und den Verkauf der in den Verzeichnissen A und B aufgeführten Waaren vor, verstattet ihnen aber damit nicht ohne weiteres alle Handlungen, welche zur Vorbereitung oder Herbeiführung derartiger Verkäufe dienen können, insbesondere nicht das öffentliche Anbieten, Ankündigen und Anpreisen der Mittel als Heilmittel. Die entgegengesetzte Ansicht ist allerdings in der Litteratur vertreten (vgl. Böttger, Verkehr mit Arzneimitteln 3. Aufl. S. 10); auch das Reichsgericht hat sich derselben in einem Urteil vom 13. Februar 1893 (Entsch. Bd. 23 S. 428) mit Bezug auf den § 99 der Hamburgischen Medizinalverordnung insoweit angeschlossen, als es diese Norm nur noch auf ein marktschreierisches, das Publikum belästigendes Anbieten von Geheimmitteln u. s. w. für anwendbar erachtet. Diese Auffassung findet aber in dem Inhalt der Kaiserl. Verordnung keine Stütze. Soweit dieselbe das Feilhalten und den Verkauf von Arzneimitteln gestattet, gewährt sie damit ein Recht nur zur Vornahme derjenigen Handlungen, welche für das Feilhalten und den Verkauf erforderlich sind; dazu gehört aber nicht das öffentliche Anbieten, Ankündigung und Anpreisen der Mittel als Heilmittel, während eine blosse Anzeige des Händlers, dass er eine derartige Ware feilhalte, ohne Bezeichnung der Krankheit, gegen welche das Mittel angewendet werden soll, eine Ankündigung als Heilmittel nicht enthalten und somit nicht unter die Verordnung fallen würde. Der Senat findet daher keine Veranlassung, in diesem Punkte von seiner bisherigen Rechtsprechung abzugehen.

Ganz ebenso lauten die Entscheidungen des K.G. vom 4. April 1898, 19. Dezember 1898, 26. Januar 1899, 27. September 1900.

Ebenso hat das K.G. in zahlreichen Urteilen (24. Oktober 1887, 12. April 1888, 3. Dezember 1888, 8. Oktober 1891, 21. Dezember 1891, 15. Mai 1893, 8. Juni 1893, 16. Oktober 1893, 18. Juli 1895, 31. Oktober 1895, 8. Juli 1897, 19. Februar 1898, 21. Juli 1898, 2. August 1900 und andere) die gesetzliche Berechtigung der Ankündigungsverbote ausdrücklich anerkannt und entschieden, dass dieselben weder gegen das Reichspressgesetz vom 7. Mai 1874 noch gegen die Gew.O. verstossen, wogegen das preussische O.V.G. ebenfalls wiederholt (10. Juni 1895, 8. Juni 1898, 4. Januar 1899, 22. Februar 1899, 25. Februar 1899, 2. Mai 1899 u. s. w.) den Rechtsgrundsatz aufgestellt hat, dass ein präventives polizeiliches Einschreiten im Einzelfalle gegen Ankündigungen in der Presse mit dem Pressgesetz nicht vereinbar sei.

Ferner erklärte das K.G. am 12. Dezember 1900 eine Berliner Polizeiverordnung vom 1. Januar 1900, welche in § 2 die öffentliche Ankündigung und Anpreisung von „Gegenständen, Mitteln, Einrichtungen oder Methoden zur Verhütung oder Beseitigung von Geschlechtskrankheiten oder der Folgen geschlechtlicher Ausschweifungen" verbot, wegen Überschreitung der dem polizeilichen Verordnungsrecht gezogenen Grenzen für rechtsungültig.

b. Verkauf von Geheimmitteln.

Die Ankündigungsverbote haben, wie schon bemerkt, in vielen Fällen einen Zusatz, der auch den Verkauf der Geheimmittel schlechthin untersagt. Diese Anordnungen müssen für sämtliche dem freien Verkehr überlassenen Mittel als ungültig angesehen werden. Über diesen Punkt haben sich das R.G. und das K.G. in folgenden Erkenntnissen klar ausgesprochen:

R.G. 21./28. November 1887.

Besondere Gesetze, die den Verkauf von Geheimmitteln verbieten, haben für die nicht unter Arzneien in § 367³ St.G.B. fallenden Mittel keine Giltigkeit mehr. Diese Mittel unterstehen lediglich dem Strafverbot des St.G.B.

K.G. 4. Mai 1899

Nach § 6 Abs. 2 der Gewerbeordnung wird durch kaiserl. Verordnung bestimmt, welche Apothekerwaren dem freien Verkehr zu überlassen sind. Dies ist durch die Verordnung vom 27. Januar 1890 geschehen. Diejenigen Apothekerwaren, die dort in den Verzeichnissen A und B nicht aufgeführt werden, sind daher dem freien Verkehr überlassen, gleichviel ob sie sich als Geheimmittel darstellen oder nicht. Bestimmungen, welche, wie der erwähnte § 2, den Verkauf und das Feilhalten von Geheimmitteln schlechthin untersagen, sind daher betreffs der nicht unter die Verzeichnisse A und B fallenden Geheimmittel rechtsungültig. Dies haben das R.G. (vergl. u. a. Urteil vom 21./28. November 1887, Entscheidungen Bd. 16, S. 359), sowie das K.G. in feststehender Rechtsprechung angenommen.

Ebenso ist nach einem Urteile des K.G. vom 16. Dezember 1901 die unter 10a mitgeteilte Verfügung des Oberpräsidenten von Westfalen vom 25. Mai 1897 hinsichtlich des Feilhaltens als ungültig anzusehen.

K.G. 16. Dezember 1901.

Das Feilhalten von Arzneimitteln ist durch § 6 der Gewerbeordnung und die kaiserl. Verordnung vom 27. Januar 1890 erschöpfend geregelt; wenn die Oberpräsidial-Verordnung vom 25. Mai 1897 auch das Feilhalten von Arzneimitteln verbietet, so ist ein solches Verbot ungültig.

Ganz analog lautet bezüglich einer früheren Regierungspräsidialverfügung eine Entscheidung des K.G. vom 28. Juli 1898.

Aber auch die Ankündigung der dem freien Verkehr überlassenen Mittel kann nach folgendem Urteil des K.G. nur in besonderen Fällen beschränkt werden:

Verkauf von Geheimmitteln. 183

K.G. 18. Mai 1896.

Das Verbot der Ankündigung soll sich auf solche Fälle nicht erstrecken, in denen ein Gesetz den Verkauf der angepriesenen Zubereitungen als Heilmittel ohne Rücksicht auf die Mischungsverhältnisse völlig freigibt, wenn nur aus dem Inhalt der Anpreisung klar hervorgeht, dass die Zubereitungen lediglich aus den bestimmten, im Gesetz bezeichneten Bestandteilen bestehen, welche in jeder Zusammensetzung von Jedermann als Heilmittel feilgehalten und verkauft werden dürfen. Denn das Gesetz erkennt damit an, dass diese Zubereitungen in jeder quantitativen Zusammensetzung aus den fraglichen Bestandteilen nicht geeignet sind, wenn sie als Heilmittel verwendet werden, das Leben oder die Gesundheit zu gefährden.

Wie weit ein Verbot des Verkaufes von Geheimmitteln für die den Apotheken vorbehaltenen Geheimmittel Gültigkeit hat, ist fraglich geworden, nachdem die Apotheken-Betriebsordnung vom 18. Februar 1902 auf eine selbständige Regelung des Geheimmittelwesens in Apotheken verzichtet hat, und nur bestimmt:

Ap.B.O. vom 18. Februar 1902.

§ 36. Der Verkehr mit Geheimmitteln regelt sich nach den hierüber bestehenden Bestimmungen.

Bis auf weiteres werden jedoch die Vorschriften über die Abgabe starkwirkender Arzneimittel in den Apotheken und die Arzneitaxe auch für den Verkehr mit Geheimmitteln in den Apotheken allein massgebend sein. Darauf deutet folgendes Urteil:

K.G. 5. September 1901.

Das Feilhalten der in den Verzeichnissen A und B aufgeführten Arzneimittel darf auch betreffs eines Teils derselben, insbesondere der Geheimmittel, soweit es reichsgesetzlich gestattet ist, nämlich in Apotheken, landesrechtlich zwar geregelt, aber nicht verboten werden. Somit sind landesrechtliche Vorschriften, welche das Feilhalten von Geheimmitteln, abgesehen von den Giften, verbieten, rechtsungültig.

Für die Abgabe solcher Mittel auf ärztliches Rezept wäre die Ungültigkeit eines Verbots ohne weiteres einleuchtend.

Dass die Regierungspräsidialverfügungen durch die späteren Oberpräsidialverfügungen, soweit letztere dies nicht ausdrücklich anordnen, nicht aufgehoben sind, stellte das K.G. am 4. April 1898, 24. April 1899 und 14. Juni 1900 fest.

c. Begriff des Geheimmittels.

Während die Polizeiverordnungen der Regierungen den Begriff des Geheimmittels gleichzeitig präzisieren, haben namentlich die später erlassenen Oberpräsidialverfügungen eine solche Definition nicht gegeben, sondern die Aufstellung derselben dem Richter überlassen. Dies ist nun in einer überaus grossen Zahl von Urteilen des R.G. und der O.L.G. geschehen. Bei der Fülle dieser sich inhaltlich meist sehr ähnelnden Erkenntnisse können im nachfolgenden nur die wichtigsten und markantesten angeführt werden.

R.G. 25. Mai 1882.

Wenn das angefochtene Urteil von der Auffassung ausgeht, als Geheimmittel sei ein Mittel zu betrachten, wenn es unter einem Namen angekündigt wird, welcher die Substanzen, aus denen es besteht, nicht erkennbar macht, so trifft diese Begriffsbestimmung unter der selbstverständlichen Voraussetzung mangelnder Aufführung des betreffenden Mittels unter den staatsseitig, insbesondere in der Pharmakopoe anerkannten Heilmitteln das Wesen der Sache.

R.G. 23. März 1899.

Die blos qualitative Bezeichnung der einzelnen Bestandteile genügt nicht, um der Eisensomatose den Charakter eines Geheimmittels zu nehmen. Es genügt nicht, zu sagen, das Präparat besteht aus Somatose und Eisen, sondern es musste näher dargelegt werden, welches Eisenpräparat benutzt worden ist und in welchem Verhältnisse die einzelnen Teile der Mischung zu einander stehen. Dass die Zusammensetzung ausführlicher aus dem Prospekte zu ersehen ist, der den einzelnen Packungen beim Kaufe mitgegeben wird und dass Fachleute die Zusammensetzung aus Fachschriften kennen lernen könnten, ist unerheblich, denn das Delikt ist bereits durch die Veröffentlichung der Anzeige vollendet.

K.G. 4. Januar 1891.

Geheimmittel sind alle Arznei- oder Heilmittel (d. h. alle als solche angekündigten Stoffe, gleichviel ob wirksam oder nicht) gegen Krankheiten, Körperschäden und Leiden aller Art, deren Bestandteile, Zusammensetzungs- und Zubereitungsart nicht gleich beim Feilhalten dem Publikum bekannt gegeben werden.

K.G. 12. Februar 1891.

Unter einem Geheimmittel versteht man ein vorgeblich mit besonderer Heilkraft begabtes, staatlich nicht anerkanntes, in Arzneiform dem menschlichen Körper einzuführendes Heilmittel gegen Krankheiten oder Körperschäden, dessen Natur, Zubereitung und Zusammensetzung nicht deutlich erkennbar gemacht wird.

K.G. 9. Juli 1896.

Ein Geheimmittel ist jedes angeblich mit besonderer Heilkraft gegen Krankheiten, Körperschäden oder Leiden begabte, in Arzneiform dem menschlichen Körper einzuführende Mittel, dessen Natur, Zubereitung und qualitative sowie quantitative Zusammensetzung nicht gleich bei dessen Ankündigen resp. Feilbieten dem Publikum bekannt gemacht werden.

Inhaltlich mit den vorgenannten Definitionen übereinstimmend sind die Urteile des K.G. vom 4. Dezember 1890, 18. Juli 1895, 25. November 1895 und 17. Oktober 1898.

Begriff des Geheimmittels.

K.G. 23. November 1895.

Ein Geheimmittel ist ein Mittel gegen Krankheiten und krankhafte Zustände, dessen Zusammensetzung und Zubereitung dem Publikum bei der Anpreisung nicht bekannt gegeben werden; es genügt nicht, wenn die Zusammensetzung und Anpreisung des fraglichen Mittels der Polizei mitgeteilt ist (oder wenn die Bestandteile nur auf der Umhüllung des Mittels angegeben sind K.G. 14. Juli 1898).

K.G. 8. Juni 1893.

Der Begriff des Geheimmittels wird dadurch nicht ausgeschlossen, dass dessen Natur und Zusammensetzung in der medizinischen Wissenschaft oder einzelnen Behörden bezw. einzelnen besonderen Personen bekannt geworden ist, vielmehr nur dadurch, dass dessen Natur, Zubereitung und Zusammensetzung in quantitativer und qualitativer Hinsicht dem Publikum deutlich erkennbar gemacht wird.

K.G. 9. November 1896.

Das angekündigte Mittel erlangt den Charakter eines Geheimmittels nicht schon dadurch, dass das diese Ankündigung lesende Publikum nicht ohne weiteres die bezeichneten Bestandteile ihrer Beschaffenheit nach bereits kennt oder nicht ohne weiteres die deutlich zu erkennen gegebene Zubereitungs- und Zusammensetzungsart versteht — was für Laien bei wissenschaftlichen Bezeichnungen der Bestandteile oder bei technischen Ausdrücken für die Zusammensetzung und Zubereitung eines Mittels der Regel nach nicht der Fall sein wird. — Vielmehr genügt es nach dieser Richtung hin, um die Annahme der Anpreisung eines Geheimmittels auszuschliessen, dass das Publikum durch die Ankündigung selbst in die Lage gebracht wird, unter etwaiger Zuziehung Sachverständiger oder wissenschaftlicher oder technischer Werke genau erkennen zu können, woraus das angekündigte Mittel in qualitativer und quantitativer Hinsicht zusammengesetzt und zubereitet wird.

Auch die Verwaltung sah sich genötigt, zur Aufklärung der Sachlage beizutragen. Den Anfang machte das preussische Finanzministerium mit folgendem Erlass:

Preuss. Finanz-Minist. 14. Februar 1895.

Zur Beseitigung hervorgetretener Zweifel und Unzuträglichkeiten bestimme ich im Einvernehmen mit dem Herrn Minister der geistlichen etc. Angelegenheiten und nach Anhörung der technischen Kommission für pharmaceutische Angelegenheiten, unter Aufhebung der bisherigen Bestimmungen, dass als Geheimmittel im Sinne der vom Bundesrat erlassenen Vorschriften für die steuerfreie Verwendung von undenaturiertem Branntwein zu Heil-, wissenschaftlichen und gewerblichen Zwecken alle zur Verhütung oder Heilung krankhafter Zustände jeder Art bei Menschen oder Tieren feilgebotenen, mit Branntwein bereiteten Arznei- oder Heilmittel zu behandeln sind, deren Bestandteile, Gewichtsmengen und Bereitungsweise nicht gleich bei ihrem Feilbieten dem Publikum in gemeinverständlicher Form vollständig bekannt gemacht werden. Die blosse Beigabe einer Herstellungsvorschrift bei der Verabfolgung des Mittels, deren Verständnis besondere technische Kenntnisse voraussetzt, genügt diesem Erfordernis nicht. Als Geheimmittel sind nicht anzusehen alle diejenigen mit Branntwein bereiteten Arznei- oder Heilmittel, für welche in dem Arzneibuch für das deutsche Reich und dessen Ergänzungen, sowie in den Pharmakopöen anderer Länder Vorschriften enthalten sind.

Diesem Erlasse, der durch Verfügung vom 18. April 1901 auch weiterhin als gültig erklärt wurde, und dessen Inhalt sich auch die grossherzogl. badische Zolldirektion in einer Verordnung vom 20. April 1901 wörtlich zu eigen macht, folgte im Jahre 1898 folgende von 3 Ministern unterzeichnete Bekanntmachung:

Preuss. Minist.-Erlass 20. Januar 1898.

Das unterm 3. August 1895 angeregte Verbot der öffentlichen Ankündigung von Geheimmitteln findet nicht überall einen gleichmässigen Vollzug. Namentlich werden Arzneien, die in der einen Provinz als Geheimmittel angesehen werden, in einer anderen nicht als zu den Geheimmitteln gehörig betrachtet und deshalb nach wie vor unbeanstandet daselbst öffentlich angepriesen. Die Abstellung einer derartigen Rechtsungleichheit, die insbesondere den beteiligten Industrie- und Handelskreisen berechtigten Anlass zu Klagen bietet, muss deshalb ins Auge gefasst werden.

Hierbei ist der Weg, durch eine authentische Feststellung des Begriffs „Geheimmittel" Abhilfe zu schaffen, bei der Schwierigkeit, eine für alle Fälle zutreffende und nach jeder Richtung befriedigende Begriffserklärung zu geben, kaum gangbar. Da indessen Hauptursache des in Frage stehenden Übelstandes die anscheinend vielfach verbreitete Auffassung ist, dass ein Arzneimittel nicht mehr als Geheimmittel zu betrachten ist, sobald seine Zusammensetzung in irgend einer Weise bekannt gegeben wird, so lässt sich eine wesentliche Besserung des gegenwärtigen Zustandes schon dadurch erreichen, dass eine übereinstimmende Auffassung darüber herbeigeführt wird, unter welchen Voraussetzungen die Beschreibung eines Geheimmittels in der öffentlichen Ankündigung seine Eigenschaft als Geheimmittel auszuschliessen geeignet ist. In dieser Beziehung kann von dem Grundsatz ausgegangen werden, dass ein Heilmittel seiner Eigenschaft als Geheimmittel höchstens dadurch entkleidet wird, dass seine Bestandteile und Gewichtsmengen sofort bei der Ankündigung in gemeinverständlicher und für jedermann erkennbarer Weise vollständig und sachentsprechend zur öffentlichen Kenntnis gebracht werden. Angaben, aus denen nur ein Sachverständiger ein Urteil über das Mittel sich bilden kann, sind als ausreichend nicht zu erachten, insbesondere nicht die Bezeichnung der Bestandteile des Mittels in lateinischer Sprache. Hiermit steht im wesentlichen auch im Einklange die Rechtsprechung, nach welcher ein Geheimmittel jedenfalls dann vorliegt, wenn die Bestandteile und das Mengenverhältnis der Zubereitung „nicht ausreichend", „nicht deutlich für das Publikum", „nicht für jedermann zweifellos" bei der Ankündigung erkennbar gemacht sind. (Urteile des R.G. vom 25. Mai 1882 und 28. November 1887 — Samml. d. Entsch. Bd. VI S. 329, XVI S. 359. — Urteile des preussischen Kammergerichts vom 4. Dezember 1890, 12. Fe-

Begriff des Geheimmittels. 187

bruar 1891 und· 29. Januar 1894 — Johows Jahrbuch der Entsch. Bd. XI S. 334 und 335. XV S. 337. — Urteile desselben Gerichts vom 18. Juli und 25. November 1895. — Sammlung gerichtlicher Entsch. auf dem Gebiete der öffentlichen Gesundheitspflege, III. Beil.-Band zu den Veröffentlichungen des kaiserlichen Gesundheitsamtes S. 57 und 129.)

Dass auch die Bereitungsweise eines Mittels aus der Veröffentlichung ersichtlich zu sein hat, wenn dasselbe nicht als Geheimmittel gelten soll, wird nicht gefordert zu werden brauchen, da mit dem Erlass des in Frage stehenden Ankündigungsverbots nur beabsichtigt gewesen ist, bei den zur öffentlichen Ankündigung zugelassenen Arzneimitteln dem Publikum die Möglichkeit zu bieten, ein eigenes Urteil über Heilkraft und Geldwert der einzelnen Mittel sich zu bilden, nicht aber auch die Möglichkeit, solche Mittel nach dem veröffentlichten Rezepte sich selbst anzufertigen.

Die vorstehend zum Ausdruck gebrachte Auffassung ist den mit der Ausführung des Ankündigungsverbots für Geheimmittel befassten nachgeordneten Behörden des dortigen Bezirks, insbesondere auch den Polizeibehörden und den Medizinalbeamten zur Nachachtung mitzuteilen.

Berlin, den 20. Januar 1898.

Der Minister der geistlichen, Unterrichts- und Medizinal-Angelegenheiten.

I. A.: v. Bartsch.

Der Minister des Innern.

I. V.: Braunbehrens.

Der Minister für Handel und Gewerbe.

I. A.: Hoeter.

Eine Erläuterung des Begriffes Geheimmittel erfolgte ferner auf Anregung des Reichskanzlers in einem Rundschreiben des Medizinalkollegiums in Hamburg vom 24. März 1898.

Med.-Kolleg. Hamburg 24. März 1898.

Stoffe und Zubereitungen jeder Art, die zur Heilung oder Verhütung von Krankheiten dienen sollen, sind als Geheimmittel nicht anzusehen, wenn die Bestandteile und Gewichtsmengen sofort bei der Ankündigung bezw. beim Feilhalten in gemeinverständlicher und für jedermann erkennbarer Weise vollständig und zweckentsprechend zur Kenntnis gebracht werden.

Das Medizinalkollegium hat seinen Beamten im Sinne vorstehender Verfügung Anweisungen erteilt und hinsichtlich der Anwendung auf die Apotheken noch folgendes bestimmt:

Mittel, welche vom Apotheker nach einer in Hamburg amtlich veröffentlichten Vorschrift (Deutsches Arzneibuch, 3. Ausgabe und Nachtrag dazu, Bekanntmachung des Med.-Koll. vom 8. Februar 1898) angefertigt und unter den in den amtlichen Veröffentlichungen gebrauchten Bezeichnungen hier feilgehalten werden, sind als Geheimmittel im Sinne des § 42 der Apothekenbetriebsordnung nicht anzusehen. Bei diesen Mitteln bedarf es daher des Abdrucks der vollständigen Vorschrift auf den Packungen nicht, auch können dieselben im Handverkauf ohne ärztliches Rezept abgegeben werden, falls sie nicht starkwirkende Bestandteile enthalten, deren Abgabe durch die Bekanntmachung des Senats vom 28. August 1896 verboten ist. Sollen aber derartige Mittel öffentlich angekündigt werden, was nicht nur durch Zeitungsanzeigen, Verbreiten von Maueranschlägen, Zetteln und Heften, sondern auch durch Aufdrucke auf Umhüllungen (Einwickelpapier) und Einlagen geschieht, dann wird die Angabe der Bestandteile in der Weise wie oben vorgeschrieben notwendig.

Aus weiteren sämtlich vom K.G. gefällten Entscheidungen, die sich vorwiegend mit einzelnen bei der Ankündigung in Betracht kommenden Momenten befassen, gehen folgende Grundsätze hervor:

Die Ankündigung eines Geheimmittels liegt auch dann vor, wenn unter den im übrigen genau angegebenen Bestandteilen ein einziger nicht mit seinem im Verkehr und in der Litteratur üblichen Namen bezeichnet wird (21. Februar 1898, 4. April 1898 und 26. Januar 1899 Ungt. Vaselin. comp. bei Vulneral, 23. Oktober 1899 Pterigerbsäure bei Konetzkys Bandwurmmittel, 7. Februar, 13. Juni und 2. Dezember 1901 amerikanische Kraftwurzel bei Ullrichs Kräuterwein). Patentierte Mittel, deren Zusammensetzung bei Veröffentlichung des Patents bekannt gegeben war, können nicht als Geheimmittel angesehen werden (17. Oktober 1898, 27. Februar 1899, 24. April 1899 Glandulen, 28. April 1902 Roborin) (früher 29. Januar 1894 Myrrhen-Crême anders), während die blosse Anmeldung zum Patent nicht genügt (24. September 1900).

Die Empfehlung einer schon lange allgemein bekannten Heilmethode, wenn dabei auf angewendete Mittel auch nicht andeutungsweise verwiesen wird (9. Februar 1891 Baunscheidtismus, 31. Oktober 1895 Sanjana Heilmethode), stellt keine Ankündigung von Geheimmitteln dar, wohl aber die Ankündigung einer noch nicht bekannten Kur, wenn aus der Anzeige hervorgeht, dass Geheimmittel dabei verwendet werden (9. Januar 1893, 8. Juni 1893 gegen Bandwurmdoktor Mohrmann, 23. September 1901 gegen Wunderdoktor Jacobi).

Mittel, die dem menschlichen Körper nicht ganz oder zum Teil eingeführt werden, wie Voltakreuz, Gehörapparate fallen nicht unter den Begriff Geheimmittel (12. Februar 1891, 13. Oktober 1898, 15. Oktober 1900). Dagegen können, wenn die allgemeinen Bedingungen dafür zutreffen, ebenso wie zusammengesetzte Mittel auch einfache Stoffe (12. März 1900 Poho-Öl, 19. November 1900 Pain-Killer) (anders 11. Februar 1897), chemische Präparate (28. November 1895 Salophen) oder Genussmittel (11. Dezember 1884, 23. Juli 1896) Geheimmittel sein.

Das Verbot bezieht sich nur auf Mittel zur Verhütung oder Heilung von Krankheiten. Mittel gegen andere Zustände können angekündigt werden (12. Januar 1898 Kahlköpfigkeit und

Konzeption, 7. Februar 1898 Hühneraugen). Eine besondere Empfehlung gegen bestimmte Krankheiten ist dagegen nicht erforderlich. Das Delikt kann auch durch Verweisung auf Atteste, Anerkennungsschreiben und dergl. (7. Juli 1892) oder durch die Zweckbestimmung des Mittels an sich (18. Mai 1899) erfüllt werden. Nicht nur auf direktem Wege sondern auch indirekt durch eine in der Anzeige erfolgte Bezugnahme auf anderweitiges Feilbieten oder Anpreisen (27. November 1890, 1. Februar 1894, 26. März 1896) oder durch Verteilen einer Reklameschrift zwecks Zirkulierenlassens in Kreisen der Bekannten (15. November 1890, 6. September 1900) kann ein öffentliches Ankündigen erfolgen, nicht dagegen durch eine Annonce, in der eine erst auf besondere Anfrage erteilte Auskunft in Aussicht gestellt wird (9. Juli 1896, 8. April 1897) und ebensowenig durch Beilegung von Ankündigungen oder Preislisten bei Warensendungen an einzelne Kunden (16. Dezember 1901).

Die Rechtsgrundlage, welche durch diese Urteile geschaffen ist, ist, wie man sieht, sehr äusserlicher Art. Abstrakte, innere Symptome, welche die Geheimmitteleigenschaft eines bestimmten Mittels bedingen könnten, gibt es nicht. Massgebend allein ist die äussere Form der Ankündigung, und dasselbe Präparat, das heute wegen ungenügender Bekanntgabe der Bestandteile als Geheimmittel erklärt wird, kann morgen, wenn die diesbezüglichen Angaben vervollständigt sind, ungehindert von allen Verordnungen in derselben Weise angepriesen werden, mag auch die Art seiner Wirksamkeit der Wissenschaft nach wie vor ein Geheimnis bleiben. Aber auch wegen der Verschiedenartigkeit der Anforderungen bei den einzelnen Verordnungen kann dieselbe Ankündigung in dem einen Bezirk als erlaubt gelten und in dem anderen mit Strafe belegt werden. Für den Begriff der Reklamemittel, den zahlreiche Regierungsverfügungen eingeführt haben, fehlt es an einer erschöpfenden Definition überhaupt. Das K.G. rechnete z. B. darunter das Voltakreuz (6. April 1899), Warners Safe Cure (13. Juli 1899), Sodener Pastillen (28. November 1895). Aus all diesen Gründen hat die Anführung der Mittel, welche in den einzelnen Urteilen als Geheimmittel erklärt worden sind, keinerlei praktischen Wert. Die Widersprüche, die sich dabei ergeben, sind auch zu sehr in die Augen springend.

„Der jetzige Rechtszustand, so sagte Kammergerichtsrat Kronecker in der D. Jurist.-Ztg. (Bd. 3 S. 295, Pharm.-Ztg. 1898 No. 59), ist für das Publikum schädlich, für die chemische Industrie unerträglich. Bewährte Hausmittel wie Haematogen und Tamar Indien Grillon, bekannte Arzneimittel wie Salophen werden als Geheimmittel gebrandmarkt, weil ihre Bestandteile nicht oder nicht vollständig angegeben sind; Quacksalbereien wie „Spartium-Thee gegen Lungen- und Kehlkopfleiden", „Lücks Kräuterthee und Gesundheitskräuterhonig" können wegen genauer bezüglicher Angaben straflos angekündigt werden."

IV. Das Drogistengewerbe.
1. Zulassung zum Gewerbebetriebe.

Der gewerbsmässige Verkauf der in der Verordnung vom 22. Oktober 1901 freigegebenen Arzneimittel wird, wenn auch nicht ganz korrekt, Drogenhandel genannt und findet in den Drogenhandlungen statt. Zur Errichtung einer solchen bedarf es nach der Gew.O. keiner Konzession, wohl aber ist der zuständigen Behörde von der Errichtung sofort Anzeige zu machen (§§ 14, 35 und 148 der Gew.O.).

Wie eine Verfügung des hessischen Ministeriums des Innern vom 25. Juni 1898 und ein preussischer Min.-Erlass vom 5. Juli 1898 erläuterten, bezieht sich diese Anmeldepflicht auch auf Drogenschränke.

Dagegen ist eine Konzession erforderlich zum Handel mit denjenigen Drogen und Chemikalien, welche durch die vom Bundesrat erlassenen Vorschriften über den Handel mit Giften als Gifte erklärt worden sind. Reichsgesetzlich ist zwar diese Genehmigung nicht ausgesprochen worden. Die Gew.O. sagt vielmehr in § 34:

„Die Landesgesetze können vorschreiben, dass zum Handel mit Giften besondere Genehmigung erforderlich ist."

Von dieser Ermächtigung haben jedoch die Mehrzahl der deutschen Bundesstaaten Gebrauch gemacht. Die Nichtbefolgung dieser Anordnungen wird nach § 367[3] Str.Ges.B. (S. 120) bezw. bei gewerbsmässigen Übertretungen nach § 147[1] der Gew.O. (S. 123) bestraft.

In Preussen wird die Erlaubnis zum Gifthandel gemäss § 49[1] der allgem. preuss. Gew.O. vom 22. Juni 1861 erst dann erteilt, wenn sich die Behörden von der Zuverlässigkeit der Gewerbetreibenden überzeugt haben.

In Berlin ist die Erteilung einer solchen Konzession bei nicht als Apotheker approbierten Personen durch Bekanntmachung des Stadt-Ausschusses vom 3. Januar 1896 von der Beibringung eines Befähigungsnachweises über die zur Erkennung und Behandlung von Gift nötige Fachkenntnis abhängig gemacht.

2. Ankündigung des Gewerbebetriebes.

Ist somit die Errichtung einer Drogenhandlung keiner Beschränkung unterworfen, so sind der Ankündigung des Gewerbebetriebes bereits in mehrfacher Beziehung Schranken gezogen. Und zwar richten sich dieselben sowohl auf die Führung gewisser Titel durch die Besitzer wie auch auf die Firmenschilder der betreffenden Geschäfte. Ihre rechtliche Grundlage finden die Verordnungen beider Art in landesrechtlichen Bestimmungen.

a. Führung des Apothekertitels.

Der Apothekertitel an sich geniesst keinen Schutz. Die Bestimmung in § 360^8 des St.G.B. gegen das unbefugte Annehmen von Titeln bezieht sich nach der Rechtsprechung nur auf die durch höhere Verleihung zu erwerbenden oder mit amtlicher Stellung verbundenen Titel, wogegen sie auf die Bezeichnung einer wissenschaftlichen oder gewerblichen Tätigkeit, auch wenn zu deren Ausübung eine amtliche Qualifikation, Approbation oder Konzession erforderlich ist, nicht anwendbar ist. Die unberechtigte Bezeichnung als Arzt oder die Beilegung eines arztähnlichen Titels ist in § 147^3 der Gew.O. mit Strafe bedroht, die unbefugte Führung des Apothekertitels ist dagegen weder aus dem St.G.B. noch aus der Gew.O. strafbar. Wohl aber kann auf Grund landesrechtlicher Bestimmungen (in Preussen gemäss Teil II Titel 17 § 10 des Allg. Landrechtes, wonach die Erhaltung der öffentlichen Ordnung zu den Aufgaben der Polizei gehört), und zwar in der Regel auf dem Wege der Einzelverfügung event. unter Strafandrohung oder -Vollziehung Gewerbetreibenden die öffentliche Beilegung des Titels Apotheker untersagt werden. Handelt es sich dabei um Gewerbetreibende, die nicht als Apotheker approbiert sind, so wird die Untersagung in allen Fällen möglich sein; sind dieselben dagegen im Besitz zwar der Approbation aber nicht der landesgesetzlich geforderten Konzession zum Betriebe einer Apotheke, so ist die Möglichkeit eines Einschreitens nur dann gegeben, wenn durch die nähere im einzelnen zu prüfende Art und Weise der Titelbeilegung der Irrtum hervorgerufen werden kann, als sei das Geschäft der betreffenden Person eine Apotheke.

Es ist zwar vereinzelt der Versuch gemacht worden, den Titel Apotheker überhaupt auf Besitzer einer Apotheke zu beschränken.

In diesem Sinne hatte sich eine Entscheidung der Kreishauptmannschaft Bautzen vom 24. Februar 1880, eine Verordnung des sächsischen Ministeriums des Innern vom 12. April 1882 und namentlich ein Erlass desselben Ministeriums vom 28. März 1895, letzterer unter folgender Begründung ausgesprochen:

Sächs. Minist. d. Innern 28. März 1895.

Der Rekurrent geht von der Ansicht aus, dass die Erlangung der nach § 29 der Gewerbeordnung für die Ausübung des Apothekergewerbes erforderlichen Approbation für den Approbierten ohne weiteres das Recht in sich schliesst, sich als „Apotheker" zu bezeichnen. Diese Ansicht muss als irrtümlich zurückgewiesen werden. Wie schon aus der Fassung des § 29 der Gewerbeordnung hervorgeht, ist die Bezeichnung eines „Apothekers" nicht etwa wie der Titel „Arzt" ein solcher, der schon durch den gesetzlich vorgeschriebenen Befähigungsnachweis erworben wird. Der Name Apotheker bezeichnet vielmehr den Träger eines gewerblichen Berufes. Da die Ausübung dieses Berufes nicht nur eine Approbation, sondern eine Konzession voraussetzt, so ist zur Führung dieser Gewerbsbezeichnung auch nur derjenige berechtigt, welcher sich im Besitze der beiden angeführten Voraussetzungen befindet.

Allein die in Sachsen vertretene Anschauung ist vollkommen isoliert geblieben. In allen anderen (im folgenden abgedruckten) amtlichen und gerichtlichen Entscheidungen ist stets der entgegengesetzte Standpunkt zum Ausdruck gekommen, und es darf heute als feststehendes Ergebnis der Rechtsprechung gelten, dass derjenige Pharmaceut, der die Staatsprüfung bestanden, sich auch als Apotheker bezeichnen darf.

Gleichwohl steht aber der Polizei das Recht zu (sie ist aber nicht dazu verpflichtet), in bestimmten Fällen den Gebrauch dieses Titels zu untersagen. Über die rechtlichen Grundlagen dieser Befugnis hat sich ein Urteil des preussischen Oberverwaltungsgerichts vom 14. Dezember 1878 sehr erschöpfend folgendermassen ausgesprochen:

O.V.G. 14. Dezember 1878.

Zunächst kann aus dem Umstande allein, dass eine gesetzliche oder allgemeine Vorschrift, welche jenes Recht (sich Apotheker zu nennen) aufhebt oder beschränkt, nicht besteht, die Ungesetzlichkeit der angefochtenen polizeilichen Verfügungen nicht gefolgert werden, da nach § 10, Titel 17, Theil II des Allgemeinen Landrechtes die Polizei auch die Aufgabe hat, die nötigen Anstalten zur Erhaltung der öffentlichen Ruhe, Sicherheit und Ordnung und zur Abwendung der dem Publikum oder einzelnen Mitgliedern desselben bevorstehenden Gefahr zu treffen. Sodann aber ist anzunehmen, dass von den Voraussetzungen, unter welchen ein Einschreiten der Polizei gerechtfertigt erscheint, die Erhaltung der öffentlichen Ordnung für den vorliegenden Fall zutrifft. Die Gewerbeordnung hat, während die Betreibung des Handels, insbesondere auch desjenigen mit Drogenwaren freigegeben ist, die Errichtung und den Betrieb von Apotheken aus gesundheitspolizeilichen Rücksichten erheblichen Beschränkungen unterworfen. Es liegt unter diesen Umständen im dringendsten Interesse der gewerblichen Ordnung, dass nach aussen hin diejenigen Geschäfte, welche Apotheken, und diejenigen, welche Drogenhandlungen sind, deutlich von einander unterschieden werden, damit nicht das Publikum in den Glauben versetzt werde, in dem letzteren seien Apothekerwaren unter denselben Garantien zu kaufen, wie sie eine Apotheke nicht allein vermöge der Approbation, welche ihr Inhaber erlangt haben muss, sondern namentlich vermöge der besonderen behördlichen Kontrolle, unter welcher sie steht, bietet. Diesem Interesse der öffentlichen Ordnung wird nun dadurch entgegen gehandelt, dass der Inhaber einer Drogenhandlung auf seinem Firmenschilde neben seinem Namen die Bezeichnung „Apotheker" in einer Weise anbringt, welche geeignet ist, in dem Publikum oder doch in demjenigen Teile desselben, welcher mit den einschlagenden Verhältnissen und den betreffenden gesetzlichen Bestimmungen weniger vertraut ist, den Irrtum hervorzurufen, als finde in der Drogenhandlung der Betrieb einer Apotheke statt (vergl. Entscheidungen, Bd. I, S. 319 ff.). Ob der Kläger die Absicht der Täuschung gehabt habe, erscheint gleichgültig; entscheidend ist allein, dass die Art der Bezeichnung objektiv geeignet war, eine Täuschung zu erzeugen.

Ganz analog lautete eine Entscheidung des württembergischen Geheimrats vom Jahre 1875.

Allein man darf hieraus nicht den Schluss ziehen, dass die Polizei nunmehr die Befugnis hätte, in allen Fällen den Titel Apotheker grundsätzlich zu untersagen. Es kommt vielmehr lediglich darauf an, ob in dem einzelnen Fall durch die näheren Umstände die Hervorrufung des in dem Urteil erwähnten Irrtums als gegeben anzusehen ist.

Betrachtet man die späteren Entscheidungen des O.V.G., so ergibt sich, dass sie sämtlich auf diesem Standpunkt stehen. Zugleich geben dieselben sehr wertvolle Erläuterungen für die Beurteilung des einzelnen Falles, sowie über den Einfluss, den das Handelsgesetzbuch und das Reichspressgesetz auf die Firmenbezeichnungen und Ankündigungen der Drogengeschäfte ausüben. Am klarsten sprechen sich darüber die folgenden Urteile aus:

O.V.G. 5. Mai 1892.

Das Wort „Apotheker" bezeichnet den persönlichen Stand, die persönliche Qualifikation, es kommt diese Bezeichnung nicht nur denen zu, welche eine Apotheke besitzen oder betreiben. Dies gilt sowohl von dem gewöhnlichen, als von dem amtlichen Sprachgebrauch. In der Bekanntmachung vom 5. März 1875, betr. die Prüfung der Apotheker, ist von dem Erfordernis des Besitzes oder des selbständigen Betriebes einer Apotheke nirgends die Rede. Wenn die Angabe in dem Inserat, die Kläger seien approbierte Apotheker, den Glauben erweckte, ihr Geschäft biete mehr Garantie als ein Drogengeschäft, dessen Inhaber diese Qualifikation nicht besitzt, so kann ein solcher Glauben als unbegründet angesehen und eine Gefährdung des Publikums nicht angenommen werden.

Dass die Kläger nicht Besitzer einer Apotheke waren, dass ihr Geschäft nicht eine Apotheke war, ergab sich zur Genüge aus der Bezeichnung des letzteren als „Drogerie".

O.V.G. 7. Juli 1900.

Die Bezeichnung als Apotheker, deren sich der Kläger bedient, und um die es sich im gegenwärtigen Streitverfahren allein handelt, ist an sich noch nicht unzulässig, da ausser Zweifel ist, dass der Kläger die Approbation als Apotheker erlangt hat. Sie ist vielmehr nur zu beanstanden, wenn sie in einer Weise gebraucht wird, durch welche überhaupt oder doch wenigstens bei dem mit den einschlagenden Verhältnissen und den betreffenden gesetzlichen Bestimmungen weniger vertrauten Teile des Publikums der Irrtum veranlasst werden kann, das vom Kläger betriebene Geschäft sei eine Apotheke. Dies ist noch nicht bei jedem Gebrauche der Bezeichnung in geschäftlichen Ankündigungen der Fall, sondern es kommt stets auf die konkrete Art des Gebrauchs an. Etwas anderes hat das O.V.G. weder in den von der Beklagten und dem Vorderrichter angezogenen Urteilen vom 14. Dezember 1878 (Entscheid. d. O.V.G., Bd. IV, S. 342), 9. Februar 1881 (Ministerialbl. d. inn. Verw., S. 80) und 19. Dezember 1883 (Preuss. Verwaltungsbl., Jahrg. V, S. 129), noch in sonstigen Entscheidungen ausgesprochen. Es sind im Gegenteil stets die besonderen jedesmaligen Umstände berücksichtigt und ist hervorgehoben worden, dass danach die Bezeichnung geeignet sein müsse, jenen Irrtum zu erregen. (Vergl. z. B. das Urteil vom 12. März 1898, Entscheid. d. O.V.G., Bd. XXXIII, S. 350, besonders S. 351 unten, 352, 353 unten, 354).

Nach den vom Kläger in der Berufungsinstanz vorgelegten Mustern seiner geschäftlichen Ankündigungen ist nun nicht anzunehmen, dass die darin dem Namen des Klägers hinzugefügte Bezeichnung „Apotheker" den Irrtum zu erwecken vermag, sein Geschäft sei eine Apotheke. Denn überall ist in enger Verbindung damit ausserdem von diesem Geschäft als von einer Drogerie, speziell der Hansemann-Drogerie, die Rede („Hansemann-Drogerie von B. B. . . . ., Apotheker", oder „B. B. . . . ., Apotheker, Hansemann-Drogerie", und keine Ankündigung lässt sich verständiger Weise so verstehen, als wäre der Kläger nicht bloss als Apotheker approbiert, sondern auch, sei es lediglich, sei es wenigstens neben dem Besitz eines Drogengeschäftes, Besitzer einer Apotheke.

Sollte Jemand doch in diesen Irrtum verfallen, so würde es nicht mehr die Bezeichnung des Klägers als Apotheker, sondern es würden bloss die eigene Unkenntnis und Unverständigkeit sein, die den Irrtum herbeiführten (vergl. Entscheid. d. O.V.G., Bd. XXXI, S. 310). Bei einer grösseren Anzahl von Ankündigungen wird der Irrtum überdies noch besonders dadurch ausgeschlossen, dass die angekündigten Waren solche sind, die in Apotheken gar nicht feilgehalten zu werden pflegen, wie die meisten der genannten Weine, Maschinenöl, Frisierkämme, Kognak, Rum, Punschsirupe, Liköre, chinesische Tees, Dessertbonbons usw. Von dem sonst ziemlich gleich liegenden Falle, der vom O.V.G. durch das Urteil vom 19. Dezember 1883, soweit es sich um die Bezeichnung „Apotheker" handelte, zu Ungunsten der damaligen Kläger entschieden worden ist, unterscheidet sich der jetzige wesentlich dadurch, dass dort nicht bloss die Bezeichnung „Apotheker" gebraucht, sondern auch „Apothekerwaren" als zum Handelsbetriebe gehörig und die Geschäfte selbst „Apothekerwarenhandlungen" und „Handlungen medizinischer Drogen" ohne Beschränkung auf die dem Verkehr freigegebenen Apothekerwaren und medizinischen Drogen benannt worden waren, bei diesen Bezeichnungen aber leicht der Unterschied zwischen den Apothekerwaren, die dem freien Verkehr überlassen sind, und denen, die dem Apotkeker vorbehalten sind, zwischen einer Apothekerwarenhandlung und einer Apotheke und zwischen medizinischen Drogen und den nur in Apotheken herzustellenden Medizinen übersehen wird.

Wenn Springfeld S. 464 ausspricht: „Zusätze, wie Drogerie u. a., welche die Sache nicht klarstellen, weil Apothekenbesitzer zu ähnlichen Unternehmungen in ihrer Betriebsstätte befugt sind und sie betreiben, genügen meines Erachtens nicht", so kann dem wenigstens für einen Fall der vorliegenden Art nicht beigetreten werden, wo die Bezeichnung des Geschäfts als Drogerie und nichts weiter als Drogerie nicht bloss einen untergeordneten, an versteckter Stelle befindlichen, in kleiner Schrift gedruckten oder dergleichen Zusatz bildet, sondern überall ein nicht, zu übersehender Teil der Ankündigungen ist und gerade so wirkt, wie der Zusatz „Keine Apotheke", von dem auch Springfeld selbst a. a. O. annimmt, dass durch ihn ein Irrtum deutlich und ohne Verwirrung zu erzeugen verhindert werde.

Übereinstimmend ist die Entscheid. d. O.V.G. vom 5. Mai 1892, III, 442, auf welche in dem Urteile vom 22. Februar 1899 (Preussisches Verwaltungsblatt, Jahrgang XX, S. 321, Springfeld, S. 468) wieder hingewiesen worden ist und in welcher ausgeführt wird, dass durch die Bezeichnung des Geschäfts als Drogerie dasselbe genügend charakterisiert und namentlich die Verwechslung mit einer Apotheke ausgeschlossen werde, dass eine solche Verwechslung weder durch die Angabe aller freigegebenen Arzneimittel und Apothekerwaren als Spezialität des Geschäfts, noch durch diejenige sämtlicher medizinischen Verbandstoffe, medizinischer und Frühstücksweine (Pepsinweine, Tokayer, Sherry, Malaga, Madeira, Kapwein, Champagner usw.), hochfeiner chinesischer Tees, Fleischextrakte und Fleischpeptone, medizinischer und Toiletteseifen, Parfümerien usw. usw. als im Geschäft geführter Waren veranlasst werden könne, und dass daher auch die Bezeichnung des Geschäftsinhabers als Apotheker nicht zu beanstanden sei. In gleicher Richtung bewegt sich endlich auch das die Aufschrift „Arzneimittel" auf dem Schaufenster einer Drogenhandlung betreffende Urteil des O.V.G. vom 18. März 1899 (Preuss. Verwaltungsbl., Jahrgang XXI, S. 7).

Die Beziehungen der Firmenschilder zum Handelsgesetzbuch erläutert folgendes Urteil:

O.V.G. 12. März 1898.

Zur Verhütung eines Irrtums einzuschreiten wird der Beklagte auch nicht dadurch gehindert, dass es sich um den Gebrauch einer im Handelsregister eingetragenen Firma handelt. Es ist freilich nicht richtig, wenn der Beklagte aufstellt, das Wort „Apotheker" sei ein unzulässiger Zusatz der Firma. Art. 16, Abs. 2 des Allgemeinen deutschen Handelsgesetzbuches, der nach Art. 5 auch für die Firma einer offenen Handelsgesellschaft gilt, schreibt, nachdem Satz I die Beifügung eines Zusatzes der Firma, welcher ein Gesellschaftsverhältnis andeutet, für unzulässig erklärt hat, vor: „Dagegen sind andere Zusätze gestattet, welche zur näheren Bezeichnung der Person oder des Geschäftes dienen." Danach ist, ausser den ein Gesellschaftsverhältnis andeutenden Zusätzen bei der Firma eines Einzelkaufmannes, für eine solche Firma und für die einer offenen Handelsgesellschaft jeder Zusatz gestattet, der zur näheren Bezeichnung der Person dient. Nur mit den wirklichen Verhältnissen nicht im Einklang stehende Zusätze sind wegen des Grundsatzes von der Wahrheit der Firmen ausgeschlossen. Es durfte auch, da der Kläger approbierter Apotheker ist, in seiner Firma als Einzelkaufmann und in der der offenen Handelsgesellschaft, deren Gesellschafter er ist, seinem Familiennamen das Wort „Apotheker" vorgesetzt werden. . . .

Es liegt somit eine Kollision zwischen dem Firmenrecht und dem Recht der Polizei zur Wahrung der gewerblichen Ordnung gegenüber der Gefahr einer Täuschung des Publikums über das Vorhandensein einer gewerblichen Konzession vor. Hierbei muss, gleichviel, wie eine Kollission des letzteren Rechts mit dem Recht auf Führung des bürgerlichen Namens, wenn und soweit sie möglich sein sollte, zu lösen sein möchte, das Firmenrecht zurückstehen. Wer für sein Geschäft eine Firma wählt, hat sie innerhalb der weiten ihm hierbei vom Handelsgesetzbuche gelassenen Grenzen in der Weise zu wählen, dass sie nicht gegen berechtigte polizeiliche Anforderungen verstösst. Die Berücksichtigung dieser Anforderungen ist nicht Sache des Handelsgerichts; die Eintragung einer Firma in das Handelsregister darf insbesondere nicht aus dem Grunde abgelehnt werden, weil der Gebrauch der Firma einen Irrtum des Publikums, es mit einem konzessionierten Gewerbebetriebe zu tun zu haben, verursachen könne. Es vermag deshalb auch die erfolgte Eintragung der Firma „Apotheker N. & Co." den Kläger nicht vor dem Verlangen des Beklagten (die Bezeichnung als Apotheker fortzulassen) zu schützen.

Gleichzeitig wird in dem Urteil ausgesprochen, dass sich das Recht der Polizeibehörde auch auf Grosshandlungen, die keine offenen Ladengeschäfte sind, erstreckt. Des Einflusses des Pressgesetzes auf polizeiliche Verfügungen gegen Ankündigungen in Druckschriften wird in folgendem Urteil gedacht:

O.V.G. 22. Februar 1899.

Das polizeiliche Einschreiten gegen den Kläger ist lediglich dadurch veranlasst worden, dass er sich in den Anzeigen, die er in Zeitungen veröffentlicht hat, als approbierter Apotheker bezeichnet hat. Hiergegen durfte aber schon deshalb polizeilich nicht vorgegangen werden, weil, wie das O.V.G. wiederholt ausgesprochen hat (z. B. Entscheid. Bd. XXXIII, S. 276 und Bd. XXVIII, S. 326; Preuss. Verwaltungsbl., Jahrgang XX, S. 123), ein präventives polizeiliches Einschreiten gegen gewerbliche Ankündigungen in Druckschriften gegen den Art. 27 der Verfassungsurkunde und den § 1 des Reichsgesetzes über die Presse vom 7. Mai 1874 (R.G.Bl. S. 65), nach welchen Vorschriften die Freiheit der Presse gewährleistet ist und nur den durch das Pressgesetz selbst zugelassenen oder vorgeschriebenen Beschränkungen unterliegt, verstösst und unzulässig ist. Soweit sich daher die Verfügung vom 16. Mai 1898 gegen die fernere Bezeichnung des Klägers als approbierter Apotheker in Zeitungsannoncen richtet, ist sie aus diesem Grunde ungerechtfertigt.

Neue Gesichtspunkte werden in den übrigen, über die Führung des Apothekertitels ergangenen Erkenntnissen nicht herangezogen. Es sind noch bekannt geworden eine verurteilende Entscheidung des O.V.G. vom 25. Februar 1888 und eine freisprechende desselben Gerichts vom 10. Juni 1901, ausserdem ein ebenfalls freisprechendes Urteil des O.L.G. München vom 3. Juni 1899, in dem besonders der schon vom K.G. (s. Seite 123) festgestellte Rechtsgrundsatz begründet wird, dass ein zwar approbierter aber nicht konzessionierter Apotheker nicht aus § 147[1] der Gew.O. (Betrieb eines stehenden Gewerbes, zu dessen Beginn eine besondere polizeiliche Genehmigung erforderlich ist) bestraft werden kann.

O.L.G. München 3. Juni 1899.

Demgemäss betrifft die Strafbestimmung des § 147 Ziff. 1 der Gewerbeordnung den von einer reichsgesetzlich nicht approbierten Person, die Strafbestimmung des Art. 154 P.Str.Ges.B. den von einer zwar reichsgesetzlich approbierten Person, aber ohne die landesgesetzliche Konzession in das Werk gesetzten Betrieb einer Apotheke. Die wegen der Nichtanwendung der Strafbestimmungen des § 147 Ziff. 1 der Gewerbeordnung erhobene Rüge ist demnach verfehlt, da der Angeklagte die reichsrechtlich erforderliche Approbation als Apotheker besitzt. Der Anwendung des Art. 154 P.Str.Ges.B. aber steht entgegen, dass, wie die Vorinstanzen in einer von einem ersichtlichen Rechtsirrtum nicht beeinflussten Weise tatsächlich festgestellt haben, der Angeklagte nach den Umständen des Falles eine Apotheke nicht errichtet und nicht geführt hat. Es könnte höchstens noch § 360 Ziffer 8 R.Str.Ges.B. (unbefugte Titelführung) in Frage kommen. Allein auch dies scheidet aus, weil der Angeklagte als approbierter Pharmaceut berechtigt ist, den Titel „Apotheker" zu führen.

Auch ein Versuch auf Grund des Gesetzes zur Bekämpfung des unlauteren Wettbewerbes gegen die Bezeichnung eines Drogisten als Oberapotheker a. D. vorzugehen, wurde gemacht. Das L.G. Kempten sprach jedoch am 16. November 1898 den Drogenhändler von der Anschuldigung, durch diese Bezeichnung sich gegen jenes Gesetz vergangen zu haben, frei.

Auch einige amtliche Erlasse sind ausser den schon erwähnten sächsischen in dieser Angelegenheit bekannt geworden. Eine Verfügung des königl. Polizeipräsidenten in Berlin vom 12. Februar 1898 besagt folgendes:

Polizei-Präsid. v. Berlin 12. Februar 1898.

5. In Drogenhandlungen ist die Führung der Bezeichnung Apotheker, Apotheke, Cand. pharm. u. dergl., durch welche der Glaube erweckt werden

kann, die Drogerie sei eine Apotheke, auch dann nicht zu dulden, wenn der Inhaber im Besitze einer Approbation als Apotheker oder entsprechender anderer Ausweise ist.

Gegenüber der gleichmässigen Rechtsprechung des höchsten preussischen Gerichtshofes wird bezüglich der Titel der Nachdruck auf den Nebensatz „durch welche der Glaube erweckt werden kann usw." zu legen und letzterer in bedingendem Sinne „sofern dadurch der Glaube erweckt werden kann usw." aufzufassen sein. Tatsächlich hat auch späterhin der Berliner Polizeipräsident eine besondere Verfügung, durch welche einem dortigen Drogisten, der sich auf seinen Schildern des Apothekertitels bedient hatte, die Entfernung desselben aufgegeben worden war, zurückgezogen.

In Kürze aber erschöpfend präzisiert eine Entscheidung des Ministeriums in Elsass-Lothringen vom 9. April 1900 die Rechtslage wie folgt:

Minist. in Elsass-Lothringen 9. April 1900.

Die Auffassung, dass nur derjenige berechtigt sei, sich Apotheker zu nennen, welcher neben der nach § 29 der Gewerbeordnung für die Ausübung des Apothekergewerbes erforderlichen Approbation auch im Besitz einer konzessionierten Apotheke sich befinde, wird zwar in einer Verordnung des königlich sächsischen Ministeriums des Innern vom 28. März 1895 (Reger, Band 16 Seite 3) vertreten, lässt sich aber rechtlich nicht halten. Sie steht im Widerspruch mit der Tatsache, dass, wie bereits im Erlass vom 22. Februar 1897, I. A. 1006 erwähnt, der pharmaceutische Approbationsschein den Empfangsberechtigten amtlich unter der Adresse „an den Apotheker Herrn N. N." zugefertigt wird. Auch die kaiserliche Verordnung vom 14. Juli 1898 über die Errichtung eines Apothekerrats (Gesetzblatt S. 69) beruft in § 2 zu Mitgliedern dieses Rats vier aus den eine Apotheke nicht besitzenden Apothekern.

Dagegen unterliegt es keinem Bedenken, in einzelnen Fällen, in welchen der Titel Apotheker von dem zu seiner Führung an und für sich Berechtigten dazu benutzt wird, nach aussen den Irrtum zu erwecken, als betreibe er eine konzessionierte Apotheke, den Gebrauch dieses Titels polizeilich zu untersagen. Auf diesem Standpunkt steht der Erlass des preussischen Ministers der Medizinalangelegenheiten vom 15. Februar 1882, sowie die Bekanntmachung des Berliner Polizeipräsidenten vom 12. Februar 1898. Ob ein solcher Irrtum erregt wird, unterliegt der Prüfung von Fall zu Fall. Wenn z. B. ein Drogist über seiner Drogenhandlung lediglich die Bezeichnung anbringen würde
„N. N., Apotheker",
so würde ein polizeiliches Einschreiten zweifellos geboten sein. Ist das Geschäft jedoch als Drogenhandlung bezeichnet und auch auf dem Aushängeschild dem Namen des Drogisten der Zusatz beigefügt, „diplomierter Apotheker", so ist dieser Umstand kaum geeignet, einen Irrtum der bezeichneten Art hervorzurufen.

In Bayern besagt die Verordnung den Verkehr mit Arzneimitteln ausserhalb der Apotheken betreffend vom 15. März 1901:

Bayer. Verordnung 15. März 1901.

§ 9. Titel und Bezeichnungen, welche zu der Annahme führen können, dass es sich um einen Apothekenbetrieb handle, dürfen im Geschäftsbetriebe nicht gebraucht werden.

b. Andere Firmenschilder.

Neben der Bezeichnung als Apotheker kommen jedoch noch eine Anzahl anderer Firmierungsarten in Betracht, welche die Polizeiverwaltung aus denselben Gründen wie den Apothekertitel untersagen kann. Es sind dies in der Hauptsache die Worte Arzneimittel, Apothekerwaren, Medizinaldrogerie, cand. pharm.

Über die Zulässigkeit eines Firmenschildes „Arzneimittel" liegt ein neueres Urteil des O.V.G. vom 18. März 1899 vor, welches für die Beurteilung dieser Frage im wesentlichen dieselben Grundsätze ausspricht, wie bei der Bezeichnung als Apotheker.

O.V.G. 18. März 1899.

Die beiden mit der Klage angegriffenen polizeilichen Aufforderungen, die Aufschrift „Arzneimittel" aus dem Schaufenster zu beseitigen, sind nach ihrem wörtlichen Inhalte erlassen worden, weil die Möglichkeit vorliege, dass durch diese Aufschrift Personen in den Glauben versetzt werden, die klägerische Handlung sei eine Apotheke und befasse sich mit Zubereitung von Arzneien. Es mag zugegeben werden, dass unter Umständen die in Rede stehende Aufschrift das Publikum in der von der Polizeibehörde bezeichneten Richtung irreführen kann. Im vorliegenden Falle jedoch erscheint dem Gerichtshofe eine derartige Täuschung des Publikums im allgemeinen — nur darauf kommt es an — ausgeschlossen. Die beiden von dem Kläger zu den Streitakten eingereichten photographischen Abbildungen der Front seines Geschäftslokales, deren Richtigkeit die Polizeibehörde nicht bestritten hat, ergeben, dass unter anderen Aufschriften auf dem Mauerpfeiler neben dem die Aufschrift „Arzneimittel" tragenden Schaufenster von unten nach oben in grossen Buchstaben die Aufschrift „Toilettcartikel", über dem fraglichen Schaufenster die Worte „Chemikalien, Drogen, Farben", auf der Glastür neben demselben die Aufschrift „Adler-Drogerie" und auf der anderen Hälfte der Geschäftsfront die Aufschriften „Weinhandlung, Kognakimport, Kolonialwaren, Delikatessen, Konsumartikel" etc. angebracht sind. Die Gesamtheit dieser Aufschriften, von denen auch nicht behauptet werden kann, dass durch ihre Form, Grösse oder Gruppierung eine Verdunkelung des Charakters der Handlung beabsichtigt worden, lässt es ausser Zweifel, dass das klägerische Geschäft nicht eine Apotheke ist.

Dagegen ist im Jahre 1901 einem Drogenhändler in Tapiau auch die Aufschrift „Freigegebene Apothekerwaren" vom Bezirksausschuss untersagt worden, während das L.G. Nürnberg am 25. Oktober 1901 die gleiche Bezeichnung wegen ihrer äusseren Gleichstellung unter anderen rein drogistischen Anpreisungen nicht als unstatthaft ansah.

Über die übrigen Bezeichnungen sind in letzter Zeit keine Entscheidungen bekannt geworden. Die in früheren Jahren ergangenen besagen im wesentlichen folgendes:

„Handel mit Apothekerwaren". Die Führung eines derartigen Schildes ist unstatthaft (O.V.G. 25. Juni 1881).

„Apothekerwaren en gros". Auch gegen diese Bezeichnung kann die Polizeibehörde auf Grund des § 10 Tit. 17 Teil II des Allg. Landrechts einschreiten (O.V.G. 19. April 1882).

„Apothekerwaren" und „Tierarzneimittel". Die Anwendung beider Bezeichnungen kann Drogisten, als zu weit gehend, verboten werden (O.V.G. 5. Mai 1892).

Auf Grund dieser drei Entscheidungen erliess der Regierungspräsident in Posen unter dem 23. Dezember 1898 eine Verfügung, durch die einem Drogisten unter Zwangsandrohung aufgegeben wurde, „Düten und sonstige Signaturen mit der polnischen sowie deutschen Aufschrift ‚Apothekerwaren' zur Abgabe in seinem Geschäft nicht weiter zu verwenden".

„Apothekerwarenhandlung" und „Handlung medizinischer Drogen". Ohne Einschränkung auf die dem freien Verkehr überlassenen Mittel sind diese Bezeichnungen insbesondere in Verbindung mit dem Apothekertitel für Drogisten unzulässig (O.V.G. 19. Dezember 1883).

„Arzneiwarenhandlung". Diese Bezeichnung ist als unzulässig anzusehen und die Medizinalpolizeibehörde zum Einschreiten gegen dieselbe berechtigt (Sächsisches Minist. des Innern 7. November 1882).

„Medizinalhandlung" oder „Handel mit Medizinaldrogen". Beide Bezeichnungen können verboten werden, wenn nach den lokalen Verhältnissen die Möglichkeit vorliegt, dass dadurch Personen in den Glauben versetzt werden, dass die Handlung eine Apotheke sei und sich mit der Zubereitung von Arzneien befasse (Preuss. Med.-Minist. 15. Februar 1882).

„Medizinal-Drogenhandlung". Unter Umständen ist diese Bezeichnung unstatthaft. (O.V.G. 10. September 1884).

„Cand. pharm". Unter denselben Voraussetzungen kann auch diese Bezeichnung versagt werden. (Preuss. Med.-Minist. 26. Januar 1889).

Zu bemerken ist indess zu allen vorgenannten Entscheidungen, dass dieselben lediglich das Recht der Ortspolizeibehörde zum Einschreiten in den genannten Fällen aussprechen, nicht aber die Behörden zu einem Einschreiten in allen solchen

Fällen verpflichten. Die Polizeibehörde kann alle die genannten Bezeichnungen und ähnliche untersagen, sie kann sie aber auch unbehelligt lassen, wenn ihres Erachtens ein zwingender Grund zum Einschreiten nicht vorliegt.

Über das in den Firmen der Drogengeschäfte vielfach gebrauchte rote Kreuz, zu dessen Führung das O.V.G. in zwei Urteilen vom 5. Mai 1892 und 16. Juni 1892 nicht die Apotheker allein, sondern auch andere Gewerbetreibende für berechtigt erklärt hatte, erging folgendes Reichsgesetz zum Schutze des Genfer Neutralitätszeichens:

Gesetz vom 22. März 1902.

Wir Wilhelm, von Gottes Gnaden Deutscher Kaiser, König von Preussen etc. verordnen im Namen des Reichs nach erfolgter Zustimmung des Bundesrats und des Reichstages, was folgt:

§ 1. Das in der Genfer Konvention zum Neutralitätszeichen erklärte Rote Kreuz auf weissem Grunde, sowie die Worte „Rotes Kreuz" dürfen, unbeschadet der Verwendung für Zwecke des militärischen Sanitätsdienstes, zu geschäftlichen Zwecken, sowie zur Bezeichnung von Vereinen oder Gesellschaften oder zur Kennzeichnung ihrer Tätigkeit nur auf Grund einer Erlaubnis gebraucht werden.

Die Erlaubnis wird von den Landes-Zentralbehörden nach den vom Bundesrat festzustellenden Grundsätzen für das Gebiet des Reichs erteilt. Die Erlaubnis darf Vereinen oder Gesellschaften, welche sich im deutschen Reiche der Krankenpflege widmen und für den Kriegsfall zur Unterstützung des militärischen Sanitätsdienstes zugelassen sind, nicht versagt werden.

Die vom Bundesrat festgestellten Grundsätze sind dem Reichstage alsbald zur Kenntnisnahme mitzuteilen.

§ 2. Wer den Vorschriften dieses Gesetzes zuwider das Rote Kreuz gebraucht, wird mit Geldstrafe bis zu 150 Mark oder mit Haft bestraft.

§ 3. Die Anwendung der Vorschriften dieses Gesetzes wird durch Abweichungen nicht ausgeschlossen, mit denen das im § 1 erwähnte Zeichen wiedergegeben wird, sofern ungeachtet dieser Abweichungen die Gefahr einer Verwechselung vorliegt.

§ 4. Dieses Gesetz tritt am 1. Juli 1903 in Kraft.

§ 5. Die Vorschriften dieses Gesetzes finden keine Anwendung auf den Vertrieb der bei der Verkündung des Gesetzes mit dem Roten Kreuz bezeichneten Waren, sofern die Waren oder deren Verpackung oder Umhüllung nach näherer Bestimmung des Reichskanzlers mit einem amtlichen Stempelabdruck versehen werden.

§ 6. Bis zum 1. Juli 1906 darf das Rote Kreuz fortgeführt werden:

1. in Warenzeichen, die auf Grund einer von dem 1. Juli 1901 erfolgten Anmeldung in die Zeichenrolle eingetragen worden sind;

2. in Firmen, die auf Grund einer vor dem 1. Juli 1901 erfolgten Anmeldung in das Handels- oder Genossenschaftsregister eingetragen worden sind;

3. im Namen rechtsfähiger Vereine, sofern die Vereine nach ihren Satzungen bereits vor dem 1. Juli 1901 das Rote Kreuz in ihren Namen geführt haben.

Änderungen, die sich infolge dieses Gesetzes an den unter No. 2, 3 bezeichneten Firmen und Vereinsnamen erforderlich machen, werden gebührenfrei in das Handelsregister und das Vereinsregister eingetragen, sofern sie vor dem 1. Juli 1906 zur Eintragung angemeldet werden.

§ 7. Warenzeichen, welche das Rote Kreuz enthalten, sind von der Verkündung des Gesetzes ab von der Eintragung in die Zeichenrolle ausgeschlossen, sofern nicht die Anmeldung vor dem 1. Juli 1901 erfolgt ist.

Urkundlich unter Unserer Höchsteigenhändigen Unterschrift und beigedrucktem kaiserlichen Insiegel.

Gegeben Charlottenburg Schloss, den 22. März 1902.

(L. S.) Wilhelm.

3. Ausübung des Gewerbebetriebes.

a. Stehender Gewerbebetrieb.

Nach Entscheidungen des preussischen Ober-Tribunals vom 1. Juni und 4. November 1870 haben diejenigen polizeilichen Vorschriften, welche die Ausübung der Gewerbe regeln, neben der Gew.O. ihre Kraft behalten, da aus der Fassung des § 1 der letzteren unbedenklich zu entnehmen sei, dass sich derselbe lediglich auf die Zulassung zum Betriebe von Gewerben im allgemeinen erstrecke, keineswegs aber auf diejenigen polizeilichen, im öffentlichen Interesse gegebenen Vorschriften, unter denen die Ausübung eines bestimmten Gewerbes überhaupt gestattet sei und denen sich jedermann unterwerfen müsse, der es betreiben wolle. Es geht demnach daraus hervor, dass jeder Gewerbetreibende sich denjenigen Beschränkungen rücksichtlich seines Gewerbes zu unterwerfen hat, welche sich aus den in Gesetzen oder Verordnungen der Behörden enthaltenen allgemeinen oder auch aus örtlich geltenden sicherheits-, bau- und wohlfahrtspolizeilichen Vorschriften ergeben.

Demgemäss sagt auch § 144 der Gewerbe-Ordnung:

§ 144 Gew.O.

Inwiefern, abgesehen von den Vorschriften über die Entziehung des Gewerbebetriebes Zuwiderhandlungen der Gewerbetreibenden gegen ihre Berufspflichten ausser den in diesem Gesetz erwähnten Fällen einer Strafe unterliegen, ist nach den darüber bestehenden Gesetzen zu beurteilen.

Während für den Betrieb der Gifthandlungen durch das (im Anhang abgedruckte) Giftgesetz eine Rechtseinheit im ganzen deutschen Reiche geschaffen ist, fehlt es für den Drogenhandel

z. Z. noch an einer analogen Einrichtung. Einheitliche Betriebsordnungen für Drogenhandlungen sind nur in wenigen Staaten erlassen worden, so in

Baden	unter dem	31. Mai 1899,
Württemberg	" "	10. Juli 1900,
Bayern	" "	15. März 1901.

In Preussen bestehen lediglich in einzelnen Regierungsbezirken derartige Vorschriften, und zwar sind sie veröffentlicht worden in

Gumbinnen	unter dem	18. Januar 1895,
Berlin	" "	10. Mai 1897,
Köslin	" "	17. Januar 1896,
Posen	" "	9. Dezember 1878,
Merseburg	" "	16. Mai 1899,
Schleswig	" "	28. Februar 1899,
Lüneburg	" "	30. Juli 1896,
Minden	" "	25. Juli 1894,
Kassel	" "	30. November 1894,
Köln	" "	10. Mai 1895, 25. September 1901,
Aachen	" "	17. April 1899.

Die Rechtsgültigkeit dieser Verordnungen hat das K.G. in zwei Urteilen vom 17. und 24. November 1898 anerkannt:

K.G. 17. November 1898.

Die Angriffe des Angeklagten gegen die Rechtsgiltigkeit des § 3 der Verordnung vom 10. Mai 1897 sind verfehlt. Die Verordnung betrifft die Sorge für Leben und Gesundheit und ist daher nach § 6 des Gesetzes vom 11. März 1850, übrigens aber auch nach § 367^5 des Str.Ges.B. rechtsgiltig erlassen. Die Notwendigkeit und Zweckmässigkeit der Verordnung hat der Richter nicht zu prüfen.

Das gleiche hatte das O.V.G. schon früher für eine Einzelverfügung der Ortspolizeibehörde, durch welche ein Drogist aufgefordert wurde, sämtliche Drogen und Präparate, deren Feilhalten und Verkaufen nur in Apotheken gestattet ist, binnen 4 Wochen aus seinem Verkaufslokale zu entfernen, und bestimmte Änderungen in der Bezeichnung der Gefässe, deren Aufstellung und Isolierung vorzunehmen, festgestellt.

O.V.G. 2. Februar 1878.

Nach § 10, Allgemeinen Landrechts Teil 2, Tit. 17 ist es das Amt der Polizei, die nötigen Anstalten zur Abwendung der dem Publikum bevorstehenden Gefahren zu treffen. Wenn nun eine Ortspolizeibehörde zu diesem Behufe innerhalb ihrer gesetzlichen Zuständigkeit gerade diejenigen Anordnungen erlässt, welche die vorgesetzte Zentralbehörde für angemessen erachtet hat, so wird man mit Rücksicht auf § 31 des Zuständigkeitsgesetzes vom 26. Juli 1876 jedenfalls nicht annehmen können, dass die betreffende polizeiliche Verfügung das bestehende Recht verletze.

Auf den Inhalt der einzelnen Betriebsvorschriften kann hier nicht eingegangen werden. Sie enthalten im allgemeinen lediglich Angaben über die Aufbewahrung und Beschaffenheit der Arzneimittel. Gemeinsam ist fast allen eine Bestimmung, dass die Behältnisse für die nur zum Gebrauch für Tiere freigegebenen Mittel die Bezeichnung „nur für Tiere" tragen müssen. Dass sich diese Forderung für Preussen auch aus der Kaiserl. Verordnung selbst in Verbindung mit dem Ministerialerlass über die Revision der Drogenhandlungen vom 1. Februar 1894 (s. Seite 210) ergibt, wird in einem Gutachten des Reg. und Geh. Med.-Rat Dr. Schmidt in Liegnitz (Ztschft. f. Med. Beamte 1901 Nr. 20 und Pharm. Ztg. 1901 Nr. 87) darzulegen versucht. Das Gericht hat sich jedoch in der betreffenden Sache dieser Ansicht nicht angeschlossen, sondern wie folgt entschieden:

L.G. Görlitz 18. Januar 1902.

Dass die Blei- und Zinksalbe enthaltenden Standgefässe in den Drogenhandlungen ausser der Bezeichnung der betreffenden Salbe noch den Zusatz „Zum Gebrauch für Tiere" enthalten müssten, ist nirgend vorgeschrieben. Weder die Verordnung, betreffend den Verkehr mit Arzneimitteln, vom 27. Januar 1890, noch die vorbezeichnete Verordnung vom 25. November 1895, enthalten Vorschrift über die Gefässe oder Behältnisse, in denen die dem freien Verkehr überlassenen Drogen und Präparate aufzubewahren sind, bezw. über die denselben zu gebenden Aufschriften. Der Minister der geistlichen etc. Angelegenheiten hat unterm 1. Februar 1894 Vorschriften über die Besichtigung der Drogen- und ähnlichen Handlungen erlassen (M.-Bl. S. 32). Selbst wenn man diese Vorschriften als eine Verordnung im Sinne des § 367 Nr. 5 Str.Ges.B., erlassen auf Grund des § 136 des Gesetzes über die allgemeine Landesverwaltung vom 30. Juli 1883 (G.-Bl. S. 195), ansehen wollte, wogegen nicht nur die Überschrift, sondern auch deren Inhalt spricht, indem danach nur Anweisungen für den Revisor über die zu beachtenden Punkte gegeben werden, so enthalten auch diese Vorschriften darüber nichts, wie die Aufschriften an den Gefässen zu lauten haben. In Nr. 5 heisst es nur: „Die Standgefässe und sonstigen Behältnisse müssen deutlich und in den vorgeschriebenen Farben bezeichnet sein."

Wenn der Drogist nur die Blei- bezw. Zinksalbe zum Gebrauch für Tiere führt, nicht aber eine andere, so sind die vom Angeklagten auf seinen Standgefässen geführten lateinischen allgemeinen Bezeichnungen für jene Salben als deutliche im Sinne der Nr. 5 der gedachten Vorschriften zu erachten.

Diese Anschauung gilt aber natürlich nur da, wo anderweitige Verordnungen fehlen. In dem Kgr. Sachsen ist dagegen diese Bestimmung sowohl für die Standgefässe wie für die Abgabegefässe durch eine besondere Verfügung des Ministeriums des Innern (gezeichnet v. Metzsch) vom 22. Februar 1902 festgestellt.

Die preussischen Regierungsverordnungen enthalten meist eigene Strafbestimmungen. Verurteilungen auf Grund derselben sind auch bereits erfolgt, so seitens des K.G. am 25. Oktober 1900 gegen einen Drogisten wegen ungenügender Signierung der Vorratsgefässe. Die sächsische Verordnung verweist dagegen auf § 367^5 Str.Ges.B., welcher lautet:

§ 367^5 Str.Ges.B.

Mit Geldstrafe bis zu 150 M. oder mit Haft wird bestraft: 5. wer bei der Aufbewahrung oder bei der Beförderung von Giftwaren . . . oder bei Ausübung der Befugnis zur Zubereitung oder Feilhaltung dieser Gegenstände, sowie der Arzneien die deshalb ergangenen Verordnungen nicht befolgt.

Der Begriff „Verordnungen" im Sinne dieses Paragraphen ist nach einem Urteil des K.G. vom 25. Juli 1901 nicht auf Polizeiverordnungen zu beschränken, sondern er umfast alle vom Staatsoberhaupt, oder einer zuständigen Behörden oder einem zuständigen Beamten erlassenen Vorschriften, mögen sie sich als „Vorschriften", „Reglements" oder „Verordnungen" bezeichnen. Danach müssen auch die über den Betrieb der Drogenhandlungen ergangenen Anweisungen als Verordnungen im Sinne des § 367^5 Str.Ges.B. gelten.

b. Gewerbebetrieb im Umherziehen.

Während der in festen Niederlassungen als stehender Gewerbebetrieb ausgeübte Drogenhandel lediglich der Anmeldepflicht unterliegt, bedarf nach § 55 der Gew.O., „wer ausserhalb des Gemeindebezirkes seines Wohnorts oder der durch besondere Anordnung der höheren Verwaltungsbehörde dem Gemeindebezirke des Wohnorts gleichgestellten nächsten Umgebung desselben ohne Begründung einer gewerblichen Niederlassung und ohne vorgängige Bestellung in eigener Person Waren feilbieten, Warenbestellungen aufsuchen oder Waren bei anderen Personen als bei Kaufleuten, oder an anderen Orten als in offenen Verkaufsstellen zum Wiederverkauf ankaufen will", eines Wandergewerbescheines. Weiter besagt jedoch der § 56 der Gew.O.:

§ 56 Gew.O.

Beschränkungen, vermöge deren gewisse Waren von dem Feilhalten im stehenden Gewerbebetriebe ganz oder teilweise ausgeschlossen sind, gelten auch für deren Feilbieten im Umherziehen. **Ausgeschlossen vom Ankauf oder Feilbieten im Umherziehen sind: 9. Gifte und gifthaltige Waren, Arznei- und Geheimmittel sowie Bruchbänder.**

Was unter Gift zu verstehen ist, ergibt sich ebenso wie für § 367^3 Str.Ges.B. aus den im Anhange abgedruckten Vorschriften über den Handel mit Giften. Die Definitionen für den Begriff Geheimmittel sind bereits in Teil III (Seite 183) wiedergegeben worden. Es bleibt noch zu prüfen, was der Begriff Arzneimittel im Sinne des § 56⁹ der Gew.O. bedeutet. Während das K.G. in einem früheren Urteile vom 6. Januar 1881 und in einem späteren vom 13. Juli 1899 darunter nur die im Verzeichnis A der Kaiserl. Verordnung genannten Zubereitungen, welche als Heilmittel dienen sollen, verstanden wissen wollte, hat das O.V.G. in einem Erkenntnis vom 17. Dezember 1894 überzeugend die Unhaltbarkeit dieser Anschauung dargetan und sich für eine erweiterte Ausdehnung dieses Begriffs auf alle Mittel, „welchen beim Handel die Eigenschaft einer Heilwirkung beigelegt wird, und zwar auch dann, wenn die Mittel nicht zu den in den Verzeichnissen A und B der Verordnung vom 27. Januar 1890 aufgezählten gehören, und wenn sie nach ihrer Zusammensetzung für den Heilzweck vollständig wirkungslos sind," ausgesprochen. Die Begründung des Urteils lautet:

O.V.G. 17. Dezember 1894.

Die beschränkte Auffassung ergibt sich weder aus dem Wortlaut und Zwecke des § 56 Nr. 9, noch aus dem § 6 Abs. 2 der R.Gew.O., indem die nach dieser Vorschrift zu erlassenden Vollzugsbestimmungen nicht den Begriff der Arzneimittel allgemein und erschöpfend feststellen sollen, noch aus den Materialien zu dem Gesetze vom 1. Juli 1883, auf welchem der § 56 beruht. Wenn insbesondere in der Begründung dieses Gesetzes zum § 56 das Verbot des Hausierhandels mit „Arzneimitteln" und die Bestimmungen der kaiserl. Verordnung vom 4. Januar 1875, den Verkehr mit Arzneimitteln betreffend (R.G.Bl. S. 5), für nicht genügend erklärt worden sind, um den Betrügereien zu steuern, welche von umherziehenden Händlern durch den Verkauf von Waren, die als Geheimmittel, seien es Kur- oder Schönheitsmittel, dienen sollen, täglich verübt werden (stenographische Berichte des Reichstages, 2. Session 1882/83, Bd. 5, Anlagen Aktenstück Nr. 5, S. 21), so ist damit noch nicht zum Ausdruck gebracht, dass Arzneimittel im Sinne des § 56 nur die in den Verzeichnissen der Verordnung vom 4. Januar 1875 aufgeführten Zubereitungen, Drogen und chemischen Präparate seien.

Für die weitere Auffassung spricht, dass sonst die Ausschliessung der Arzeimittel von Ankauf oder Feilbieten im Umherziehen nur die Bedeutung hätte, auch den Grosshandel mit den Apotheken vorbehaltenen Mitteln und den Ankauf solcher im Umherziehen zu verhindern, also, da ein solcher Grosshandel und Ankauf im Umherziehen tatsächlich nicht, oder doch nur höchst selten vorkommen werden, im wesentlichen ohne praktische Wirkung bliebe.

Bei dieser Anschauung dürfte es sein Bewenden behalten. In demselben Urteil stellte das O.V.G. weiterhin den Grundsatz auf, dass Arzneimittel auch dann nicht im Umherziehen feilgeboten werden dürfen, wenn sie mit anderen Stoffen gemischt sind. „Was nach § 56 No. 9 der Reichsgewerbeordnung unzulässig ist, kann durch Mischung mit zulässigen Gegenständen nicht zulässig werden, sondern macht die ganze Mischung unzulässig."

Während das O.V.G. in vorstehendem Erkenntnis die Versagung eines Wandergewerbescheines für den Handel mit Alpen-Kräutertee billigte, sprach sich der kaiserliche Rat in Elsass-Lothringen in zwei Entscheidungen vom 18. Juni 1898 und 6. Juli 1901 allerdings aus einem anderen Grunde für die Erteilung eines solchen Scheines für den gleichen Tee aus. Auch nach der Definition des O.V.G. kommt es lediglich auf den Verwendungszweck eines Mittels an, und der kaiserl. Rat nahm in beiden Fällen an, dass nach Lage der Verhältnisse keine Anhaltspunkte dafür vorlägen, „dass der Tee von dem Rekurrenten als Heilmittel feilgehalten oder verkauft werde".

Wichtig für die Auslegung des § 56[9] der Gew.O. sind ferner die Begriffe Ankauf und Feilbieten. Ersterer ist nicht zweifelhaft, kann aber nach der von der Gew.O. selbst gegebenen Erläuterung (siehe oben) für Arzneimittel kaum in Frage kommen. Als Feilbieten von Waren im Umherziehen hat das K.G. in mehreren Entscheidungen (26. September 1889, 20. Februar 1890, 4. Juni 1894) übereinstimmend „das käufliche Anbieten von Waren, welche der gewerbetreibende Umherzieher mit sich führt", definiert. Danach ist das blosse Aufsuchen von Bestellungen auf Arzneimittel aus § 56[9] der Gew.O. nicht strafbar (K.G. 6. November 1884, 6. Juni 1901; wohl aber event. nach § 367[3] Str.Ges.B. s. S. 126). Diese Feststellung ist wichtig, weil die jetzige Fassung des Paragraphen erst durch die Novelle vom 1. Juli 1883 geschaffen wurde, während früher der betreffende Passus lautete „ausgeschlossen vom An- und Verkauf im Umherziehen sind etc."

Die dadurch veränderte Rechtslage ist in folgendem Urteil zum Ausdruck gelangt:

K.G. 4. Juni 1894.

Das Revisionsgericht hat bereits in früheren Entscheidungen betont, wie die Änderung der Fassung des § 56 R.G.O. durch die Novelle vom 1. Juli 1883 d. h. die Ersetzung des Rechtsbegriffs „Verkauf" durch den des „Feilbietens" zu der Auslegung führen müsse, dass nunmehr das Aufsuchen von Bestellungen auf Arzneimittel nicht vom Gewerbebetriebe im Umherziehen ausgeschlossen, mithin auch nicht für strafbar zu erachten sei.

Bisweilen wird auf Grund des § 67 der Gew.O., welcher besagt, dass auf Jahrmärkten Verzehrungsgegenstände und Fabrikate aller Art feilgehalten werden dürfen, der Versuch gemacht, bei solchen Gelegenheiten auch Arzneimittel zu vertreiben. Hierzu entschied jedoch das K.G. am 10. Oktober 1898, dass dieser Paragraph auf Arzneimittel keine Anwendung finde und keine Einschränkung des § 56⁹ bedeute.

4. Überwachung des Gewerbebetriebes.
a. Revision der Drogenhandlungen.

Ebenso wie die Polizei das Recht besitzt, die Ankündigungen des Gewerbebetriebes der Drogisten nach gewissen Richtungen hin zu regeln und über die Ausübung des Betriebes Vorschriften zu erlassen, steht ihr auch die Befugnis zu, sich von der Befolgung der getroffenen Anordnungen durch Revisionen zu vergewissern. Derartige Besichtigungen sind in fast allen Bundesstaaten eingeführt. In Anbetracht der grossen Zahl der danach bestehenden Bestimmungen sollen im folgenden nur die Verhältnisse in Preussen berücksichtigt werden, zumal die Rechtslage in den anderen Staaten meist eine ganz ähnliche ist.

In Preussen werden die Drogenhandlungen einmal durch die staatlichen Apotheken-Revisionskommissionen, das andere mal durch Kommissare der Orts-Polizeibehörde revidiert, durch erstere alle drei Jahre, durch letztere jährlich.

Die Besichtigung durch die Apotheken-Revisionskommissionen setzte schon eine Visitationsinstruktion vom 20. Januar 1818 fest. Später erging hierzu folgendes Rundschreiben an die Regierungs-Präsidenten:

Minist.-Erlass 7. April 1893.

Zufolge Mitteilung der Pharmaceutischen Zeitung (No. 31 S. 241, No. 34 S. 269 und No. 37 S. 294) sollen die Revisionen der Drogenhandlungen durch die Regierungs-Medizinalräte und deren pharmaceutische Begleiter nicht überall stattfinden, wie solches von hier aus bei Gelegenheit der Superrevision der Apotheken-Revisionsverhandlungen wiederholt in Anregung gebracht worden ist.

Euer Hochwohlgeboren ersuche ich ergebenst, die dortigen Apothekenrevisoren, sofern dies erforderlich sein sollte, gefälligst anzuweisen, gelegentlich der Apothekenbesichtigungen die an dem betreffenden Ort befindlichen Drogenhandlungen regelmässig einer Revision nach den geltenden Bestimmungen zu unterwerfen und die darüber aufgenommene Verhandlung Euer Hochwohlgeboren zum weiteren Befinden vorzulegen.

Wo, wie in Berlin, Breslau und Köln, die örtlichen Verhältnisse eine solche Revision nicht angängig erscheinen lassen, ist für tunlichst strenge Beaufsichtigung durch die Physiker, womöglich unter Mitwirkung von Apothekern, wie dies in Berlin geschieht, zu sorgen.

Über die Zahl der stattgehabten Besichtigungen von Drogenhandlungen durch die gedachten Kommissarien und das Ergebnis derselben sehe ich einer entsprechenden Bemerkung in dem jedesmaligen Jahresbericht des Regierungs-Medizinalrats über Apotheken-Besichtigungen ergebenst entgegen.

Berlin, den 7. April 1893.

Der Minister
der geistlichen, Unterrichts- und Medizinal-Angelegenheiten.

I. A.: Bartsch.

In Übereinstimmung hiermit sagt die Anweisung für die amtliche Besichtigung der Apotheken vom 18. Februar 1902 in § 27:

„Soweit möglich haben die Bevollmächtigten auch Drogenhandlungen, welche an demselben Orte sich befinden wie die besichtigten Apotheken, nach den darüber bestehenden Vorschriften zu besichtigen."

Für die alljährlich auszuführenden Revisionen wurden von den Ministern der Med.-Angelegenheiten und des Innern unter dem 1. Februar 1894 die folgenden grundlegenden Vorschriften erlassen:

Minist.-Erlass 1. Februar 1894.

1. Verkaufsstellen, an welchen Arzneimittel, Gifte oder giftige Farben feilgehalten werden — Drogen-, Material-, Farben- und ähnliche Handlungen —, sind nebst den zugehörigen Vorrats- und Arbeitsräumen, sowie dem Geschäftszimmer des Inhabers der Handlung in der Regel alljährlich einmal unvermutet zu besichtigen. Die Besichtigung erfolgt durch die Orts-Polizeibehörde unter Beihilfe eines approbierten Apothekers und, soweit tunlich, unter Zuziehung des zuständigen Physikus, der in diesem Falle die Besichtigung leitet.

   In seinem Wohnorte muss der Physikus zur Leitung der Besichtigung stets zugezogen werden.

   Ein Apotheker darf an dem Orte, an welchem er eine Apotheke besitzt, an der Besichtigung nur teilnehmen, wenn der Ort über 20 000 Seelen zählt; auch in solchen Orten ist von der Mitwirkung eines dort geschäftlich angesessenen Apothekers in den Fällen abzusehen, in denen die zu besichtigende Handlung als Konkurrenzgeschäft für die betreffende Apotheke zu betrachten ist.

2. Bei der Besichtigung ist festzustellen:
   a) ob die Bestimmungen der Verordnung vom 27. Januar 1890, betreffend den Verkehr mit Arzneimitteln (R.G.Bl. S. 9) innegehalten worden sind, insbesondere ob etwa in den Nebenräumen, namentlich der Drogenhandlungen, Arzneien auf ärztliche Verordnungen angefertigt werden;
   b) ob die Aufbewahrung der Gifte und der Verkehr mit denselben den bestehenden Bestimmungen entspricht, und ob der Phosphor im Keller vorschriftsmässig aufbewahrt wird. Auch die Konzession zum Gifthandel ist einzusehen und das Giftbuch nebst den Giftscheinen auf ordnungsmässige Führung zu prüfen.

3. Die Prüfung erstreckt sich ferner auf die Aufstellung und Aufbewahrung der indirekten Gifte und der giftigen Farben.
4. Die für den Geschäftsverkehr vorgeschriebenen Sondergeräte (Wagen, Löffel, Mörser) für die Gifte und differenten Mittel müssen vorrätig, gehörig bezeichnet und sauber gehalten sein.
5. Die Standgefässe und sonstigen Behältnisse müssen deutlich und in den vorgeschriebenen Farben bezeichnet sein.
6. Die vorhandenen Arzneimittel und Arzneistoffe sind auf Güte und Echtheit zu prüfen; sie dürfen weder verdorben noch verunreinigt sein.

Bei der Beurteilung der Güte der Waren in denjenigen Handlungen, in welchen Arzneistoffe feilgehalten werden, sind zwar nicht so strenge Anforderungen zu stellen, wie an die Beschaffenheit der Arzneistoffe in Apotheken; jedoch sollen die Waren brauchbar und dürfen nicht verdorben sein.

7. Die Besitzer derartiger Verkaufsstellen sind nicht verpflichtet, präzisierte Wagen und Gewichte zu halten.
8. Für die Beseitigung kleiner, offenbar auf Unwissenheit oder Irrtum beruhender Mängel, geringer Unordnung und Unsauberkeit in den Verkaufs- und Nebenräumen hat die Polizeibehörde unter Hinweis auf den Befund der Besichtigung Sorge zu tragen, gröbere Verstösse, erhebliche Unordnung und Unsauberkeit sind von ihr ernstlich zu rügen und im Wiederholungsfalle zur Bestrafung zu bringen.

Wegen der Übertretung der Vorschriften der unter Nr. 2 erwähnten Verordnung vom 27. Januar 1890 und der Bestimmungen über den Verkehr mit Giften hat die Polizeiverwaltung auf Grund des Gesetzes vom 23. April 1883 (Gesetzsammlung, S. 65) in Verbindung mit der Ausführungs-Anweisung vom 8. Juni desselben Jahres (Ministerialblatt für die innere Verwaltung, S. 152) die Strafe festzusetzen, wenn nicht nach Beschaffenheit der Umstände eine die Zuständigkeit der Ortspolizei überschreitende Strafe angemessen erscheint, in welchem Falle die gerichtliche Verfolgung durch den Amtsanwalt zu veranlassen ist.

Mit besonderer Strenge sind Fälle der Anfertigung von Arzneien auf ärztliche Verordnung (vergl. No. 2) zu verfolgen.

9. Über die Besichtigung ist eine Verhandlung aufzunehmen, auf Grund deren die Ortspolizeibehörde die erforderlichen Anordnungen trifft.
10. Der Physikus erstattet dem Regierungspräsidenten (in dem dem Polizeipräsidenten zu Berlin unterstellten Bezirke dem letzteren) über die unter seiner Leitung stattgehabten Besichtigungen und deren Ergebnis am Schluss eines jeden Jahres kurzen Bericht, in welchem insbesondere anzugeben ist, ob und in welcher Höhe Polizei- oder gerichtliche Strafen verhängt und in welcher Art etwaige Vorschriftswidrigkeiten beseitigt worden sind.
11. Gelegentlich der Apothekenbesichtigungen haben die Bevollmächtigten des Regierungspräsidenten (des Polizeipräsidenten zu Berlin in dem dem letzteren unterstellten Bezirke) auch die unter Nr. 1 gedachten Verkaufsstellen einer Besichtigung nach vorstehenden Grundsätzen zu

unterwerfen und die darüber aufgenommenen Verhandlungen demselben einzureichen.
12. Eine Besichtigung der Weinhandlungen durch die Physiker nach Massgabe des Erlasses vom 27. April 1846 (Ministerialblatt für die innere Verwaltung, S. 65) findet in Zukunft nicht mehr statt.
13. Die durch die Besichtigung der Verkaufsstellen usw. (vergl. Nr. 10) entstehenden Ausgaben sind als Kosten der örtlichen Polizeiverwaltung zu betrachten und fallen daher denjenigen zur Last, welche diese Kosten zu tragen haben.

Berlin, den 1. Februar 1894.

Der Minister
der geistlichen, Unterrichts- und Medizinal-Angelegenheiten.
Bosse.
Der Minister des Innern.
I. A.: Haase.

Hierzu erging unter dem 16. Oktober desselben Jahres noch folgende Bekanntmachung:

Minist.-Erlass 16. Oktober 1894.

Auf die Berichte vom . . . . betreffend die Besichtigung von Drogenhandlungen, erwidern wir Euer Hochwohlgeboren ergebenst, dass kein Apotheker dazu angehalten werden kann, bei solchen Besichtigungen mitzuwirken; dagegen dass ein approbierter Apotheker, welcher nicht Besitzer einer Apotheke ist, zu der Besichtigung zugezogen wird, haben wir nichts zu erinnern. Auch sind wir damit einverstanden, dass der Kreisarzt in den Fällen, in welchen die approbierten Apotheker der Nachbarorte eine Teilnahme an der Besichtigung ablehnen, befugt ist, dieselbe mit dem Polizeiverwalter oder dessen Vertreter allein vorzunehmen. Die Zuziehung von entfernter wohnenden Apothekern hat zur Vermeidung von Kosten zu unterbleiben. Dass der Polizeiverwalter sich durch einen Sekretär oder Sergeanten vertreten lässt, erscheint unbedenklich.

Berlin, den 16. Oktober 1894.

Der Minister des Innern.
I. A.: Haase.
Der Minister
der geistlichen, Unterrichts- und Medizinal-Angelegenheiten.
I. A.: Bartsch.

Eine bestimmte Taxe für die Tätigkeit der Apotheker bei Revisionen von Drogenhandlungen existiert nicht, vielmehr beruht die Höhe des Honorars auf Vereinbarung mit der Ortspolizeibehörde, welche die Kosten zu tragen hat. In Berlin werden für jede ordentliche Revision (Revisionen auf Requisition der Staatsanwaltschaft fallen unter Gerichtskosten) 6 Mark inkl. etwaiger Fuhrkosten bezahlt.

Ein gemeinsamer Erlass der Minister für Med.-Angelegenheiten, des Innern und für Handel und Gewerbe vom 5. Juli

1898 (s. Seite 218) bestimmte, dass den Vorschriften vom 1. Februar 1894 auch die sog. Schrank-Drogisten unterliegen, während ein Erlass vom 10. September 1897 für diejenigen Gifthandlungen, welche nicht schon auf Grund der allgemeinen Bestimmungen (für Apotheken: Revisionsordnung vom 18. Februar 1902, für Drogenhandlungen: Min.-Erlass vom 1. Februar 1894) revidiert werden, eine etwa zweijährige unvermutete Besichtigung angeordnet hatte.

Die Beteiligung des Kreisarztes an der Überwachung des Arzneimittelverkehrs ausserhalb der Apotheken findet in § 54 der Dienstanweisung für die Kreisärzte vom 23. März 1901 folgende Regelung:

„Der Kreisarzt hat darüber zu wachen, dass die gesetzlichen Bestimmungen über den Verkehr mit Arzneimitteln ausserhalb der Apotheken, über den Handel mit Giften und über das Anpreisen von Geheimmitteln beobachtet werden. Zuwiderhandlungen hat er zur Kenntnis der zuständigen Behörden zu bringen (vergl. § 367 N. 3, 5 Str.Ges.B. §§ 6 Abs. 2, 56 der R.Gew.O., kaiserl. Verordnung betreffend den Verkehr mit Arzneimitteln vom 27. Januar 1890 R.G.Bl. S. 9, Pol. Verordn. über den Handel mit Giften vom 24. August 1895). Wegen der Beteiligung des Kreisarztes an den Revisionen derjenigen Verkaufsstellen, in denen Arzneimittel, Gifte oder giftige Farben feilgehalten werden — Drogen-, Material-, Farben- und ähnlicher Handlungen — bewendet es bei den bestehenden Vorschriften (vergl. Minist.Erlass vom 1. Februar 1894)."

Ausser diesen grundlegenden Ministerialerlassen bestehen jedoch in Preussen noch in fast jedem Regierungsbezirk z. T. sehr ins einzelne gehende Vorschriften über die Art und Weise der Ausführung der Revisionen. Dieselben enthalten auch häufig ein genaues Schema für das aufzunehmende Protokoll. Es sind folgende derartige Revisionsanweisungen erlassen worden:

Königsberg unter dem		9. Mai 1888		Merseburg unter dem			24. Dez. 1895
„	„	„	7. Jan. 1896	„	„	„	23. April 1896
Gumbinnen	„	„	24. Aug. 1899	„	„	„	20. Nov. 1896
Danzig	„	„	20. Jan. 1896	„	„	„	17. Mai 1897
„	„	„	18. März 1897	„	„	„	10. Febr. 1898
Marienwerder	„	„	28. März 1896	„	„	„	13. Okt. 1898
Berlin	„	„	9. Juli 1897	Erfurt	„	„	24. Juni 1890
Potsdam	„	„	18. Sept. 1888	Schleswig	„	„	9. März 1894
Posen	„	„	19. Juni 1893	„	„	„	9. Okt. 1895
Bromberg	„	„	16. Nov. 1894	„	„	„	14. Nov. 1895
„	„	„	20. Dez. 1895	Osnabrück	„	„	25. Juni 1898
„	„	„	8. Febr. 1899	Minden	„	„	14. Aug. 1897
Breslau	„	„	18. Mai 1897	Kassel	„	„	9. Nov. 1893
Oppeln	„	„	4. März 1894	Düsseldorf	„	„	22. Sept. 1893
Magdeburg	„	„	4. Juli 1893	„	„	„	22. Febr. 1897
„	„	„	1. Febr. 1898	Koblenz	„	„	6. Mai 1886

Koblenz	unter	dem	6. März 1888	Köln	„ „	25. Sept. 1901
Aachen	„	„	20. Juni 1899	Trier	„ „	11. Mai 1898.
„	„	„	17. Dez. 1901			

Dass nicht nur die eigentlichen Drogenhandlungen, sondern auch Fabriken pharmaceutischer Präparate, sofern in denselben Gifte oder starkwirkende Stoffe zur Verarbeitung gelangen, aus demselben Grunde der Revisionspflicht unterliegen, stellt der Bezirks-Ausschuss Berlin in einem Urteile vom 19. März 1898 fest.

b. Einziehung und Beschlagnahme verbotener Waren.

Die Einziehung eines Gegenstandes, der zur Begehung eines vorsätzlichen Verbrechens oder Vergehens gebraucht oder bestimmt ist, kann nach § 40 des R.Str.Ges.B., sofern er dem Täter oder einem Teilnehmer gehört, durch Urteil ausgesprochen werden.

Ein Verstoss gegen den § 367 Abs. 3 des Str.Ges.B., der das unbefugte Feilhalten, Verkauf etc. von Arzneimitteln und Giften behandelt, qualifiziert sich aber nicht als ein Delikt im Sinne des § 40 des Str.Ges.B., sondern als eine Übertretung. Bei letzterer trifft eine Einziehung nur insofern zu, als sie gesetzlich besonders gestattet bezw. vorgeschrieben ist (so beim Gebrauch unrichtiger Masse und Gewichte etc.).

Der Entwurf zum R.Str.Ges.B. enthielt nun allerdings eine Bestimmung, wonach bei Übertretung des § 367 Abs. 3 die Einziehung der betr. Gifte und Arzneien festgestellt wurde, in Verfolg der Beratung des Str.Ges.B. im Reichstage kam aber die beregte Vorschrift in Wegfall. Demnach kann in diesen Fällen niemals im Urteil eine Konfiskation der besagten Gegenstände ausgesprochen werden.

Genau in diesem Sinne hat sich das L.G. Meiningen unter dem 9. Mai 1901 und das K.G. unter dem 2. Juni 1898 ausgesprochen.

Ist aber die Einziehung verbotener Mittel gesetzlich unzulässig, so kann eine Vernichtung solcher Mittel, wie sie z. B. die Berliner Betriebsverordnung vom 10. Mai 1897 vorsieht, ebensowenig vorgenommen werden. Auch dies hat das K.G. durch mehrere Entscheidungen (7. April 1898, 29. September 1898) festgestellt.

K.G. 7. April 1898.

Auf „Vernichtung" kann nur dann erkannt werden, wenn auch die Einziehung zulässig ist, da die Vernichtung die Einziehung voraussetzt. Nach § 40 Str.Ges.B. ist, die Einziehung der durch eine vorsätzliche Straftat hervorgebrachten oder zur Begehung einer vorsätzlichen Straftat gebrauchten Gegenstände allgemein nur bei Verbrechen oder Vergehen zu-

Einziehung und Beschlagnahme.

gelassen; bei Übertretungen kann sie daher nur dann erfolgen, wenn dies besonders für statthaft erklärt wird. Dies ist in § 367 Str.Ges.B. nur bei den Nummern 7 und 9 der Fall, nicht aber bei der hier in Frage kommenden Nr. 3. Die Einziehung war auch für diese Übertretung im Entwurf zum R.Str.Ges.B. vorgeschlagen. Die betreffende Bestimmung ist aber im Reichstage gestrichen worden. Die Einziehung ist somit in diesem Falle unzulässig.

Ist somit eine Einziehung oder Vernichtung gesetzwidrig feilgehaltener Arzneimittel unzulässig, so können jedoch diese Gegenstände bei der Revision in Verwahrung genommen event. beschlagnahmt werden. Der hierfür in Frage kommende § 94 der Strafprozess-Ordnung für das deutsche Reich vom 1. Februar 1877 hat folgenden Wortlaut:

§ 94 Str.P.O.

Gegenstände, welche als Beweismittel für die Untersuchung von Bedeutung sein können oder der Einziehung unterliegen, sind in Verwahrung zu nehmen oder in anderer Weise sicher zu stellen. Befinden sich die Gegenstände in dem Gewahrsam einer Person und werden dieselben nicht freiwillig herausgegeben, so bedarf es der Beschlagnahme.

Zur Inverwahrungnahme oder Sicherstellung ist jeder Beauftragte der Polizei, also auch der Medizinalbeamte befugt.

Die Beschlagnahme dagegen steht gemäss § 98 der Str.P.O. nur dem Richter zu, bei Gefahr im Verzuge auch der Staatsanwaltschaft oder denjenigen Polizei- und Sicherheitsbeamten, welche als Hilfsbeamte der Staatsanwaltschaft den Anordnungen derselben Folge zu leisten haben. Hierzu gehören u. a. die Kriminalkommissare, Polizeikommissare, Amtsvorsteher, nicht aber die Polizeisekretäre oder Sergeanten, Schutzleute und Gendarmen, selbst dann nicht, wenn sie mit der Vertretung der Polizei bei den Besichtigungen beauftragt sind.

Ebensowenig steht hier dem Medizinalbeamten ein Recht zur Beschlagnahme zu. Über diesen Punkt hat sich sehr ausführlich ein Urteil das R.G. vom 22. Februar 1900 ausgesprochen.

R.G. 22. Februar 1900.

Dass bei den Besichtigungen durch die Ortspolizeibehörde bei der Feststellung strafbarer Handlungen (§ 367 Nr. 3, 5 Str.Ges.B.) diese ein Beschlagnahmerecht nach § 98, Abs. 1 Str.P.O. unter den dort gegebenen Voraussetzungen und als Massregel präventiver Natur allgemein zum Schutze von Leben und Gesundheit hat, steht ausser Zweifel. Umsoweniger lag für diese Fälle ein Bedürfnis vor, das gleiche Recht dem Kreisphysikus beizulegen, was denn auch nirgends geschehen ist und insbesondere aus dem Umstande, dass der Physikus im Falle seiner Anwesenheit die Besichtigung zu leiten hat, nicht gefolgert werden kann.

Ebensowenig aber lässt sich ein solches Bedürfnis für die Kommissarien des Regierungspräsidenten über die Grenzen hinaus, welche für die Revisionen der Apotheken im Falle der Auffindung verdorbener und verfälschter Arzneimittel und pharmaceutischer Präparate gezogen sind, ersehen, zumal da nach § 7 der Anweisung vom 16. Dezember 1893 ein Vertreter der Ortspolizeibehörde bei diesen Besichtigungen auf Verlangen des beamteten Bevollmächtigten gegenwärtig sein muss. Die Beilegung eines solchen weitgehenden Beschlagnahmerechtes an diese Kommissarien lässt sich denn auch nirgends nachweisen.

Demnach wird bei der Revision von Drogenhandlungen eine Beschlagnahme verbotener Waren nur in besonderen Fällen möglich und mit besonderer Vorsicht auszuführen sein.

Ganz dieselben Bedingungen wie für die Beschlagnahme gelten auch für die Durchsuchung der Wohnung des Geschäftsinhabers und anderer Räume sowie seiner Person und der ihm gehörigen Sachen. Auch diese ist in § 102 der St.P.O. „bei demjenigen, welcher als Täter oder Teilnehmer einer strafbaren Handlung oder als Begünstiger oder Hehler verdächtig ist" zwar für zulässig erklärt, aber ihre Anordnung ist gemäss § 105 wieder dem Richter, bei Gefahr im Verzuge auch der Staatsanwaltschaft und deren polizeilichen Hilfsorganen vorbehalten.

Einen noch erhöhteren Schutz, als ihn die Strafprozessordnung für Gegenstände und Wohnräume ausspricht, geniessen die Papiere. Ihre Durchsicht ist bei Durchsuchungen ausschliesslich dem Richter vorbehalten (§ 110 der Str.P.O.), sofern der Inhaber nicht anderen Beamten die Einsicht in die Papiere freiwillig gestattet.

Wie die ganze Strafprozessordnung kommt indessen auch diese Bestimmung nur bei strafrechtlichen Massnahmen, in diesem Falle, wie auch der Wortlaut besagt, bei Durchsuchungen in Frage. Auf sicherheits- oder gesundheitspolizeiliche Erhebungen, wie die Revisionen der Drogenhandlungen und die dabei in den Geschäftsräumen vorhandenen Rezepte, bezieht sich der Paragraph nicht.

Von der im vorstehenden behandelten strafrechtlichen Einziehung und Beschlagnahme sind ferner zu unterscheiden die zu dem gleichen Zweck auf dem Verwaltungswege erfolgenden Massregeln präventiver Natur. Denn wenn auch wie dargelegt in den nach § 367 Abs. 3 des Str.Ges.B. zu beurteilenden Strafsachen nicht auf Einziehung (Konfiskation) der betr. Gifte und Arzneiwaren-Vorräte durch den Richter erkannt werden kann, so behindert dies doch nicht, dass in solchen Fällen, in welchen die Einziehung von Giften und Arzneimitteln, namentlich von Giften, gleichviel ob dieselben zu einer Übertretung der im § 367 Abs. 3 vorgesehenen Art bestimmt gewesen sind oder nicht, wegen begründeter Besorgnis des Missbrauches und der hierin liegenden

Gefährdung der öffentlichen Sicherheit als geboten sich darstellt, diese Einziehung im Verwaltungswege von der Polizeibehörde besonders angeordnet werde.

Diese Art der Konfiskation setzt aber voraus, dass die Besorgnis des Missbrauches begründet ist, d. h. es müssen Tatsachen vorliegen, welche die Unzuverlässigkeit des Besitzers in Bezug auf derlei Gegenstände dartun. Während Gifte in ihrer Beschaffenheit ganz wohl geeignet sind, die öffentliche Sicherheit zu gefährden und dieserhalb deren Einziehung gegebenen Falls leichter zu verfügen ist, als der etwa beanstandeten Arzneimittel, muss bei letzteren deren event. gefährlicher Charakter erst konstatiert werden, woraus wiederum geschlossen werden muss, dass die Konfiskation unschädlicher Heilmittel an und für sich ausgeschlossen ist.

5. Untersagung des Gewerbebetriebes.

Um den unbefugten Arzneimittelhandel ausserhalb der Apotheken wirksamer als durch Revisionen und Strafmassregeln treffen zu können, hatte die Reichsregierung bereits im Jahre 1895 eine Vorlage an den Reichstag gelangen lassen, welche den Drogenhandel unter diejenigen Gewerbe, welche nach § 35 der Gew.O. der Untersagung unterliegen, einzureihen bezweckte. Der erste Entwurf wurde jedoch vom Reichstag abgelehnt und gelangte erst sehr viel später am 10. Juni 1896 in wesentlich gemilderter neuer Gestalt zur definitiven Annahme. Unter dem 6. August 1896 wurde das Gesetz betreffend Abänderung der Gew.O. verkündet und am 1. Januar 1897 trat es in Kraft. Nach demselben hat der in Frage kommende Teil (Abs. 4 und 5) des § 35 der Gew.O. folgenden Wortlaut:

§ 35 Gew.O.

Der Handel mit Drogen und chemischen Präparaten, welche zu Heilzwecken dienen, ist zu untersagen, wenn die Handhabung des Gewerbebetriebes Leben und Gesundheit von Menschen gefährdet.

Ist die Untersagung erfolgt, so kann die Landes-Zentralbehörde oder eine andere von ihr zu bestimmende Behörde die Wiederaufnahme des Gewerbebetriebes gestatten, sofern seit der Untersagung mindestens ein Jahr verflossen ist.

Aus dieser Fassung sowie aus der Entstehungsgeschichte des Paragraphen geht hervor, dass eine einfache Übertretung der kaiserl. Verordnung zu einer Untersagung des Gewerbebetriebes indess noch nicht berechtigt. Das O.V.G. führte in einer Entscheidung hierüber aus:

O.V.G. 1. Februar 1899.

In der Feilhaltung von Heilmitteln, Drogen etc., welche nach der kaiserl. V. vom 27. Januar 1890 den Apotheken vorbehalten sind, kann an und für sich noch nicht eine Gefährdung von Leben und Gesundheit erblickt werden. Es wäre zur Klagebegründung erforderlich gewesen, im einzelnen anzugeben, inwiefern die Art des Vertriebes der gedachten Gegenstände zur begründeten Besorgnis Veranlassung gibt, dass Leben und Gesundheit von Menschen in Gefahr gesetzt sei.

Auch in mehreren späteren Entscheidungen (18. November 1899, 7. Februar 1900) hat das O.V.G. an dem Grundsatz festgehalten, dass eine blosse Übertretung der kaiserl. Verordnung zur Untersagung des Gewerbebetriebes noch nicht ausreicht.

Die Handhabung desselben muss vielmehr, sei es durch Begehungen oder Unterlassungen, geeignet sein, Leben und Gesundheit zu gefährden. Hierunter wären z. B. zu zählen wiederholte Abgabe verdorbener, gesundheitsschädlicher Mittel, gewissenloser Verkauf gefährlicher Arzneistoffe (Cocain, Morphin), grobe Fahrlässigkeit in der Aufbewahrung oder Verabfolgung der Gifte etc. Auch durch gewerbsmässige unerlaubte Rezeptur können die Bedingungen für Untersagung des Gewerbebetriebes gegeben sein, die im Übrigen einen praktischen Wert nicht besitzt.

O.V.G. 20. Oktober 1900.

Wie bereits der Bezirksausschuss hervorgehoben hat, liegt es aber auf der Hand, dass der Verkauf von Arzneimitteln der verschiedensten Art und die Anfertigung von Rezepten, selbst unter Verwendung gefährlicher Stoffe, durch ungeprüfte und nicht geschulte Personen Leben und Gesundheit der Käufer zu gefährden geeignet ist.

Dass die Gefährdung auch auf mittelbarem Wege erfolgen kann, ist in einem preussischen Ministerialerlass vom 5. Juli 1898 über die Schrankdrogisten gesagt.

Preuss. Minist.-Erlass 5. Juli 1898.

Um den wirtschaftlichen und gesundheitlichen Gefahren, welche durch die neuerdings immer mehr aufkommenden sogenannten Schrankdrogisten herbeigeführt werden, wirksam zu begegnen, ersuchen wir ergebenst, die nachgeordneten Behörden, insbesondere auch die Medizinalbeamten zur strengsten Handhabung der folgenden Massnahmen zu veranlassen:

Den Vorschriften über Besichtigung der Drogen- und ähnlicher Handlungen vom 1. Februar 1894 (Min.-Bl. 1894 Nr. 2 S. 32) unterliegen auch die Schrankdrogisten; dieselben sind nach § 35 Abs. 4 und 6 der Reichs-Gewerbeordnung (Novelle vom 6. August 1896, Reichs-Gesetzblatt S. 686) verpflichtet, den Handel mit Drogen und chemischen Präparaten, welche zu Heilzwecken dienen, der zuständigen Behörde anzumelden, widrigenfalls gemäss § 148 Ziffer 4 der Gewerbeordnung auf Geldstrafe bis zu 150 M. und im Unvermögensfalle auf Haft bis zu 4 Wochen erkannt werden kann. Ergibt die Besichtigung, dass die Handhabung des Gewerbebetriebes Leben oder Gesundheit von Menschen gefährdet, so ist der Handel laut § 35 der Gewerbeordnung zu untersagen. In dieser Beziehung kommt namentlich die mittelbare Gefährdung in Frage, insofern die rechtzeitige Anrufung des Arztes verzögert oder verhindert wird. Jene Gefährdung wird nicht nur durch Schrankrevisionen, sondern auch durch die anderweitig bekannte Art und Weise des Arzneiverkaufs festzustellen sein. Die Polizeibehörde wird die Beantragung der Untersagung des Handels schon dann in Erwägung zu ziehen haben, wenn nach ihren Ermittelungen der Schrankdrogist auch bei schweren, einen Arzt unbedingt erfordernden Krankheiten Arzneien verkauft.

Durch eine scharfe Kontrole der Erfüllung der Anzeigepflicht, durch häufige und unerwartete eingehende Besichtigungen seitens der berufenen sachverständigen Personen, sowie durch Untersagung des Gewerbebetriebes in jedem Falle, in dem Leben oder Gesundheit von Menschen durch die Art der Ausübung des Betriebes gefährdet werden, wird es voraussichtlich gelingen, die Ausschreitungen der Schrankdrogisten und ihrer Lieferanten zu verhüten.

Berlin, den 5. Juli 1898.

Der Minister der geistlichen etc. Angelegenheiten.

I. A.: Förster.

Der Minister des Innern.

I. A.: von Bitter.

Der Minister für Handel und Gewerbe.

I. V.: Lohmann.

Eine ähnliche Verfügung erschien in Hessen unter dem 25. Juni 1898.

Dagegen kann auf Grund des § 35 nicht der gesamte Drogenhandel sondern nur der Handel mit denjenigen Drogen und chemischen Präparaten, welche zu Heilzwecken dienen, untersagt werden. Diesen Punkt sowie einige weitere Erfordernisse der Untersagung erläutern folgende Urteile:

O.V.G. 7. Februar 1900.

Nach der Entstehungsgeschichte des § 35, Abs. 4 der Gewerbeordnung gestattet das Gesetz nur, den Handel mit solchen Drogen und chemischen Präparaten zu untersagen, die zu Heilzwecken dienen, es lässt aber nicht die Untersagung des gesamten Betriebes einer Drogenhandlung zu; auch nach der Untersagung kann der fragliche Drogist den Drogenhandel mit der Beschränkung weiter betreiben, dass er von seinem Handel Drogen und chemische Präparate, die zu Heilzwecken dienen, ausschliesst. Für die Untersagung genügt nicht die Feststellung, dass Tatsachen vorliegen, die die Unzuverlässigkeit der betreffenden Person in Bezug auf diesen Gewerbebetrieb dartun. Die Regierungsvorlage wurde abgeschwächt, um den Drogisten einen erhöhten Schutz gegen die Untersagung zu gewähren. Erforderlich ist, dass die Handhabung des Gewerbebetriebes

Leben und Gesundheit von Menschen gefährdet: die Tatsache der Gefährdung ist entscheidend, nicht schon das formelle Moment der Übertretung der für den Drogenhandel bestehenden gesetzlichen Vorschriften. In Betracht können für die Untersagung alle diejenigen Momente kommen, aus denen sich die Art und Weise des Geschäftsgebahrens ergibt, insbesondere soweit starkwirkende Mittel in Betracht kommen, auch die Art ihrer Aufbewahrung, Signierung und Abgabe. Zur Untersagung ist nicht erforderlich, dass ein Schaden bereits eingetreten ist; es genügt, wenn aus der Handhabung des Betriebes erhellt, dass Leben und Gesundheit von Menschen dadurch in Frage gestellt wird.

O.V.G. 17. März 1900.

Es ist nicht richtig, dass die Klage die zu Heilzwecken dienenden Drogen und chemischen Präparate, mit denen zu handeln untersagt werden soll, einzeln aufführen muss. Eine Untersuchung, welche Drogen und chemischen Präparate zu Heilzwecken dienen, und die Bezeichnung derselben liegen ausserhalb des Verwaltungsstreitverfahrens. Erst in einem etwaigen Strafverfahren wegen Zuwiderhandelns gegen die erfolgte Untersagung kann darüber befunden werden, ob die Drogen oder Präparate, mit denen gehandelt worden ist, Heilzwecken dienen oder nicht. Richtig ist allerdings, dass aus der blossen Tatsache des unbefugten Handelns mit Giften allein noch nicht das Erfordernis des § 35 Abs. 4 Satz 1 der Reichsgewerbeordnung, die Handhabung des Gewerbebetriebes gefährde Leben und Gesundheit von Menschen, entnommen werden kann. Es ist aber zulässig, aus einer der Polizeiverordnung vom 24. August 1895 nicht entsprechenden Art der Aufbewahrung von Giften auf eine grobe Unvorsichtigkeit und aus dieser weiter darauf zu schliessen, dass die Handhabung des Gewerbebetriebes Leben und Gesundheit gefährdet.

Dass grobe Unvorsichtigkeiten und auch Fahrlässigkeit in der Aufbewahrung von Giften einen Grund der Untersagung des Drogenhandels zu Heilzwecken bilden können, hat das O.V.G. ferner am 27. März 1901, sowie schon früher am 21. September 1898 entschieden und in diesem sowie den Urteilen vom 1. Februar 1899 und 24. Juni 1899 vertrat es die Ansicht, dass, wenn auch die Novelle vom 6. August 1896 keine rückwirkende Kraft habe, doch die Fälle, welche vor dem Inkrafttreten der Novelle liegen, zur Charakterisierung des Gewerbetreibenden und zur Beurteilung der Gefährdung von Leben und Gesundheit durch seinen Geschäftsbetrieb herangezogen werden können.

Ähnlich wie die Untersagung des Gewerbebetriebes kann auch die Zurücknahme der Konzession erfolgen, welche nach den Landesgesetzen zum Handel mit denjenigen Drogen und chemischen Präparaten erforderlich ist, die gleichzeitig Gifte im Sinne des Giftgesetzes sind. Hierüber sagt der § 53 der Gew.O.:

§ 53 Gew.O.

Die in dem § 29 bezeichneten Approbationen können von der Verwaltungsbehörde nur dann zurückgenommen werden, wenn die Unrichtigkeit

Entziehung der Giftkonzession.

der Nachweise dargetan wird, auf Grund deren solche erteilt worden sind, oder wenn dem Inhaber der Approbation die bürgerlichen Ehrenrechte aberkannt sind, im letzteren Falle jedoch nur für die Dauer des Ehrenverlustes.

Ausser aus diesen Gründen können die in den §§ ... 34 ... bezeichneten Genehmigungen und Bestallungen in gleicher Weise zurückgenommen werden, wenn aus Handlungen oder Unterlassungen des Inhabers der Mangel derjenigen Eigenschaften, welche bei der Erteilung der Genehmigung oder Bestallung nach der Vorschrift dieses Gesetzes vorausgesetzt werden mussten, klar erhellt. Inwiefern durch die Handlungen oder Unterlassungen eine Strafe verwirkt ist, bleibt der richterlichen Entscheidung vorbehalten.

Da aber gerade Zuverlässigkeit die hauptsächlichste Voraussetzung für die Erteilung der Giftkonzession ist, so würde ausser durch Verstösse gegen das Giftgesetz auch durch eine gröbliche und wiederholte Übertretung der Verordnung vom 22. Oktober 1901 namentlich durch Abgabe von zusammengesetzten Arzneimitteln, welche starkwirkende Stoffe enthalten, die Zulässigkeit der Zurücknahme der Giftkonzession gerechtfertigt erscheinen. Zu dieser Anschauung hat sich das O.V.G. in verschiedenen Erkenntnissen, so vom 14. April 1883, 9. Oktober 1897, 1. Februar 1899, 23. Mai 1900, 17. November 1900 und 3. Juni 1901, ausdrücklich bekannt, während es andererseits in einem Urteil vom 13. März 1901 zu dem Ergebnis gelangte, dass der Handel mit verhältnismässig harmlosen und unschädlichen wenn auch verbotenen Mitteln nicht ohne weiteres die Entziehung der Giftkonzession zur Folge haben könne.

Anhang.
1. Vorschriften über den Handel mit Giften.
Beschluss des Bundesrats
vom 29. November 1894 und 17. Mai 1901*).

§ 1. Der gewerbsmässige Handel mit Giften unterliegt den Bestimmungen der §§ 2—18.

Als Gifte im Sinne dieser Bestimmungen gelten die in Anlage I aufgeführten Drogen, chemischen Präparate und Zubereitungen.

Aufbewahrung der Gifte.

§ 2. Vorräte von Giften müssen übersichtlich geordnet, von anderen Waren getrennt, und dürfen weder über noch unmittelbar neben Nahrungs- oder Genussmitteln aufbewahrt werden.

§ 3. Vorräte von Giften, mit Ausnahme der auf abgeschlossenen Giftböden verwahrten giftigen Pflanzen und Pflanzenteile (Wurzeln, Kräuter etc.) müssen sich in dichten, festen Gefässen befinden, welche mit festen, gut schliessenden Deckeln oder Stöpseln versehen sind.

In Schiebladen dürfen Farben, sowie die übrigen in den Abteilungen 2 und 3 der Anlage I aufgeführten festen, an der Luft nicht zerfliessenden oder verdunstenden Stoffe aufbewahrt werden, sofern die Schiebladen mit Deckeln versehen, von festen Füllungen umgeben und so beschaffen sind, dass ein Verschütten oder Verstäuben ausgeschlossen ist.

Ausserhalb der Vorratsgefässe darf Gift, unbeschadet der Ausnahmebestimmung im Absatz 1, sich nicht befinden.

§ 4. Die Vorratsgefässe müssen mit der Aufschrift „Gift", sowie mit der Angabe des Inhalts unter Anwendung der in der Anlage I enthaltenen Namen, ausser denen nur noch die Anbringung der ortsüblichen Namen in kleinerer Schrift gestattet ist, und zwar bei Giften der Abteilung 1 in weisser Schrift auf schwarzem Grunde, bei Giften der Abteilungen 2 und 3 in roter Schrift auf weissem Grunde, deutlich und dauerhaft bezeichnet sein. Vorratsgefässe für Mineralsäuren, Laugen, Brom und Jod dürfen mittels Radier- oder Ätzverfahrens hergestellte Aufschriften auf weissem Grunde haben.

Diese Bestimmung findet auf Vorratsgefässe in solchen Räumen, welche lediglich dem Grosshandel dienen, nicht Anwendung, sofern in an-

---

*) Die durch den Beschluss vom 17. Mai 1901 bedingten Änderungen sind durch Kursivdruck kenntlich gemacht.

derer Weise für eine Verwechselungen ausschliessende Kennzeichnung gesorgt ist. Werden jedoch aus derartigen Räumen auch die für eine Einzelverkaufsstätte des Geschäftsinhabers bestimmten Vorräte entnommen, so müssen, abgesehen von der im Geschäfte sonst üblichen Kennzeichnung, die Gefässe nach Vorschrift des Absatzes 1 bezeichnet sein.

§ 5. Die in Abteilung 1 der Anlage I genannten Gifte müssen in einem besonderen, von allen Seiten durch feste Wände umschlossenen Raume (Giftkammer) aufbewahrt werden, in welchem andere Waren als Gifte sich nicht befinden. Dient als Giftkammer ein hölzerner Verschlag, so darf derselbe nur in einem vom Verkaufsraume getrennten Teile des Warenlagers angebracht sein.

Die Giftkammer muss für die darin vorzunehmenden Arbeiten ausreichend durch Tageslicht erhellt und auf der Aussenseite der Tür mit der deutlichen und dauerhaften Aufschrift „Gift" versehen sein.

Die Giftkammer darf nur dem Geschäftsinhaber und dessen Beauftragten zugänglich und muss ausser der Zeit des Gebrauchs verschlossen sein.

§ 6. Innerhalb der Giftkammer müssen die Gifte der Abteilung I in einem verschlossenen Behältnisse (Giftschrank) aufbewahrt werden.

Der Giftschrank muss auf der Aussenseite der Tür mit der deutlichen und dauerhaften Aufschrift „Gift" versehen sein.

Bei dem Giftschranke muss sich ein Tisch oder eine Tischplatte zum Abwiegen der Gifte befinden.

Grössere Vorräte von einzelnen Giften der Abteilung 1 dürfen ausserhalb des Giftschrankes aufbewahrt werden, sofern sie sich in verschlossenen Gefässen befinden.

§ 7. Phosphor und mit solchem hergestellte Zubereitungen müssen ausserhalb des Giftschrankes, sei es innerhalb oder ausserhalb der Giftkammer, unter Verschluss an einem frostfreien Orte in einem feuerfesten Behältnisse, und zwar gelber (weisser) Phosphor unter Wasser aufbewahrt werden. Ausgenommen sind Phosphorpillen; auf diese finden die Bestimmungen der §§ 5 und 6 Anwendung

Kalium und Natrium sind unter Verschluss, wasser- und feuersicher und mit einem sauerstofffreien Körper (Paraffinöl, Steinöl oder dergleichen) umgeben, aufzubewahren.

§ 8. Zum ausschliesslichen Gebrauch für die Gifte der Abteilung 1 und zum ausschliesslichen Gebrauch für die Gifte der Abteilungen 2 und 3 sind besondere Geräte (Wagen, Mörser, Löffel und dergleichen) zu verwenden, welche mit der deutlichen und dauerhaften Aufschrift „Gift" in den, dem § 4 Absatz 1 entsprechenden Farben versehen sind. In jedem zur Aufbewahrung von giftigen Farben dienenden Behälter muss sich ein besonderer Löffel befinden. Die Geräte dürfen zu anderen Zwecken nicht gebraucht werden und sind, mit Ausnahme der Löffel für giftige Farben, stets rein zu halten. Die Geräte für die im Giftschranke befindlichen Gifte sind in diesem aufzubewahren. Auf Gewichte finden diese Vorschriften nicht Anwendung.

Der Verwendung besonderer Wagen bedarf es nicht, wenn grössere Menge von Giften unmittelbar in den Vorrats- oder Abgabegefässen gewogen werden.

§ 9. Hinsichtlich der Aufbewahrung von Giften in den Apotheken greifen nachfolgende Abweichungen von den Bestimmungen der §§ 4, 5 und 8 Platz:

(Zu § 4.) Die Bestimmungen im § 4 gelten für Apotheken nur insoweit, als sie sich auf die Gefässe für Mineralsäuren, Laugen, Brom und Jod beziehen. Im übrigen bewendet es hinsichtlich der Bezeichnung der Gefässe bei den hierüber ergangenen besonderen Anordnungen.

(Zu § 5.) Die Giftkammer darf, falls sie in einem Vorratsraume eingerichtet wird, auch durch einen Lattenverschlag hergestellt werden. Kleinere Vorräte von Giften der Abteilung 1 dürfen in einem besonderen, verschlossenen und mit der deutlichen und dauerhaften Aufschrift „Gift" oder „Venena" oder „Tabula B" versehenen Behältnisse im Verkaufsraume oder in einem geeigneten Nebenraume aufbewahrt werden. Ist der Bedarf an Gift so gering, dass der gesamte Vorrat in dieser Weise verwahrt werden kann, so besteht eine Verpflichtung zur Einrichtung einer besonderen Giftkammer nicht.

(Zu § 8.) Für die im vorstehenden Absatz bezeichneten kleineren Vorräte von Giften der Abteilung 1 sind besondere Geräte zu verwenden und in dem für diese bestimmten Behältnisse zu verwahren. Für die in den Abteilungen 2 und 3 bezeichneten Gifte, ausgenommen Morphin, dessen Verbindungen und Zubereitungen, sind besondere Geräte nicht erforderlich.

Abgabe der Gifte.

§ 10. Gifte dürfen nur von dem Geschäftsinhaber oder den von ihm hiermit Beauftragten abgegeben werden.

§ 11. Über die Abgabe der Gifte der Abteilungen 1 und 2 sind in einem mit fortlaufenden Seitenzahlen versehenen, gemäss Anlage II*) eingerichteten Giftbuche die daselbst vorgesehenen Eintragungen zu bewirken. Die Eintragungen müssen sogleich nach Verabfolgung der Waren von dem Verabfolgenden selbst, und zwar immer in unmittelbarem Anschluss an die nächst vorhergehende Eintragung ausgeführt werden. Das Giftbuch ist zehn Jahre lang nach der letzten Eintragung aufzubewahren.

Die vorstehenden Bestimmungen finden nicht Anwendung auf die Abgabe der Gifte, welche von Grosshändlern an Wiederverkäufer, an technische Gewerbetreibende oder an staatliche Untersuchungs- oder Lehranstalten abgegeben werden, sofern über die Abgabe dergestalt Buch geführt wird, dass der Verbleib der Gifte nachgewiesen werden kann.

§ 12. Gift darf nur an solche Personen abgegeben werden, welche als zuverlässig bekannt sind und das Gift zu einem erlaubten gewerblichen Zwecke benutzen wollen. Sofern der Abgebende von dem Vorhandensein dieser Voraussetzungen sichere Kenntnis nicht hat, darf er Gift nur gegen Erlaubnisschein abgeben.

Die Erlaubnisscheine werden von der Ortspolizeibehörde nach Prüfung der Sachlage gemäss Anlage III ausgestellt. Dieselben werden in der Regel nur für eine bestimmte Menge, ausnahmsweise auch für den Bezug einzelner Gifte während eines, ein Jahr nicht übersteigenden Zeitraumes

---

*) Die Anlagen II bis IV sind nicht mit abgedruckt.

Abgabe der Gifte.

gegeben. Der Erlaubnisschein verliert mit dem Ablaufe des vierzehnten Tages nach dem Ausstellungstage seine Giltigkeit, sofern auf demselben etwas anderes nicht vermerkt ist.

An Kinder unter 14 Jahren dürfen Gifte nicht ausgehändigt werden.

§ 13. Die in Abteilung 1 und 2 verzeichneten Gifte dürfen nur gegen schriftliche Empfangsbescheinigung (Giftschein) des Erwerbers verabfolgt werden. Wird das Gift durch einen Beauftragten abgeholt, so hat der Abgebende (§ 10) auch von diesem sich den Empfang bescheinigen zu lassen.

Die Bescheinigungen sind nach dem in Anlage IV vorgeschriebenen Muster auszustellen, mit den entsprechenden Nummern des Giftbuches zu versehen und zehn Jahre lang aufzubewahren.

Die Landesregierungen können bestimmen, dass die Empfangsbestätigung desjenigen, welchem das Gift ausgehändigt wird, in einer Spalte des Giftbuchs abgegeben werden darf.

Im Falle des § 11 Absatz 2 ist die Ausstellung eines Giftscheines nicht erforderlich.

§ 14. Gifte müssen in dichten, festen und gut verschlossenen Gefässen abgegeben werden; jedoch genügen für feste, an der Luft nicht zerfliessende oder verdunstende Gifte der Abteilungen 2 und 3 dauerhafte Umhüllungen jeder Art, sofern durch dieselben ein Verschütten oder Bestäuben des Inhalts ausgeschlossen wird.

Die Gefässe oder die an ihre Stelle tretenden Umhüllungen müssen mit der im § 4, Abs. 1 angegebenen Aufschrift und Inhaltsangabe, sowie mit dem Namen des abgebenden Geschäftes versehen sein. Bei festen, an der Luft nicht zerfliessenden oder verdunstenden Giften der Abteilung 3 darf an Stelle des Wortes „Gift" die Aufschrift „Vorsicht" verwendet werden.

Bei der Abgabe an Wiederverkäufer, technische Gewerbetreibende und staatliche Untersuchungs- oder Lehranstalten genügt indessen jede andere, Verwechslungen ausschliessende Aufschrift und Inhaltsangabe, auch brauchen die Gefässe oder die an ihre Stelle tretenden Umhüllungen nicht mit dem Namen des abgebenden Geschäftes versehen zu sein.

§ 15. Es ist verboten, Gifte in Trink- oder Kochgefässen oder in solchen Flaschen oder Krügen abzugeben, deren Form oder Bezeichnung die Gefahr einer Verwechslung des Inhalts mit Nahrungs- oder Genussmitteln herbeizuführen geeignet ist.

§ 16. Auf die Abgabe von Giften als Heilmittel in den Apotheken finden die Vorschriften der §§ 11—14 nicht Anwendung.

Besondere Vorschriften über Farben.

§ 17. Auf gebrauchsfertige Öl-, Harz- oder Lackfarben, soweit sie nicht Arsenfarben sind, finden die Vorschriften der §§ 2—14 nicht Anwendung. Das Gleiche gilt für andere giftige Farben, welche in Form von Stiften, Pasten oder Steinen oder in geschlossenen Tuben zum unmittelbaren Gebrauch fertiggestellt sind, sofern auf jedem einzelnen Stück oder auf dessen Umhüllung entweder das Wort „Gift" bezw. „Vorsicht" und der Name der Farbe oder eine das darin enthaltene Gift erkennbar machende Bezeichnung deutlich angebracht ist.

Ungeziefermittel.

§ 18. Bei der Abgabe der unter Verwendung von Gift hergestellten Mittel gegen schädliche Tiere (sogen. Ungeziefermittel) ist jeder Packung eine Belehrung über die mit einem unvorsichtigen Gebrauche verknüpften Gefahren beizufügen. Der Wortlaut der Belehrung kann von der zuständigen Behörde vorgeschrieben werden.

Arsenhaltiges Fliegenpapier darf nur mit einer Abkochung von Quassiaholz oder Lösung von Quassiaextrakt zubereitet in viereckigen Blättern von 12:12 cm, deren jedes nicht mehr als 0,01 g arsenige Säure enthält und auf beiden Seiten mit drei Kreuzen, der Abbildung eines Totenkopfes und der Aufschrift „Gift" in schwarzer Farbe deutlich und dauerhaft versehen ist, feilgehalten oder abgegeben werden. Die Abgabe darf nur in einem dichten Umschlag erfolgen, auf welchem in schwarzer Farbe deutlich und dauerhaft die Inschriften „Gift" und „Arsenhaltiges Fliegenpapier" und im Kleinhandel ausserdem der Name des abgebenden Geschäftes angebracht ist. Andere arsenhaltige Ungeziefermittel dürfen nur mit einer in Wasser leicht löslichen grünen Farbe vermischt feilgehalten oder abgegeben werden; sie dürfen nur gegen Erlaubnisschein (§ 12) verabfolgt werden.

Strychninhaltige Ungeziefermittel dürfen nur in Form von vergiftetem Getreide, welches in tausend Gewichtsteilen höchstens fünf Gewichtsteile salpetersaures Strychnin enthält und dauerhaft dunkelrot gefärbt ist, feilgehalten oder abgegeben werden.

Vorstehende Beschränkungen können zeitweilig ausser Wirksamkeit gesetzt werden, wenn und soweit es sich darum handelt, unter polizeilicher Aufsicht ausserordentliche Massnahmen zu Vertilgung von schädlichen Tieren, z. B. Feldmäusen, zu treffen.

Gewerbebetrieb der Kammerjäger.

§ 19. Personen, welche gewerbsmässig schädliche Tiere vertilgen, (Kammerjäger), müssen ihre Vorräte von Giften und gifthaltigen Ungeziefermitteln unter Beachtung der Vorschriften in den §§ 2, 3, 4, 7 und, soweit sie die Vorräte nicht bei Ausübung ihres Gewerbes mit sich führen, in verschlossenen Räumen, welche nur ihnen und ihren Beauftragten zugänglich sind, aufbewahren.

§ 20. Die Bestimmungen der §§ 4 und 6 über die Bezeichnung der Vorratsgefässe und die Behältnisse und Geräte innerhalb der Giftkammer finden auf Neuanschaffungen und Neueinrichtungen sofort, im übrigen vom . . ten . . . . 189 . ab Anwendung.

Für Gewerbebetriebe, welche bereits vor Erlass dieser Verordnung bestanden haben, können Ausnahmen von den Vorschriften des § 5 bis zum . . ten . . . . 189 . nachgelassen werden.

Verzeichnis der Gifte.

Anlage I.

Abteilung 1.

Akonitin, dessen Verbindungen und Zubereitungen,
Arsen, dessen Verbindungen und Zubereitungen, auch Arsenfarben,
Atropin, dessen Verbindungen und Zubereitungen,
Brucin, dessen Verbindungen und Zubereitungen,
Curare und dessen Präparate,
Cyanwasserstoffsäure (Blausäure), Cyankalium, die sonstigen cyanwasserstoffsauren Salze und deren Lösungen, mit Ausnahme des Berliner Blau (Eisencyanür) und des gelben Blutlaugensalzes (Kaliumeisencyanür),
Daturin, dessen Verbindungen und Zubereitungen,
Digitalin, dessen Verbindungen und Zubereitungen,
Emetin, dessen Verbindungen und Zubereitungen,
Erythrophlein, dessen Verbindungen und Zubereitungen,
Fluorwasserstoffsäure (Flusssäure),
Homatropin, dessen Verbindungen und Zubereitungen,
Hyoscin (Duboisin), dessen Verbindungen und Zubereitungen,
Hyoscyamin (Duboisin), dessen Verbindungen und Zubereitungen,

Kantharidin, dessen Verbindungen und Zubereitungen,
Kolchicin, dessen Verbindungen und Zubereitungen,
Koniin, dessen Verbindungen und Zubereitungen,
Nikotin, dessen Verbindungen und Zubereitungen,
Nitroglycerinlösungen,
Phosphor (auch roter, sofern er gelben Phosphor enthält) und die damit bereiteten Mittel zum Vertilgen von Ungeziefer,
Physostigmin, dessen Verbindungen und Zubereitungen,
Pikrotoxin,
Quecksilberpräparate, auch Farben, ausser Quecksilberchlorür (Kalomel) und Schwefelquecksilber (Zinnober),
Skopolamin, dessen Verbindungen und Zubereitungen,
Strophanthin,
Strychnin, dessen Verbindungen und Zubereitungen, mit Ausnahme von strychninhaltigem Getreide,
Uransalze, lösliche, auch Uranfarben,
Veratrin, dessen Verbindungen und Zubereitungen.

Abteilung 2.

Acetanilid (Antifebrin),
Adoniskraut,
Aethylenpräparate,
Agaricin,
Akonit -extrakt, -knollen, -kraut, -tinktur,
Amylenhydrat,
Amylnitrit,
Apomorphin,
Belladonna -blätter, -extrakt,- tinktur, -wurzel,

Bilsen -kraut, -samen, Bilsenkraut -extrakt, -tinktur,
Bittermandelöl, blausäurehaltiges,
Brechnuss (Krähenaugen) sowie die damit hergestellten Ungeziefermittel, Brechnuss -extrakt, -tinktur,
Brechweinstein,
Brom,
Bromäthyl,
Bromalhydrat,
Bromoform,

Butylchloralhydrat,
Calabar -extrakt, -samen, -tinktur,
Cardol,
Chloräthyliden, zweifach,
Chloralformamid,
Chloralhydrat,
Chloressigsäuren,
Chloroform,
Chromsäure,
Cocaïn, dessen Verbindungen und Zubereitungen,
Convallamarin, dessen Verbindungen und Zubereitungen,
Convallarin, dessen Verbindungen und Zubereitungen,
Elaterin, dessen Verbindungen und Zubereitungen,
Erythrophleum,
Euphorbium,
Fingerhut -blätter, -essig, -extrakt, -tinktur,
Gelsemium -wurzel, -tinktur,
Giftlattich -extrakt, -kraut, -saft (Lactucarium),
Giftsumach -blätter, extrakt, -tinktur,
Gottesgnaden -kraut, -extrakt, tinktur,
Gummigutti, dessen Lösungen und Zubereitungen,
Hanf, indischer, -extrakt, -tinktur,
Hydroxylamin, dessen Verbindungen und Zubereitungen,
Jalapen -harz, -knollen, -tinktur.
Kirschlorbeeröl,
Kodeïn, dessen Verbindungen und Zubereitungen,
Kokkelskörner,
Kotoin,
Krotonöl,
Morphin, dessen Verbindungen und Zubereitungen,
Narceïn, dessen Verbindungen und Zubereitungen,
Narkotin, dessen Verbindungen und Zubereitungen,
Nieswurz (Helleborus), grüne, -extrakt, -tinktur, -wurzel,
Nieswurz (Helleborus), schwarze, -extrakt, -tinktur, -wurzel,
Nitrobenzol (Mirbanöl),
Opium und dessen Zubereitungen mit Ausnahme von Opium -pflaster und -wasser,
Oxalsäure (Kleesäure, sog. Zuckersäure),
Paraldehyd,
Pental,
Pilokarpin, dessen Verbindungen und Zubereitungen,
Sabadill -extrakt, -früchte, -tinktur,
Sadebaum -spitzen, -extrakt, -öl,
Sankt-Ignatius -samen, -tinktur,
Santonin,
Scammonia -harz (Scammonium), -wurzel,
Schierling (Konium) -kraut, -extrakt, -früchte, -tinktur,
Senföl, ätherisches,
Spanische Fliegen und deren weingeistige und ätherische Zubereitungen,
Stechapfel -blätter, extrakt, -samen, -tinktur, — ausgenommen zum Rauchen oder Räuchern,
Strophanthus -extrakt, -samen, -tinktur,
Strychninhaltiges Getreide,
Sulfonal und dessen Ableitungen,
Thallin, dessen Verbindungen und Zubereitungen,
Urethan,
Veratrum (weisse Nieswurz) -tinktur, -wurzel,
Wasserschierling -kraut, -extrakt,
Zeitlosen -extrakt, -knollen, -samen, -tinktur, -wein.

Abtheilung 3.

Antimonchlorür fest oder in Lösung,
Baryumverbindungen, ausser Schwerspath (schwefelsaurem Baryum),
Bittermandelwasser,
Bleiessig,
Bleizucker,

Brechwurzel (Ipecacuanha) -extrakt, -tinktur, -wein,
Farben, welche Antimon, Baryum, Blei, Chrom, Gummigutti, Kadmium, Kupfer, Pikrinsäure, Zink oder Zinn enthalten, mit Ausnahme von: Schwerspath (schwefelsaurem Baryum), Chromoxyd, Kupfer, Zink, Zinn und deren Legirungen als Metallfarben, Schwefelkadmium, Schwefelzink, Schwefelzinn (als Musivgold), Zinkoxyd, Zinnoxyd,
Goldsalze,
Jod und dessen Präparate, ausgenommen zuckerhaltiges Eisenjodür und Jodschwefel,
Jodoform,
Kadmium und dessen Verbindungen, auch mit Brom oder Jod,
Kalilauge, in 100 Gewichtsteilen mehr als 5 Gewichtsteile Kaliumhydroxyd enthaltend,
Kalium,
Kaliumbichromat (rotes chromsaures Kalium, sogenanntes Chromkali),
Kaliumbioxalat (Kleesalz),
Kaliumchlorat (chlorsaures Kalium),
Kaliumchromat (gelbes chromsaures Kalium),
Kaliumhydroxyd (Aetzkali),
Karbolsäure, auch rohe, sowie verflüssigte und verdünnte (in 100 Gewichtsteilen mehr als 3 Gewichtsteile Karbolsäure enthaltend),
Kirschlorbeerwasser,
Koffeïn, dessen Verbindungen und Zubereitungen,
Koloquinthen, -extrakt, -tinktur,
Kreosot,
Kresole,
Kupferverbindungen,
Lobelien, -kraut, -tinktur,
Meerzwiebel, -extrakt, -tinktur, -wein,
Mutterkorn, -extrakte (Ergotin),
Natrium,
Natriumbichromat,
Natriumhydroxyd (Ätznatron, Seifenstein),
Natronlauge, in 100 Gewichtsteilen mehr als 5 Gewichtsteile Natriumhydroxyd enthaltend,
Phenacetin,
Pikrinsäure und deren Verbindungen,
Quecksilberchlorür (Kalomel),
Salpetersäure (Scheidewasser), auch rauchende,
Salzsäure, auch verdünnte, in 100 Gewichtsteilen mehr als 15 Gewichtsteile wasserfreie Säure enthaltend,
Schwefelkohlenstoff,
Schwefelsäure, auch verdünnte, in 100 Gewichtsteilen mehr als 15 Gewichtsteile Schwefelsäuremonohydrat enthaltend,
Silbersalze, mit Ausnahme von Chlorsilber,
Stephans (Staphisagria) -körner,
Zinksalze, mit Ausnahme von Zinkkarbonat,
Zinnsalze.

2. Verordnung, betreffend die Abgabe starkwirkender Arzneimittel in den Apotheken.

Beschluss des Bundesrats vom 13. Mai 1896.

§ 1. Die in dem beiliegenden Verzeichnis aufgeführten Drogen und Präparate, sowie die solche Drogen oder Präparate enthaltenden Zubereitungen dürfen nur auf schriftliche, mit Datum und Unterschrift versehene Anweisung (Rezept) eines Arztes, Zahnarztes oder Tierarztes —

230 Anhang. Abgabe starkwirkender Arzneimittel.

in letzterem Falle jedoch nur zum Gebrauch in der Tierheilkunde — als Heilmittel an das Publikum abgegeben werden.

§ 2. Die Bestimmungen im § 1 finden nicht Anwendung auf solche Zubereitungen, welche nach den auf Grund des § 6 Absatz 2 der Gewerbeordnung erlassenen kaiserl. Verordnungen auch ausserhalb der Apotheken als Heilmittel feilgehalten und verkauft werden dürfen (vergl. § 1 der kaiserl. Verordnung vom 27. Januar 1890 und Artikel 1 der kaiserl. Verordnung vom 25. November 1895)*).

Verzeichnis**).

Acetanilidum
Acetum Digitalis
Acidum carbolicum ausgenommen z. äusseren Gebrauch;
Acid. hydrocyanicum et ejus salia
— osmicum et ejus salia
Aconitinum, Aconitini derivata et eorum salia
Aether bromatus
Aethyleni praeparata ausgenommen z. äusseren Gebrauch in Mischungen mit Oel od. Weingeist, welche nicht mehr als 50 Gewichtsteile d. Aethylenpräparates in 100 Gewichtsteilen Mischung enthalten;
Aethylidenum bichloratum
Agaricinum
Amylenum hydratum
Amylium nitrosum
Antipyrinum
Apomorphinum et ejus salia
Aqua Amygdalar. amararum
— Lauro-cerasi
Argentum nitricum ausgenommen z. äusseren Gebrauch;
Arsenium et ejus praeparata
Atropinum et ejus salia
Auro-Natrium chlorat.
Bromoformium
Brucinum et ejus salia
Butyl-chloralum hydratum
Cannabinonum

Cannabinum tannic.
Cantharides ausgenommen z. äusseren Gebrauch;
Cantharidinum
Chloralum formamidatum
— hydratum
Chloroformium
ausgenommen z. äusseren Gebrauch in Mischungen mit Oel od. Weingeist, welche nicht mehr als 50 Gewichtsteile Chloroform in 100 Gewichtsteilen Mischung enthalten;
Cocaïnum et ejus salia
Codeïnum et ejus salia omniaque alia alcaloïda Opii hoc loco non nominata eorumque salia
Coffeïnum et ejus salia
ausgenommen in Zeltchen, welche nicht mehr als je 0,1 grm Coffeïn enthalten;
Colchicinum
Coniinum et ejus salia
Cuprum salicylicum
— sulfocarbolic.
— sulfuricum
ausgenommen z. äusseren Gebrauch;
Curare et ejus praeparata
Daturinum
Digitalinum, Digitalini derivata et eorum salia

---

*) Die §§ 3—11, welche die wiederholte Abgabe von Arzneien sowie die Beschaffenheit und Bezeichnung der Arzneigläser und Standgefässe in den Apotheken betreffen, sind nicht mit abgedruckt.

**) Die durch besondere Verfügungen hinzugekommenen Stoffe sind durch Kursivdruck kenntlich gemacht.

Verzeichnis der starkwirkenden Arzneimittel. 231

Emetinum et ejus salia
Extr. Aconiti
— Belladonnae
ausgenommen in Pflastern und Salben;
Extr. Calabar Sem.
— Cannab. Indic.
ausgenommen z. äusseren Gebrauch;
Extr. Colocynthidis
— — compositum
Extr. Conii
ausgenommen in Salben;
Extr. Digitalis
ausgenommen in Salben;
Extr. Filicis
Extr. Hydrastis
— — fluidum
Extr. Hyoscyami
ausgenommen in Salben;
Extr. Ipecacuanhae
— Lactucae virosae
— Opii
ausgenommen in Salben;
Extr. Pulsatillae
— Sabinae
ausgenommen in Salben;
Extr. Scillae
— Secalis cornuti
— — — fluidum
— Stramonii
— Strychni
Folia Belladonnae
ausgen. in Pflastern u. Salben u. als Zusatz zu erweichenden Kräutern;
Folia Digitalis
— Stramonii
ausgen. zum Rauchen und Räuchern;
Fruct. Colocynthides
— — praeparati
Fruct. Papaveris immaturi
Gutti
Herba Conii
ausgen. in Pflastern u. Salben u. als Zusatz zu erweichenden Kräutern;
Herba Hyoscyami

ausgen. in Pflastern u. Salben u. als Zusatz zu erweichenden Kräutern;
Heroinum et ejus salia
Homatropinum et ejus salia
Hydrargyri praeparata postea non nominata
ausgen. als graue Quecksilbersalbe mit einem Gehalt von nicht mehr als 10 Gewichtsteilen Quecksilber in 100 Gewichtsteilen Salbe, sowie Quecksilberpflaster;
Hydrarg. bichlorat.
— bijodatum
— chloratum
— cyanatum
— jodatum
— nitric. (oxydul.)
— oxydatum
ausgen. als rote Quecksilbersalbe mit einem Gehalt von nicht mehr als 5 Gewichtsteilen Quecksilberoxyd in 100 Gewichtsteilen Salbe;
Hydrarg. praecipitatum album
ausgen. als weisse Quecksilbersalbe mit einem Gehalt von nicht mehr als 5 Gewichtsteilen Präzipitat in 100 Gewichtsteilen Salbe;
Hyoscinum (Duboisinum) et ejus salia
Hyoscyaminum (Duboisinum) et ejus salia
Jodum
Kalium dichromic.
Kreosotum
ausgen. zum äusseren Gebrauch in Lösungen, welche nicht mehr als 50 Gewichtsteile Kreosot in 100 Gewichtsteilen Lösung enthalten;
Lactucarium
Liq. Kalii arsenicosi
Morphinum et ejus salia
Natrium salicylicum
Nicot. et ejus salia
ausgen. in Zubereitungen zum äusseren Gebrauch bei Tieren;
Nitroglycerinum

Ol. Amygd. aether. sofern es nicht von Cyanverbindungen befreit ist;
Oleum Crotonis
— Sabinae
Opium
ausgen. in Pflastern und Salben;
Paraldehydum
Phenacetinum
Phosphorus
Physostigminum et ejus salia
Plumbum jodatum
Pulv. Ipecac. opiat.
Radix Ipecacuanhae
Resina Jalapae
ausgen. in Jalapenpillen, welche nach Vorschrift des Arzneibuches für das Deutsche Reich angefertigt sind;
Resina Scammoniae
Rhizoma Filicis
Rhizoma Veratri
ausgen. zum äusseren Gebrauch für Tiere;
Santoninum
ausgen. in Zeltchen, welche nicht mehr als je 0,05 gr Santonin enthalten;
Schilddrüsenpräparate
Scopolaminum hydrobromicum
Secale cornutum
Semen Colchici
— Strychni
Serum antidiphthericum
Strychninum et ejus salia
Sulfonalum
Sulfur jodatum
Summitates Sabinae
Tartarus stibiatus
Thallin. et ejus salia
Theobrominum natriosalicylicum
Tinct. Aconiti
— Belladonnae
— Cannab. Indicae
— Cantharidum
— Colchici
— Colocynthidis
— Digitalis
— — aetherea

Tinct. Gelsemii
— Ipecacuanhae
— Jalapae resinae
— Jodi
ausgen. zum äusseren Gebrauch;
Tinct. Lobeliae
— Opii crocata
ausgen. in Lösungen, die in 100 Gewichtsteilen nicht mehr als 10 Gewichtsteile safranhaltige Opiumtinktur enthalten;
Tinct. Opii simplex
ausgen. in Lösungen, die in 100 Gewichtsteilen nicht mehr als 10 Gewichtsteile einfache Opiumtinktur enthalten;
Tinct. Scillae
— — kalina
— Secalis cornuti
— Stramonii
— Strophanti
— Tinct. Strychni aetherea
— Veratri
ausgen. zum äusseren Gebrauch;
Trionalum
Tubera Aconiti
— Jalapae
ausgen. in Jalapenpillen, welche nach Vorschrift des Arzneibuches für das Deutsche Reich angefertigt sind;
Tuberculinum
Urethanum
Veratrinum et ejus salia
Vinum Colchici
— Ipecacuanhae
— stibiatum
Zincum aceticum
— chloratum
Zincum lacticum ommiaque Zinci salia hoc loco non nominata, quae sunt in aqua solubilia
Zinc. sulfocarbolic.
— sulfuricum
ausgen. bei Verwendung d. vorgenannten und der übrigen in Wasser löslichen Zinksalze z. äusseren Gebrauch.

3. Nachträge.

Zu Seite 22: Zahn- und Kopfschmerzen sind Krankheiten.

K.G. 12. März 1900.

Ohne Rechtsirrtum hat das Berufungsgericht Zahn- und Kopfschmerzen als Krankheiten angesehen.

Zu Seite 49: Das K.G. ist neuerdings von der Ansicht abgewichen, dass alle Zubereitungen, welche Stoffe des Verzeichnisses B enthalten, deshalb ohne weiteres unter das Verbot des § 2 fallen.

K.G. 16. Dezember 1901.

Unzutreffend ist die Auffassung des Vorderrichters, dass Wurmtabletten, weil sie Santonin enthalten, unter das Verzeichnis B der Verordnung fielen.

Zu Seite 61: Das hier wiedergegebene Urteil des K.G. datiert nicht vom 14. sondern vom 4. Mai 1899.

Zu Seite 82: Das K.G. hat unter dem 21. April 1902 das Urteil des L.G. I Berlin vom 23. Januar 1902, dass Liquor Aluminii acetici keine Zubereitung resp. Lösung im Sinne der Ziffer 5 des Verzeichnisses A, sondern ein freigegebenes chemisches Präparat sei, bestätigt.

Zu Seite 101: Der Bericht des Berliner Polizeipräsidiums über die Revisionen der Drogenhandlungen im 1. Vierteljahr 1902 fügt dem Verzeichnis der dem freien Verkehr als Heilmittel entzogenen Zubereitungen folgende Präparate hinzu:

Abführtropfen
Asthmatee
Balsam. peruv. mixt.
Jean Beckers Tee's
Blutreinigungstee (Koenig)
Burkhardts Kräutertee
Eisenalbuminatpillen
Eisensomatose
Elimans Einreibung
Extr. Haemoglobini
— Rhei fluidum
Formanschnupfpulver
Fricol
Heureca
Infusum Sennae comp. tripl.
Kafirpillen
Kneipps Pillen
Kreosotvaseline
Kwiets Lebensextract
Lamberts Pflaster
Lücks Kräutertee
Maukesalbe
Mückenbalsam
Pizzallas Eisenpeptonat
Quecksilberpflastermull
Reuters Universalsalbe
Sagradatabletten
Sedatif
Sirupus Sennae
Sulfonaltabletten
Tinctura Cinnamomi
— Quassiae
Urbanuspillen
Weinholds Universalbalsam
Wundsiccativ.

Sachregister.

Die Zubereitungen des Verzeichnisses A sind in der Regel unter ihrem deutschen Namen aufgeführt. Vergleiche ferner die Verzeichnisse auf Seite 6, 101, 110, 233.

Abgabe starkwirkender Arzneimittel 229.
Abkochungen 2, 67.
Abkömmlinge und Salze 110.
Acidum benzoicum 108.
Adeps Lanae 94.
Ärzte, Dispensierrecht 132, 136.
Ätherweingeist 3, 84.
Ätzstifte 2, 67.
Agenten, Vertrieb von Arzneimitteln 126.
Alpenkräutertee 76.
— Feilbieten im Umherziehen 208.
Aluminiumpräparate 114.
Alumnol 114.
Ameisenbäder 40.
Ameisenspiritus 4, 84.
Ankündigung von Arzneimitteln 164 bis 177.
— — — indirekte 189.
— — — durch Apotheken 179.
Ankündigungsverbote Rechtsgültigkeit 181.
— und Pressgesetz 181, 197.
Anstiftung 158.
Antikonzeptionelle Mittel 27.
Antrophore 100.

Apothekertitel, Führung 192.
— in Inseraten 197.
Apotheker-Verein, Deutscher, Eingabe von 1897 17.
„Apothekerwarenhandlung" als Firmenschild 201.
„Apothekerwaren" als Firmenschild 200, 201.
Arnicapapier 97.
Arnicatinktur 2, 71.
Aromatischer Essig 4, 84.
Arzneibuch, Verhältnis zur K.V. 60.
Arzneien im Sinne des §367³ Str.Ges.-B. 120.
— — — § 56 Gew.O. 207.
„Arzneimittel" als Firmenschild 200.
Arzneimittel, neue nicht freigegebene 110.
Arzneistäbchen 100.
„Arzneiwarenhandlung" als Firmenschild 201.
Arzneiweine 68.
Aspirin 113.
Asthma-Cigaretten 46.
Aufgüsse 2, 67.
Ausbieten von Arzneimitteln 30.
„Ausserhalb" der Apotheken 28.
Auszüge 2, 69.

Bacilli 100.
Bäder, alkalische, aromatische und medizinische 40.
— moussirende 41.
— Zubereitungen für 2, 38, 39.
Baldrianbäder 40.
Baldriantinktur, auch ätherische 2, 71.
Balsame, gemischte 3, 78, 82.
Bandwurm 24.
Baumwachs 94.
Baunscheidtismus, Ankündigung 188.
Beihilfe 159.
Benediktineressenz 3, 71.
Benzoetinktur 3, 71.
Beschlagnahme verbotener Waren 215.
Betriebsvorschriften für Drogisten 204.
Betrug 161.
Bilsenkrautöl 67.
Bischofessenz 3, 71.
Biskuits 58, 65.
Bleipflaster 98.
Bleisalbe 5, 96.
Bleiwasser 4, 84.
Bleiweissalbe 96.
Bonbons 58, 65, 90, 91.
Boral 114.
Boroglycerinlanolin 94.
Borsalbe 5, 96.
Borvaseline 95.
Bougies 100.

Brandliniment 42, 85.
Brausepulver 3, 76.
— Abführendes 76.
— Englisches 76.
Brausesalze 77.
Bromeigon 113.
Bromipin 113.
Bromocoll 113.
Bromol 113.
Brompräparate 113.
Bromwasser 36, 83.
Brustpulverbiskuits 66.
Brusttee 64.
Bulbus Scillae 108.
Byrolin 94.

Cachou 71.
„Cand. pharm." als Titel 201.
Capsulae gelatinosae et amylaceae 4, 87.
Caramellen 65, 90.
Cerate 94.
Ceratum Aeruginis 94.
Cereoli 5, 100.
Chamillenöl 67.
Chlorkalkbäder 40.
Chlorsaures Kali 117.
Cocainwatte 39.
Coldcream 5, 94, 96.
Confectio Cinae 46.
Cutol 114.

Daturin 107.
Decocta 2, 67.
Derivate und Salze 110.
Dernehls Eisenpulver 75.
Desinfektionsmittel 1, 31, 34.
Destillate 69.
Dispensierrecht der Ärzte etc. 132, 136.
— — Krankenkassen 142.
— — Vereine 142.

Dormiol 113.
Dreikönigstee 75.
Drogenhandlungen, Betriebsvorschriften 204.
— Errichtung 191.
— Firmenschilder 192, 200.
— Revisionen 209.
— — Taxe dafür 212.
— Untersagung 217.
Drogenschränke, Anmeldepflicht 191.
— Revision 213, 218.
Drouotsches Pflaster 97.
Durchsuchungen 216.

Eichelkaffeeextrakt 3, 71.
Eichelkakao 3, 77.
Einzelbestandteile, Abgabe 3, 64, 73.
Einziehung verbotener Waren 214.
Eisenbäder 40.
Eisenpräparate 114.
— flüssige 80.
Eisensomatose 75.
Eisenwasser, pyrophosphorsaures 36.
Ekzenim 95.
Electuaria 4, 88.
Elixiere 68.
Emplastra 5, 93.
Emplastrum fuscum 95, 97.
Engels Blütenhonig, Brustsaft 63, 83.
Englisches Pflaster 5, 97.
Epidermin 94.
Eukalyptuswasser 4, 84.
Extracta 2, 68.
Extractum Filicis 70.

Fabriken pharmaceutischer Präparate, Revision 214.
Farben-Gesetz 33.
Feigenhonig 83.
Feilbieten von Arzneien 31.
— — — im Umherziehen 208.
Feilhalten, Definition 28.
Fel tauri 108.
Fenchelhonig 4, 84.
Fernest'sche Lebensessenz 70.
Ferratogen 114.
Ferrum sulfuricum 108.
Fersan 114.
Fichtennadelbäder 40.
Fichtennadelextrakt 3, 71.
Fichtennadelspiritus 4, 84.
Filzläuse 23.
Finnen 24.
Firmenschilder der Drogisten 200.
— und Handelsregister 196.
Flechten 22.
Flechtensalben 95.
Fleischextrakt 3, 71.
Fleischpeptone 71.
Fliegenpapier, arsenhaltiges 226.
— brechweinsteinhaltiges 50.
Flüchtige Salbe 89.
Flüchtiges Liniment 5, 88.
Fluidextrakte 68.
Folia Stramonii nitrata 46.
Formaldehydlösung 34.
Franzbranntwein mit Kochsalz 4, 84.

Sachregister.

Fressmangel bei Tieren 25.
Fresspulver 25.
Frostsalben 95.
Frostseife 42.
Froststifte 67.
Fructus Colocynthidis 107.
— Papaveris 108.
— Sabadillae 107.

Geheimmittel 15.
— Ankündigung 164.
— Begriff 183.
— Verkauf 182.
— — in Apotheken 183.
Gehörapparate, Ankündigung 188.
Geltungsbereich der K. V. 14.
Gemenge, trockene 3, 72.
Gemische, flüssige 3, 78.
Genfer Neutralitätszeichen 202.
Genussmittel als Arzneimittel 119.
Geschäftsgehilfen, Haftbarkeit 128.
Geschlechtskrankheiten, Ankündigung von Mitteln gegen 181.
Gesundheitsamt, Gutachten zur K. V. 17.
Gewerbebetrieb im Umherziehen 206.
Gewerbetreibende, Haftbarkeit 129.
Gifte, Abgabe als Heilmittel 115.
Giftgesetz 222.
— Verhältnis zur K.V. 114.
Gifthandlungen, Revision 213.

Giftkonzession 191.
— Entziehung 221.
Glandulen, Ankündigung 188.
Glünicke's Heilsäfte 67.
Glycerin-Cold-Cream 5, 96.
Goulard'sches Wasser 84.
Granula 5, 89.
Graue Salbe 23.
Grosshandel 2, 50.
Grünspancerat 94.
Grundlage, gesetzliche der K. V. 14.
Guter Glaube 130.

Haarausfall 27.
Haarwässer 68.
Haematin 23.
Haematogen 83.
Hafermehlkakao 3, 77.
Haftbarkeit f. Übertretungen 128.
Hamburger Pflaster 95, 97.
Hammeltalg 94.
Handelsregister und Firmenschilder 196.
„Handlung mit Medizinaldrogen" als Firmenschild 201.
Handverkauf in den Apotheken 14, 32, 229.
Harzer Gebirgstee 75.
Hausierhandel mit Arzneien 206.
Hautunreinigkeiten 22.
Hebra'scher-Seifenspiritus 87.
Heftpflaster 5, 98.
Heilanstalten, ärztliche, Dispensierrecht 141.

Heilmethode, Ankündigung 188.
Heilmittel, Definition 1, 15, 18, 22.
— — nach der früheren Verordng. 16.
Herkulesöl 89.
Hienfongessenz 70.
Himbeeressig 3, 71.
Höllenstein in Stangenform 67.
Hoffmannstropfen 3, 84.
Homöopathen, Dispensierrecht 133.
Homöopathische Arzneimittel 15, 74.
— Essenzen 68, 80.
— Streukügelchen 91.
— und allopathische Mittel, Unterscheidung 75.
— Vereine, Dispensierrecht 142.
Honigpräparate 3, 78, 82.
Hühnerauge 35.
— keine Krankheit 21.
Hühneraugencollodium 81.
Hühneraugenmittel 1, 31, 35.
— Ankündigung 189.
Hufkitt 5, 98.
Huste nicht 72.
Hydrargyrum oxydatum 108.

Jerusalemer Balsam 71.
Infusa 2, 67.
Injektionen mit desinfizierenden Stoffen 34.
Insekten-Schutzmittel 24.
Jodbäder 40.

Jodoformgaze 39, 49.
Jodpräparate 113.
Johanniskrautöl 67.
Isländische Moospasta 91.
Isleib'sche Katarrhbrötchen 93.

Kaffeeextrakt 3, 71.
Kahlköpfigkeit 27.
Kaisers Brustkaramellen 81.
Kalium chloricum 117.
Kalkwasser, auch mit Leinöl 4, 85.
Kampherliniment 89.
Kampherspiritus 4, 85.
Kampherstifte 68.
Kamphertabletten 92.
Kapseln, gefüllte 4, 87.
— mit Brausepulver 4, 87.
— — Copaivabalsam 4, 87.
— — Leberthran 4, 87.
— — Natriumbicarbonat 4, 87.
— — Ricinusöl 4, 88.
— — Weinsäure 4, 88.
Karbolsäure 81.
Karbolsäurepastillen 92.
Karbolwasser 34.
Karmelitergeist 4, 85.
Kautschukpflaster 98.
Kindertee 75.
Kleienbäder 40.
Körner 5, 89.
Körperschäden 20.
Körperverletzung, fahrlässige 131.

Kolikessenz für Tiere 70.
Kollodium 83.
Konetzky's Bandwurmmittel, Ankündigung 188.
Konfiskation verbotener Waren 215, 217.
Koniferengeist 84.
Kopfschmerzen 233.
Kopfschuppen 27.
Kosmetische Mittel 1, 31, 32.
Krätze 24.
Kräuterbäder 40.
Kräuterbitter 68.
Kräuterbonbons 91.
Kräuterweine 68.
Kraftpulver 26.
Krankenhäuser, Dispensierrecht 142.
Krankenkassen, Dispensierrecht 142.
Krankheiten, Definition 20.
— einzelne 22.
Kreisarzt, Überwachung des Arzneimittelverkehrs 213.
Kreolin 34, 81.
Kreosot 108.
Kresolseifenlösung 34, 81.
Küpper-Essenz 83.
Kugeln 5, 100.

Läuse, Mittel gegen 23.
Lagerraum, Aufbewahrung in demselben 30.
Lakritzbonbons 91.
Lakritzen, auch mit Anis 3, 71.
Lanolin 94.
Lanolin-Cold-Cream 5, 96.
Latwergen 4, 88.

Lauer'scher Gebirgstee 75.
Laugenbäder 40.
Lebensessenz 70.
Lebertran mit ätherischen Ölen 4, 85.
Leimbäder 40.
Linderungsmittel 1, 18.
Linimente 5, 88.
Liniment, flüchtiges 5, 60, 88.
Lippenpomade 5, 98.
Liquor Aluminii acetici 35, 81, 82, 233.
— Ammonii caustici 81.
— Ferri albuminati 82.
— — sesquichlorati 35, 80, 81, 82.
— Kalii arsenicosi 81.
— Plumbi subacetici 80, 81, 82, 83.
Lithionwasser 36.
Lösungen 3. 78, 79.
Lück's Kräuterhonig 83.
— Kräutertee 75.
— Präparate 70.
Lysol 34, 81.

Magenbitter 68.
Magenessenzen 68.
Magnesiumsuperoxyd mit Brausepulver 76.
Makrobion 75.
Malzbäder 40.
Malzextrakte 3, 72.
Mastpulver 25.
Matteis elektro-homöopathische Streukügelchen 91.
Mayer's Brustsirup 84.
„Medizinal-Drogen-

handlung" als Firmenschild 201.
„Medizinalhandlung" als Firmenschild 201.
Mel depuratum 82.
Mentholin 76, 78.
Mentholkampfer 79.
Mentholschnupfpulver 76, 78.
Mentholstifte 67.
Merkurialsalbe 23.
Migränestifte 67.
Mineralsäurebäder 41.
Mineralsalze 3, 77.
Mineralsalzpastillen 5, 92.
Mineralwässer, künstliche 1,31,36.
Mischungen freigegebener Mittel 63.
Mischungen von Ätherweingeist, Kampferspiritus etc. 4, 85.
Mittäterschaft 158.
Mixturae 3, 78.
Molkenpastillen 5, 92.
Moussierende Bäder 41.
Moussierende Kochsalzbäder 41.
Mückenessenzen 24.
Mückenstifte 24, 67.
Mundwässer 68.
Myronin 94.
Myrrhencrême 94.
— Ankündigung 188.
Myrrhentinktur 3, 72.

Nahrungsmittel 26.
Nahrungsmittelgesetz, Verhältnis zur K. V. 118.
Naphthalintabletten 92.

Nelkentinktur 3, 72.
Neu Karlsbader Mühlbrunnen 38.

Oberapotheker a. D. als Titel 198.
Obstsäfte 4, 86.
Odol 34.
Öle, ätherische 70.
Ölzucker 73.
Oleum Chamomillae 108.
— Lini sulfuratum 24.
Opodeldok 88.
Oxycroceumpflaster 97.

Pain Killer, Ankündigung 188.
Papiere, Schutz bei Durchsuchungen 216.
Pappelpomade 5, 60, 98.
Paraffinsalbe 94.
Pasten 58, 65, 91.
Pastillen 3, 89.
Patentierte Mittel keine Geheimmittel 188.
Pechpflaster 5, 97.
Pepsinwein 4, 86.
Pessars 101.
Pfefferminzplätzchen 5, 92.
Pflaster 5, 93.
Phosphorpillen 92.
Pillen 5, 89.
Plätzchen 5, 89.
Poho-Öl, Ankündigung 188.
Polizeiagenten, Abgabe von Arzneien an dieselben 19.
Polizeipräsidium in Berlin, Verzeichnis 101, 233.
Polizeiverordnungen, Verhältnis zur K. V. 119.
Pomaden 95.
Pralinés 65, 90.
Pressgesetz und Ankündigungsverbote 181, 197.
Prospekte, Verbreitung 30, 189.
Pulver, abgeteilte 73.
Pulveres mixti 3, 72.
Pulvergemische 3, 72.

Quecksilbersalbe 96.

Reklamemittel 15, 189.
Resorbin 94.
Resorcinum 108.
Restitutionsfluid 85.
Rezeptur in Drogenhandlungen 123.
Rhabarbertinktur, wässerige 67.
Rheinischer Traubenbrusthonig 84, 86.
Riechsalz 3, 77.
Roborin, Ankündigung 188.
Romershausens Augenwasser 84.
Rosenhonig, auch mit Borax 4, 87.
Rotes Kreuz 202.
Rottersche Pastillen 92.
Rotulae 5, 89.

Saccharintabletten 5, 93.
Sachsscher Magen- und Lebenslikör 70.
Salben 5, 93, 94.
— mit desinfizierenden Zusätzen 34.
Salia mixta 3, 72.

Salicyl-cold cream 95.
Salicylpflaster 95.
Salicylsäure-Kleb-Tafft 97.
Salicylseifenpflaster 95.
Salicylstreupulver 3, 77.
Salicyltalg 5, 98.
Salicylvaseline 95.
Saligenin 113.
Salmiakpastillen 5, 92.
Salophen, Ankündigung 188.
Salpeterpapier 58.
Salpetersäure, verdünnte 78.
Salusbonbons 91.
Salze, gemischte 3, 72.
— und Derivate 110.
Sandows Kohlensäurebäder 41.
Sanjana Heilmethode, Ankündigung 188.
Santoninzeltchen 92.
Sapo jalapinus 42.
— medicatus 42.
Sapokarbol 81.
Schinnenbildung 27.
Schminken 95.
Schneeberger Schnupftabak 3, 77.
Schokoladenbohnen 58, 65, 87.
Schuppenbildung 27.
Schwangerschaft 27.
Schwarzburger Salbe 96.
Schwefelbäder 41.
Schweinefett 94.
Schweinefresspulver 26.
Schweissfuss 23.
Schweizer Alpenkräuterpastillen 91.
Schwindelmittel 15.
Seifen 2, 38, 42.
Seifenbäder 41.
Seifenspiritus 4, 87.
Senfbäder 41.
Senfleinen 5, 99.
Senfpapier 5, 99.
Senfspiritus 49.
Sennalatwerge 88.
Silberpräparate 114.
Sirup, weisser 4, 87.
Sirupe 3, 78, 82.
Sirupus Rhamni catharticae 86.
Sodener Pastillen, Ankündigung 189.
Solutiones 3, 78.
Sommersprossen 27.
Soolbäder 41.
Species mixtae 3, 72.
Speiseschrank, Feilhalten in demselben 29.
Spiritus Melissae compositus 85.
- saponato-camphoratus 88.
Spitzwegerichbonbons 91.
Stäbchen 5, 100.
Standgefässe, Bezeichnung „Nur für Tiere" 205.
Stoffels Zahnschmerzstiller 70.
Stollwerck'sche Brustbonbons 91.
Streukügelchen, homöopathische 91.
Strychninweizen 47.
Styli caustici 2, 67.
Sublimatbäder 41.
Sublimatgaze 39.
Sublimatlösung 34, 84.
Sublimatpastillen 35, 92.
Sublimatseife 42.

Süssholzsaft 3, 71.
Suppositorien 5, 100.

Tabletten 5, 89.
— aus Brausepulver 5, 93.
— — Natriumbicarbonat 5, 93.
— — Saccharin 5, 93.
Tamarindenmuss 88.
Tannal 114.
Tannenduft 84.
Tanninbäder 41.
Teeextrakt 3, 72.
Teegemische 3, 72.
Teriak 88.
Terpentinsalbe 5, 99.
Tierärzte, Dispensierrecht 133.
„Tierarzneimittel" als Firmenschild 201.
Tierheilmittel 1, 27.
— Signierung 205.
Tinctura Aloes 60, 63.
— Capsici 85.
Tincturen 2, 68, 80.
Tintenstifte 67.
Tiroler Alpenkräutertee 76.
Titelführung, unbefugte 192.
Tötung, fahrlässige 131.
Triferrin 114.
Triturationes 3, 72.
Trochisci 5, 89.
Trunksucht 22.

Überlassen an Andere 132.
Ullrichs Kräuterwein 70, 71.
— — Ankündigung 181.
Umherziehen, Ankauf u. Feilbieten von Arzneien 207.
Umschläge 40.

Ungeziefer 23.
Unguenta 5, 93, 94.
Universalsalbe 96.
Unlauterer Wettbewerb 161.

Vanillentinktur 3, 72.
Vaseline 94.
Vaselin-Cold-Cream 5, 96.
Verbandstoffe 2, 38.
Verdauungsmittel 26.
Vereine, Dispensierrecht 142.
Verkauf an Ärzte als Grosshandel 53.
— — Apotheken 2, 50, 55.
— — Berufsgenossenschaften als Grosshandel 53.
— — öffentliche Untersuchungs- oder Lehranstalten 2, 50, 55.
— — Tierärzte als Grosshandel 54, 55.
In Verkehr bringen, Begriff 155.
Vernichtung verbotener Waren 214.
Verordnung vom 22. Oktober 1901 1.
Verordnungen im Sinne des § 367⁵ Str.Ges.B. 206.
Verreibungen 3, 72, 73.
Verzeichnis A, Inhalt 2, 57.
Verzeichnis B 6, 107.
— — Abgabe zu technischen Zwecken 44.
Verz. B, Grundsätze b. d. Aufstellung 43.
— — Stoffe desselben 43.
— — Zubereitungen desselben 45.
— des Berliner Polizeipräsidiums 101, 233.
Viehfütterung 26.
Viehnährsalz 75.
Vitafer 76.
Voltakreuz, Ankündigung 188, 189.
Vorbeugungsmittel 17, 20.
Vorrätighalten von Arzneimitteln 28, 29, 30.
Vorschriften für die freigegebenen Mittel 62.
Vulneral 96, 188.

Wacholderextrakt 3, 72.
Wacholdermuss 72.
Waldwollextrakt 4, 84.
Wallnussblätter-Bäder 41.
Wandergewerbeschein 206.
Warners Safe Cure, Ankündigung 189.
Waschungen keine Bäder 39.
Wasmuths Hühneraugenringe 95.
Webers Alpenkräutertee 76.
Weine, medikamentöse 68, 80.
Wettbewerb, unlauterer 161.
Wickel keine Bäder 40.

Wiener Balsam 84.
— Trank 67.
Wismutpräparate 113.
Wundstäbchen, 5, 100.
Wurmbohnen 92.
Wurmtabletten, santoninhaltige 233.
Wurmpralinés 92.

Zäpfchen 5, 100.
Zahnärzte, Dispensierrecht 133.
Zahnfäulnis 27.
Zahnpulver 73.
Zahnschmerzen 233.
Zahntropfen 69, 80.
Zahnwässer 68, 69.
Zahnwatten 58.
Zeltchen 5, 89.
Zincum chloratum 108.
— sulfuricum 108.
Zinkpaste 100.
Zinksalbe 5, 34, 99.
Zittmannsches Dekokt 67.
Zubereiten von Arzneien 121.
Zubereitungen, Begriff 15.
— des Verzeichnisses A 2, 67.
— verbotene in Einzelbestandteilen 64.
— — in erlaubten Formen 65.
Zuchtviehpulver 26.
Zweck der K. V. 14.
Zwiebelbonbons 91.
Zwischenhandel u. Zwischenhändler 51, 52, 127.

MIX
Papier aus verantwortungsvollen Quellen
Paper from responsible sources
FSC® C105338

If you have any concerns about our products,
you can contact us on
ProductSafety@springernature.com

In case Publisher is established outside the EU,
the EU authorized representative is:
**Springer Nature Customer Service Center GmbH
Europaplatz 3, 69115 Heidelberg, Germany**

Printed by Libri Plureos GmbH
in Hamburg, Germany